高等学校电子信息类专业"十二五"规划教材

TMS320C55x DSP 应用及实践

武奇生　黄鹤　白璘　编著

西安电子科技大学出版社

内 容 简 介

　　本书的内容涵盖了 DSP 技术的原理、技术和应用，反映了 TMS320C55x DSP 技术的最新进展。全书共分 9 章，分别介绍了 DSP 技术概述、CCSv 4.2 集成开发环境、DSP 汇编语言和 C 语言程序编写规则、DSP 芯片结构与基本例程、DSP 指令特点、DSP 软件开发过程、DSP 硬件系统的典型设计、DSP 系统的典型应用程序设计和 OMAP 双核处理器等内容。

　　本书论述严谨、内容新颖、图文并茂，注重基本原理和基本概念的阐述，强调理论联系实际，突出应用技术和实践，可以作为高等院校电子信息与自动化相关专业本科高年级学生和研究生的教材或参考教材，也可以作为从事信号处理工作的广大科技人员及工程技术人员的参考用书。

图书在版编目（CIP）数据

TMS320C55x DSP 应用及实践/武奇生，黄鹤，白璘编著. —西安：西安电子科技大学出版社，2015.1
高等学校电子信息类专业"十二五"规划教材
ISBN 978-7-5606-3523-1

Ⅰ. ① T⋯　Ⅱ. ① 武⋯　② 黄⋯　③ 白⋯　Ⅲ. ① 数字信号处理—高等学校—教材
Ⅳ. ① TN911.72

中国版本图书馆 CIP 数据核字(2014)第 223668 号

策　　划　刘玉芳
责任编辑　陈　婷
出版发行　西安电子科技大学出版社(西安市太白南路 2 号)
电　　话　(029)88242885　88201467　　邮　　编　710071
网　　址　www.xduph.com　　　　　　电子邮箱　xdupfxb001@163.com
经　　销　新华书店
印刷单位　陕西天意印务有限责任公司
版　　次　2015 年 1 月第 1 版　　2015 年 1 月第 1 次印刷
开　　本　787 毫米×1092 毫米　1/16　印　张　20.5
字　　数　485 千字
印　　数　1～3000 册
定　　价　36.00 元
ISBN 978-7-5606-3523-1/TN
XDUP 3815001-1

前　言

　　DSP(Digital Signal Processor)，即数字信号处理器，是可用于信号加工数值计算的专用芯片技术，也是数字信号处理(Digital Signal Processing)算法的专用处理平台。DSP 技术紧密结合电子信息、通信和控制技术，是正在迅速发展并获得广泛应用的一门综合性学科。DSP 芯片的发展水平是衡量一个国家科技水平和信息产业尖端技术的发展水平的重要标志。如何推动信息产业的发展，培养 DSP 技术的专业应用人才，已经成为我国政府高度重视的战略问题。

　　目前，DSP 技术发展迅速，新的技术、新的芯片不断推出。编者依据多年来从事本科生和研究生"DSP 原理及应用"课程教学及相关科研工作的实践经验，在征求了电子信息与自动化专业相关教师和高年级学生及工程技术人员意见的基础上，从工程实践和应用的角度出发，编写了本书。

　　本书在介绍 DSP 理论的基础上，从工程和实际应用角度全面介绍最新 DSP 技术。全书共分 9 章：第 1 章是 DSP 技术概述，对 DSP 的技术发展、特点、应用领域、主要技术指标以及系统的设计做了简单介绍；第 2 章是 CCSv4.2 集成开发环境，着重介绍了 CCSv4.2 基本框架、CCSv4.2 的安装、CCSv4.2 的初始配置、CCSv4 的基本使用方法、软件代码调试、GEL 文件以及利用 RTDX 实现 DSP 与 Matlab 的数据交换的方法；第 3 章着重介绍了 DSP 汇编语言的基本指令、编写方法、指令系统、程序规则以 C 语言与汇编混合编程方法；第 4 章是 DSP 芯片结构与基本例程，着重介绍了 TMS320C55x 芯片的基本性能、CPU 结构、内部总线结构、存储器结构、中断、在片外围电路、自举加载等内容；第 5 章着重介绍了 TMS320C55x DSP 的寻址方式和流水线操作技术；第 6 章是 DSP 软件开发过程，着重介绍了 DSP 软件开发基本流程、汇编过程、公共目标文件格式、目标文件链接器；第 7 章是 DSP 硬件系统的典型设计，着重介绍了 TMS320C5509 DSP 的最小系统设计、电机控制系统设计、无线蓝牙系统设计、自平衡直立车系统设计及芯片与外设的接口设计；第 8 章是 DSP 系统的典型应用程序设计，着重介绍了 FFT、IIR 滤波器、FIR 滤波器和变步长 LMS 自适应滤波器算法的 TMS320C5509 DSP 程序设计；第 9 章是 OMAP 双核处理器，着重介绍了 OMAP 的体系结构、OMAP4470 处理器、OMAP5912 处理器、OMAP-DM5x 协处理器系列芯片以及 OMAP-Vox 平台。每章末均附有思考题。本书参考学时为 32～48 学时，可根据具体情况酌情选择讲解或学习。

　　本书由武奇生负责统稿。武奇生编写了第 1 章，黄鹤编写了第 2～6 章，白璘编写了第 7～9 章。本书在编写过程中得到了作者单位的支持和同事的帮助，研究生强立宏、李泽瑞、张蕊、冯仰刚和本科生王京浩参与了本书部分程序的调试和插图的绘制工作，在此深表谢意。同时对编写本书时所参考书籍的作者也一并表示诚挚的感谢。

　　本书的完成获得了 2013 年陕西省高等教育教学改革研究一般项目(陕教高[2013]45 号-13BY28)，国家自然科学基金(61402052)和中国博士后科学基金(2013M542309)的资助。

　　鉴于 DSP 芯片技术的迅速发展，加之编者水平和时间有限，书中难免存在疏漏和不妥之处，恳请同行专家和读者批评指正。

编　者

2014 年 5 月

目 录

第 1 章　DSP 技术概述

　　数字信号处理(Digital Signal Processing，DSP)是一门涉及许多领域且获得广泛应用的新兴学科。20 世纪 60 年代以来，随着微电子技术、信息技术和计算机技术的迅猛发展，数字信号处理技术应运而生，发展迅速，并且日趋完善和成熟。

　　数字信号处理是利用计算机或专用处理设备，以数字形式对信号进行采集、变换、滤波、估值、增强、压缩、识别等处理，从而得到人们所需的信号形式。数字信号处理以众多学科为理论基础，微积分、复变函数、概率统计、随机过程、数值分析、高等代数、线性代数、泛函数等都是数字信号处理的数学工具，并与网络、信号与系统、控制、通信、故障诊断等领域密切相关。同时数字信号处理理论又是现代控制理论(包括人工智能、模式识别、神经网络、模糊控制)、现代通信理论、故障理论和现代测量等的理论基础，并与它们相互交叉、相辅相成、相互促进。

　　通常，实现数字信号处理的方法有如下几种：

　　(1) 在通用的微型计算机(PC 机)上用软件(如 C 语言、Fortran 语言)实现。其缺点是速度慢，不适合做信号处理，仅仅用于简单的微机控制。

　　(2) 用单片机(如 MCS-51、96 系列等)实现。这种方法只能实现一些不太复杂的数字信号处理，所搭建的数字信号处理系统比较简单，其应用场合有限。

　　(3) 利用通用的可编程数字信号处理器(Digital Signal Processor，DSP)芯片实现，这是一种集成电路芯片。与单片机相比，DSP 有着更适合于数字信号处理的软件和硬件资源，适用于复杂的数字信号处理算法。该方法非常适合于通用数字信号处理的开发，为数字信号处理的应用打开了新局面。

　　(4) 用专用的 DSP 芯片实现。在一些特殊场合，要求信号处理速度极高,用通用的 DSP 芯片很难实现，只能使用专用的 DSP 芯片。国际上已经推出了不少专用 DSP 芯片，如用于完成 FFT、FIR、卷积、相关等运算的专用芯片，这些芯片中，算法已在芯片内部用硬件实现。这种实现方法的缺点是灵活性差，开发工具不完善。这种方法是数字信号处理实现的一个分支方向。

　　(5) 在通用的计算机系统中加上加速卡实现。加速卡可以使用通用处理器构成加速处理机，也可以是由 DSP 开发的用户加速卡。该方法的核心是用 DSP 开发用户加速卡，如 AD 卡、DSP 扩展卡等。

　　(6) 用 FPGA 等可编程阵列产品开发 ASIC 芯片以实现数字信号处理。由于 FPGA 产品的发展，人们可以利用 Altera、Xilinx 等公司的产品及其相应软件或 VHDL 等开发语言，通过软件编程，用硬件实现特定的数字信号处理算法，如 FT、FIR 等。该方法的缺点是专用性太强，而且这种方法的研发工作也主要不是由一般的用户来完成的。

1.1　DSP 系统概述

　　DSP 系统是不同于模拟电路和数字逻辑电路的电路系统，它所要处理的信号必须是数字信号，并且强调运算过程。DSP 系统基于数字信号处理理论所提供的各种算法，用 DSP 芯片完成系统所要求的各种运算，以达到对数字信号进行处理的目的。

　　数字信号处理系统以数字电路为基础，因此具有数字电路的全部优点：

　　(1) 精度高。模拟电路中元件(R、L、C 等)精度很难达到 10^{-3} 以上，所以由模拟电路组成的系统的精度要达到 10^{-3} 以上就非常困难。而数字系统 17 位字长就可以达到 10^{-3} 精度。因此，如果使用 DSP、D/A 来代替系统中的模拟器件，并有效地提高 A/D 和 D/A 的精度，就可有效地提高系统的整体精度。在一些高精度的系统中，有时甚至只有采用数字技术才能达到精度要求。

　　(2) 可靠性强。这是由数字电路的特点决定的。数字系统只有"0"和"1"两种电平，抗干扰能力强，可靠性高。此外，由于 DSP 系统多采用大规模、超大规模集成电路构成，也提高了系统可靠性。

　　(3) 集成度高。在对体积要求很小(如家用和商用计算机、航空航天处理器等)的场合，高集成度的数字电路不可缺少。在 DSP 系统中，由于 DSP、CPLD、FPGA 等都是高集成度的产品，加上采用表面贴装技术，体积大幅度压缩。此外，在系统开发完成之后，还可将产品开发成 ASIC 芯片，进一步压缩体积，降低成本。

　　(4) 接口方便。随着科学技术的发展，电子系统变得越来越复杂。系统设计中接口技术是关键。DSP 系统与其他以现代数字技术为基础的系统或设备都是兼容的，接口连接方便。

　　(5) 灵活性好。系统中的 DSP 芯片及 FPGA、CPLD(如果有的话)等都是可编程的，只要改变它们的软件，即可完成不同的功能。同时产品具有在线可编程能力，使得其使用更加简单。正是由于这些优点使 DSP 系统大大缩短了产品的开发周期。

　　(6) 保密性好。保密性是高科技产品的一个重要要求。由于 DSP 系统中的 DSP、FPGA、CPU 等器件在保密上的优越性能，使它与模拟系统或简单的数字系统相比，具有高度保密性能。如 DSP 的内部总线地址变化可以被隐蔽，这时外部地址总线上的内容是不变的。如果做成 ASIC，则保密性能几乎无懈可击。

　　(7) 时分复用。信号的采样频率与 DSP 系统的运算速度相比较低的场合，同时是实时性要求不高的场合，可使用同一套 DSP 系统分时处理几个通道的信号。

　　综上所述，DSP 系统无论是在性能上、成本上，还是在经济效益上，与模拟系统比较，都有明显的优势。随着 DSP 技术、计算机技术与微电子技术的发展和先进工艺的不断采用，DSP 技术将获得更广泛的应用。

1.2　DSP 芯片技术的发展

1. DSP 芯片的发展历史

DSP 芯片诞生于 20 世纪 70 年代末，三十多年来，DSP 芯片发展迅猛，其各阶段的标志性产品简述如下：

(1) 1978 年，AMI 公司生产出第一个 DSP 芯片 S2811。1979 年，美国 Intel 公司推出了商用可编程 DSP 芯片 Intel2920。S2811 和 Intel2920 是 DSP 芯片的一个重要里程碑，但由于没有单周期硬件乘法器，芯片的运算速度、数据处理能力和运算精度受到了很大的限制，单指令周期也仅为 200 ns～500 ns，应用领域仅局限于军事和航空航天部门。

(2) 1980 年，日本 NEC 公司推出 μPD7720，这是第一个具有乘法器的商用 DSP 芯片。1982 年，TI 公司成功地推出了其第一代 DSP 芯片 TMS32010 及其系列产品 TMS32011、TMS320C10/C14/C15/C16/C17。日本 Hitachi 公司第一个采用 CMOS 工艺生产出浮点 DSP 芯片。1983 年，日本 Fujitsu 公司推出的 MB8764，其指令周期为 120 ns，具有双内部总线，数据吞吐量发生了一个飞跃。1984 年，AT&T 公司推出了 DSP32，它是较早具备较高性能的浮点 DSP 芯片。

(3) 20 世纪 80 年代后期和 90 年代初期，DSP 的硬件结构更适合数字信号处理的要求，能进行硬件乘法和单指令滤波处理，其单指令周期为 80 ns～100 ns。TI 公司的 TMS320C20 和 TMS320C30，采用了 CMOS 制造工艺，存储容量和运算速度成倍提高，为语音处理和图像处理技术的发展奠定了基础。伴随着运算速度的进一步提高，其应用范围也逐步扩大到通信和计算机领域。这个时期的 DSP 产品种类繁多，其中有代表性的有：TI 公司的 TMS320C20、30、40 和 50 系列，Freescale 公司的 DSP5600 和 9600 系列，AT&T 公司的 DSP32 等。

(4) 20 世纪末，DSP 的信号处理能力更加完善，系统开发更加方便，程序编辑调试更加灵活，功耗也进一步降低，同时成本不断下降。各种通用外设陆续被集成到芯片上，从而大大提高了数字信号的处理能力。这一时期的 DSP 运算速度可达到单指令周期 10 ns 左右，并可在 Windows 环境下直接用 C 语言编程，使用方便灵活。DSP 芯片不仅在通信、计算机领域得到了广泛的应用，而且也逐渐渗透到人们的日常消费领域中。

2. DSP 芯片的发展现状

(1) 制造工艺。现在的 DSP 芯片普遍采用亚微米 0.25 μm、0.18 μm 甚至 90 nm 的 CMOS 工艺。芯片引脚从原来的 40 个增加到 200 个以上，需要设计的外围电路越来越少，成本、体积和功耗不断下降。

(2) 存储器容量。目前，DSP 芯片的片内程序和数据存储器可达到几十 KB，而片外程序存储器和数据存储器允许扩展到 16 M × 48 bit 和 4 G × 40 bit 以上。

(3) 内部结构。目前，DSP 芯片内部均采用多总线、多处理单元和多级流水线结构，加上完善的接口功能，使 DSP 的系统功能、数据处理能力和与外部设备的通信功能都有了很大的提高。

(4) 运算速度。三十多年的发展，使 DSP 的指令周期从 400 ns 缩短到 10 ns 以下，其相应的速度从 2.5 MIPS 提高到 2000 MIPS 以上。如 TMS320C6201 执行一次 1024 点复数 FFT 运算的时间只有 66 μs。

(5) 高度集成化。集滤波、A/D、D/A、ROM、RAM 和 DSP 内核于一体的模拟混合式 DSP 芯片已有较大的发展和应用。TI 公司在 2005 年 12 月发布的达芬奇系统已经把音视频部件集成在了 DSP 片内。

(6) 运算精度和动态范围。DSP 的字长从 8 位已增加到 64 位，累加器的长度也增加到 40 位，从而提高了运算精度。同时，采用超长字指令字(VLIW)结构和高性能的浮点运算，扩大了数据处理的动态范围。

(7) 开发工具。具有较完善的软件和硬件开发工具，如：软件仿真器 Simulator、在线仿真器 Emulator、C 编译器和集成开发环境 CCS 等，给开发应用带来了很大方便。其中 CCS 是 TI 公司针对本公司的 DSP 产品开发的集成开发环境，它集成了代码的编辑、编译、链接和调试等诸多功能，而且支持 C/C++ 和汇编的混合编程，开放式的结构允许用户外扩自身的模块。

3. DSP 芯片的发展趋势

DSP 产品将向着高性能、低功耗、加强融合和拓展多种应用的趋势发展，DSP 芯片将越来越多地渗透到各种电子产品当中，成为各种电子产品，尤其是通信、音视频和娱乐类电子产品的技术核心。DSP 技术的发展趋势如下：

(1) DSP 的内核结构将进一步改善。在新的高性能处理器中占主导地位的将会是多通道结构和单指令多重数据(SIMD)和特大指令字组(VLIM)。

(2) DSP 和微控制器的互补结合。微控制器凭借其强大的控制功能，广泛地用于消费电子、通信、汽车电子、工业等领域。但微控制器数据存取和指令没有分开，运算速度较低，运算单元较少，且内部存储器不大。但微控制器接口相当灵活，并集成了 FLASH、ADC、DAC、OSC、SRAM、PWM、温度传感器、看门狗、总线、定时器/计时器、I/O、串行口等功能单元，因此非常适合于各种控制应用。DSP 一般采用哈佛架构、超长指令字架构等，数据存取和指令分开，内部运算单元多，有专门的硬件乘加结构、因此运算速度极高。其内部存储器(RAM 和 ROM)很大，并且可以扩展，外部接口丰富，配合流水线操作，特别适合进行大量数字信号的实时处理。随着系统需求的增加，在某些应用中，既要求系统具有良好的控制功能，又需要有高速的数据处理能力，因此，融合了 DSP 和微控制器各自优点的混合处理架构无疑是一种良好的解决方案。DSP 和微控制器在实际应用中有一个相同的地方，即它们都是面向嵌入式系统的应用，要么是基于需要进行大量数据处理的实时系统，要么是需要实施许多控制功能的即时系统。这种实时性和多功能性也为 DSP 与微控制器的融合提供了很好的基础。

(3) DSP 和高端 CPU 的互补结合。大多数高端 MCU，如 Pentium 和 PowerPC 都采用了基于单指令多数据流(Single Instruction Multiple Data，SIMD)指令组的超标量体系结构，速度很快。在 DSP 中融入高档 CPU 的分支预示和动态缓冲技术，具有结构规范、利于编程和不用进行指令排队的特点，可使 DSP 性能大幅度提高。

(4) DSP 和 FPGA 的互补结合。FPGA 是现场可编程门阵列器件，将其与 DSP 集成在一块芯片上，可各取所长进行协调工作，大大提高处理速度。DSP + FPGA 系统的最大优点是结构灵活，有较强的通用性，适合于模块化设计，从而能够提高算法效率；同时其开发周期较短，系统容易维护和扩展，适合实时信号处理。DSP + FPGA 系统的核心由 DSP 芯片和可重构器件FPGA组成，另外还包括一些外围的辅助电路,如存储器、先进先出(FIFO)器件及 Flash ROM 等。FPGA 电路与 DSP 相连，利用 DSP 处理器强大的 I/O 功能实现系统内部的通信。从 DSP 角度看，FPGA 相当于它的宏功能协处理器。DSP 和 FPGA 各自带有

RAM，用于存放处理过程所需要的数据及中间结果。FLASH ROM 中存储了 DSP 执行程序和 FPGA 的配置数据。先进先出(FIFO)器件则用于实现信号处理中常用到的一些操作，如延迟线、顺序存储等。

(5) 实时操作系统 RTOS 与 DSP 的互补结合。随着 DSP 处理能力的增强，DSP 软件开发越来越复杂，一方面必须对底层代码优化以满足实时应用，同时由于系统越来越复杂，需要高层次的设计手段，包括使用库和第三方软件包。对 DSP 应用提供 RTOS 支持，是 DSP 的性能和功能日益增加的必然结果。DSP 正在从高速数字信号处理引擎转变为包含主流控制器具有的特性的芯片，因此需要集中精力解决应用问题，而不是重复实施系统级功能。嵌入式 RTOS 的主要功能是为 DSP 之间的实时协调与通信提供一个标准化的环境，包括中断处理和存储区分配等，以及和主机 OS 握手的所有功能。面向 DSP 的嵌入式 RTOS 的主要功能是：多任务、动态进程、同步消息传递、信号机、时钟管理等。

(6) DSP 的并行处理结构。随着科技的发展，DSP 的性能得到极大的提高，但是单 DSP 系统还是不能满足某些大运算量的科学计算和高速的实时信号处理的要求。在主频受到限制的情况下，目前通用的做法就是采用多片 DSP 并行处理，这样，可以在同一时刻将不同的 DSP 与不同的存储器连通，大大提高数据传输的速率，从而使处理速度大大提高。

(7) 进一步降低功耗和几何尺寸。随着超大规模集成电路技术和先进的电源管理设计技术的发展，DSP 芯片内核的电源电压将会越来越低。同时，为了满足便携式手提产品的要求，功耗和尺寸也需要进一步降低。

1.3　DSP 芯片的分类和应用领域

目前 DSP 芯片的应用主要包括如下几个方面：

(1) 信号处理，如数字滤波、自适应滤波、快速傅里叶变换、希尔伯特变换、小波变换、相关运算、谱分析、卷积、模式匹配、加窗和波形产生等。

(2) 通信，如调制解调器、自适应均衡、数据加密、数据压缩、回波抵消、多路复用、传真、扩频通信、纠错编码、可视电话、个人通信系统、移动通信、个人数字助手(PDA)和 X.25 分组交换开关等。

(3) 语音，如语音编码、语音合成、语音识别、语音增强、说话人辨认、说话人确认、语音邮件、语音存储、扬声器检验和文本转语音等。

(4) 军事，如保密通信、雷达处理、声纳处理、导航、全球定位、跳频电台、搜索和反搜索、图像处理、射频调制解调、导航和导弹制导等。

(5) 图形与图像，如二维和三维图形处理、图像压缩与传输、图像增强、图像识别、多媒体、电子地图、动画与数字地图、机器人视觉、模式识别和工作站等。

(6) 仪器仪表，如频谱分析、函数发生、数据采集、地震处理锁相环、地震处理、数字滤波、模式匹配和暂态分析等。

(7) 自动控制，如控制、深空作业、自动驾驶、引擎控制、声控、机器人控制、磁盘控制器、激光打印机控制和电动机控制等。

(8) 家用电器，如数字音响、数字电视、可视电话、音乐合成、音调控制、玩具与游戏等。

(9) 医疗，如助听器、超声设备、诊断工具、病人监护、心电图等。

DSP 芯片按其分类不同，应用范围不同。

C6000 系列已经推出了 C62x/C67x/C64x 三个系列，其主要应用领域为：

(1) 数字通信，如 ADSL、FFT/IFFT、Read—Solomon 编解码、循环回声综合滤波器、星座编解码、卷积编码、Viterbi 解码等信号处理算法的实时实现。电缆调制解调器(Cable Modem)是另一类重要应用，如采样率变换、加到符号的变换、最小均方(LMS)均衡等重要算法。移动通信也是其重要应用领域，如移动电话基站、3G 基站里的收发器、智能天线、无线本地环(WLL)、无线局城网。以基站的收发器为例，载波频率为 2.4 GHz，下变频到 6 MHz～12 MHz，对于每个突发周期要处理 4 个信道。DSP 的主要功能是完成 FFT、信道和噪声估计、信道纠错、干扰估计和检测等。

(2) 图像处理，如数字电视、数码照相机与摄像机、打印机、数字扫描仪、雷达/声纳、医用图像处理等、在这些应用中，DSP 主要用来进行图像压缩、图像传输、模式及光学特性识别、加密/解密、图像增强等。

C6000 系列的 CPU 包含 2 个通用寄存器组(C62x/C67x 为 A0～A15、B0～B15，C64x 为 A0～A3l、B0～B31)、8 个功能单元(L1，L2，S1，S2，M1，M2，D1，D2)、2 个从存储器装入的通道(LDl，LD2)、2 个存入存储器的通道(ST1，ST2)、2 个数据地址通道(DS1，DA2)、2 个寄存器组数据跨接通道(1X，2X)。CPU 里的大多数数据线支持 32 位运算，有些支持长字(40 位)和双字(64 位)运算。C6000 系列芯片有两层 cache 结构，可提供 2 Gb/s 的片外带宽的强化 DMA 控制器(EDMA)、3 组片外总线(2 组片外存储器接口 EMIF 和 1 组 32 位主机接口 HPI，EMIF 的最大总线速率为 133 MHz)、3 个多通道缓冲串口(McBSP)、ATM 通用测试和操作接口、通用 I/O。

1.3.1　TI 公司的 DSP 芯片

1. TI 公司的 DSP 芯片命名规则

TI 公司常用的 DSP 芯片为 TMS320 系列，其命名规则如图 1-1 所示。

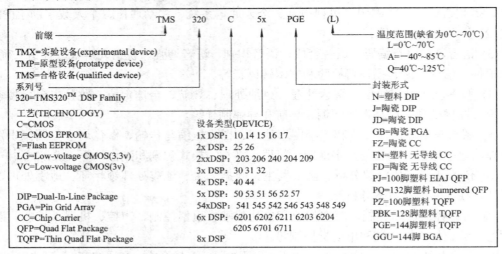

图 1-1　TMS320 系列产品命名规则

2. TI 公司的代表性 DSP 芯片

TI 公司常用的 DSP 芯片可以归纳为三大系列：TMS320C2000 系列(包括 TMS320C2xx/C24x/C28x 等)、TMS320C5000 系列(包括 TM5320C54x/C55x)、TMS320C6000 系列(包括 TMS320C62x/C67x/C64x)。

1) TMS320C2000 系列

TMS320C2000 又称为 DSP 控制器，它集成了 DSP 核、Flash 存储器、高速 A/D 转换器以及可靠的 CAN 模块及数字马达控制的外围模块，适用于三相电动机、变频器等高速实时工控产品等需要数字化的控制领域。

(1) TMS320C24x 系列。

TMS320C24x 系列为定点 DSP 芯片，该系列中的许多品种的速度高于 20 MIPS(MIPS 表示每秒百万条指令)，可用于自适应控制、Kalman 滤波、状态控制等先进的控制算法。C24x 原代码与早先的 C2x 系列原代码兼容，向上与 C5x 原代码兼容。其 CPU 包括：一个 32 位的中心算术逻辑单元(CALU)、一个 32 位的累加器(ACC)，CALU 具有输入和输出数据定标移位器、一个 16×16 位乘法器、一个输出定标移位器，数据地址产生逻辑单元(包括 8 个辅助寄存器和 1 个辅助寄存器算术单元)、程序地址产生单元。有 6 组 16 位数据与程序总线，即程序地址总线 PAB(Program Addr. Bus)、数据读地址总线 DRAB(Data-Read Addr. Bus)、数据写地址总线 DWAB (Data-Write Addr. Bus)、程序读总线 PRDB(Program Read Bus)、数据读总线 DRDB(Data Read Bus)、数据写总线 DWEB(Data Write Bus)。C2x 的片内存储器有双访问 RAM(DARAM)和 Flash EEPROM 或工厂掩模的 ROM，分为单独可选择的 4 个空间，即程序存储器(64K 字)、局部数据存储器(32K 字)、全局数据存储器(64K 字)、输入/输出(64K 字)，总共的地址范围为 224K 字。工作在 4 级流水线。

(2) TMS320C28x 系列。

TMS320C28x 系列是 TI 公司近几年推出的高性能 32 位定点 DSP 芯片，它和 C27x 源代码和目标代码兼容。凡为 C2LP CPU 编写的代码，都可以重新编译后在 C28x 上运行。而所有 C24x 和 C2xx 系列的 DSP 的 CPU 都是 C2xLP。C28x 的 CPU 是低成本的 32 位定点处理器，包括：受保护的 8 级流水、独立的寄存器空间、32 位的算术逻辑单元、地址寄存器算术单元(ARAu)、16 位桶形移位器、32×32 位乘法器。C28x 使用 32 位的数据地址和 22 位的程序地址，可访问 4G 字的数据空间地址和 4M 字的程序空间地址。

2) TMS320C5000 系列

TMS320C5000 系列 DSP 芯片主要包括了 TMS320C54x 和 1MS320C55x 两大类。这两类芯片软件完全兼容，所不同的是 TMS320C55x 具有更低的功耗和更高的性能。如果进一步区分，则还可以细分为 C54x DSP+ARM7 和 C55x DSP+ARM9 的双核结构处理器芯片。其中，T1 将 C55xDSP+ARM9 双核芯片称为 OMAP(Open Multimedia Applications Platform) 系列。

(1) C54x 子系列：16 位定点 DSP，速度为 100 MIPS～532 MIPS，代表器件是 TMS320VC5402、TMS320VC5416、TMS320VC544l。

(2) C55x 子系列：16 位定点 DSP，速度为 300 MIPS～600 MIPS，代表器件是 TMS320VC5510、TMS320VC5509、TMSS320VC5502。

(3) C55xDSP+AM7 子系列：速度为 100 MIPS 的 RISC 芯片，其主频频率 47.5 MHz，代表器件是 TMS320VC5470、TMS320VC5471。

(4) C55xDSP+AM9 子系列：即 OMAP 芯片，代表器件是 OMPA5910。

TMS320C5000 系列 DSP 在代码上是完全兼容的，但 C55x 的内部结构相对于 C54x 更加复杂，采用了 1 个 40 位算术逻辑单元(ALU)和 1 个 16 位 ALU，2 个乘加器(MAC)和 4 个累加器，而 C54x 分别只有 1 个 40 位 ALU、1 个 MAC 和 2 个累加器。另外，C55x 的程序和地址总线也进行了扩展。

3) TMS320C6000 系列

TMS320C600 系列是 1997 年 TI 公司开始推出的系列产品，目前仍广泛使用，采用 TI 的专利技术 VelooiTI 和新的超长指令字(VLIW)结构设计。其中 C6201 在 200 MHz 时钟频率时，达到 1600 MIPS 的运算速度，而 2000 年以后推出的 C64x，在时钟频率为 1.1 GHz 时，可达到 8800 MIPS 以上，即每秒执行 90 亿条指令。

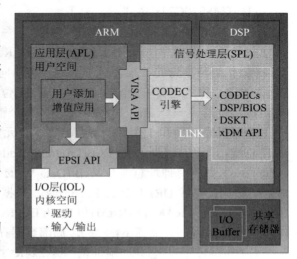

TI 的 DaVinci 平台即为一款多媒体处理器，它采用了 ARM+DSP 的多核结构的片上系统，是高度集成的硬件多媒体处理平台。该 DSP 核采用了 C64+，ARM 为 ARM9 的核。TI 提供的达芬奇参考软件框架基于应用层、信号处理层和 I/O 层三部分结构。其结构示意图如图 1-2 所示。

图 1-2　DaVinci 平台结构示意图

Davinci 平台具有如下技术优越性：

(1) 显著地增强了 DSP 的可操控性，引入 ARM 处理器后，DSP 在处理上就可以专心应用于视频流信号的处理。而对于 ARM 来说，DSP 可以当作其中的一个处理进程来操控。

(2) 在软件方面，通过编程接口 API 将对视频流的操作封装成为简单的 API 函数，由此工程师不用再将注意力放在如何获取视频的细节上面，而可以更加注重应用程序的开发。

TI 比较有代表性的两款达芬奇芯片为 TMS320DM6446 和 TMS320DM6467。它们与 DM64x 系列芯片除了在双核上的区别外，还增强了视频端口功能。其视频处理子系统有两个接口，分别为用于视频输入的视频前端输入(VPFE)接口和用于图像输出的视频末端输出(VPBE)接口。TMS320DM6467 带有高清晰视频/影像协处理器(HDVICP)、视频数据转换引擎(VDCE)，且在执行高达 H.264 HP@L4(1080p 30fps、1080i 60fps、720p 60fps)的同步多格式高清编码、解码与转码方面，比前一代处理器性能提高了 10 倍。它主要的特点就在于它的高清转码，被广泛应用在媒体网关、数字媒体适配器、数字视频服务器和 IP 机顶盒等市场领域。

DM642 的全名为 TMS320DM642，是 TI 公司 C6000 系列 DSP 中最新的定点 DSP，其核心是 C6416 型高性能数字信号处理器，具有极强的处理性能，高度的灵活性和可编程性，同时外围集成了非常完整的音频、视频和网络通信等设备及接口，特别适用于机器视觉、医学成像、网络视频监控、数字广播以及基于数字视频/图像处理的消费类电子产品等高速 DSP 应用领域。

TMS320DM642 采用第二代高性能、先进的超长指令字 veloci T1.2 结构的 DSP 核及增强的并行机制，当工作在 720 MHz 的时钟频率下，其处理性能最高可达 5760 MIPS，使得该款 DSP 成为数字媒体解决方案的首选产品，它不仅拥有高速控制器的操作灵活性，而且具有阵列处理器的数字处理能力，TMS320DM642 的外围集成了非常完整的音频、视频和网络通信接口。其主要构成有：

3 个可配置的视频端口(VPORT 0-2)能够与通用的视频编、解码器实现无缝连接，支持多种视频分辨率及视频标准，支持 RAW 视频输入/输出，传输流模式；

1 个(10/100)Mb/s 以太网接口(EMAC)，符合 IEEE 802.3 标准；

1 个多通道带缓冲音频串行端口(McASP)，支持 I2S，DIT，S/PDIF，IEC60958-1，AES-3、CP-430 等音频格式；

2 个多通道带缓冲串行端口(McBSP)，采用 RS232 电平驱动；

1 个 VCXO 内插控制单元(VIC)，支持音/视频同步；

1 个 32 位、66 MHz、3.3 V 主/从 PCI 接口，遵循 PCI2.2 规范；

1 个用户可配置的 16/32 主机接口(HPI)；

1 个 16 位通用输入/输出端口(GPIO)；

1 个 64 位外部存储器接口(EMIF)，能够与大多数异步存储器(SRAM、EPROM)及同步存储器(SDRAM，SBSRAM，ZBT SRAM，FIFO)无缝连接，最大可寻址外部存储器空间为 1024 MB；

1 个具有 64 路独立通道的增强型直接内存访问控制器(EDMA)；

1 个数据管理输入/输出模块(MDIO)；

1 个 I^{2}C 总线模块；

3 个 32 位通用定时器；

1 个符合 IEEE 1149.1 标准的 JTAG 接口及子板接口等。

4) TI 公司其他的 DSP 芯片

TMS320C8x 是包含 4 个定点处理器与 1 个精简指令集处理器的多 DSP 芯片，可应用于视频会议与虚拟环境领域；TMS320AV7000 是针对机顶盒需求设计的 DSP 芯片。TI 公司的 TMS320C3x、TMS320C4x 和 TMS320C8x 属于支持浮点运算的 DSP 芯片，TMS320C2x、TMS320C2xx、TMS320C5x、TMS320C54x 属于支持定点运算的 DSP 芯片，而 TMS320C6x 则支持两种运算。

1.3.2　AD 公司的 DSP 芯片

美国 AD 公司的 DSP 芯片在 DSP 芯片市场上也占有一定的份额。与 TI 公司相比，AD 公司的 DSP 芯片有自己的特点，如系统时钟一般不经分频直接使用，串行口带有硬件压扩，可从 8 位 EPROM 引导程序，可编程等待状态发生器等。

AD 公司的 DSP 芯片可分为定点 DSP 芯片和浮点 DSP 芯片。定点 DSP 芯片的程序字长为 24 位，数据字长为 16 位；运算速度较快，内部具有较为丰富的硬件资源，一般具有 2 个串行口、1 个内部定时器和 3 个以上的外部中断源，此外还提供 8 位 EPROM 程序引导方式；具有一套高效的指令集，如无开销循环、多功能指令、条件执行等。

(1) ADSP2101 的指令周期有 80 ns、60 ns 和 50 ns 三种，内部有 2K 字的程序 RAM 和 1K 字的数据 RAM。ADSP21l03 与 ADSP2101 相比，指令周期为 100 ns，工作电压为 3.3 V。ADSP2105 是 ADSP2101 的简化，指令周期为 72 ns，内部程序 RAM 为 512 字，串行口减为 1 个。

(2) ADSP216x 系列的指令周期为 50 ns～100 ns，与其他定点芯片相比。具有较大的内部程序 ROM，如 ADSP2161/2163 内部提供了 8K 字的程序 ROM，ADSP2162/2164 内部提供了 4K 字程序 ROM，工作电压为 3.3 V，这些芯片的内部数据 RAM 均为 512 字。而 ADSPP2165/2166 除了具有 1K 字的程序 ROM 外，还提供 12K 字的程序 RAM 和 4K 字的数据 RAM，其中 AD-SP2166 的工作电压为 3.3 V。

(3) ADSP2l71 的指令周期为 30 ns，速度为 33.3 MIPS，是 AD 公司芯片中运算速度最快的定点芯片之一。其内部具有 2K 字的程序 RAM 和 2K 字的数据 RAM。ADSP2173 的资源与 AD—SP2171 相同，工作电压为 3.3 V。

(4) ADSP2181 是目前 ADSP 的定点 DSP 芯片中处理能力最强的，这种芯片具有以下特点：

① 运算速度快。指令周期为 30 ns，运算速度为 33.3 NIPS。

② 片内空间大。内部程序和数据 RAM 均为 16 K 字，共 80 KB。

③ 数据交换速度快。内部具有直接存储传输接口(BDMA)，最大可以扩展到 4 KB。串行口都具有自动数据缓冲功能，并且支持 DMA 传输。

④ 支持 8 位 EPROM 和通过 IDMA 方式的程序引导。

⑤ 如果采用基 4FFT 做 1024 点复数 FFT 运算，运算时间仅为 1.07 ms。

ADSP2181 在 1 个处理器周期内可以完成的功能包括：产生下一个程序地址、取下一个指令、进行 1 个或 2 个数据移动、更新 1 个或 2 个数据地址指针、进行 1 次数据运算。与此同时，还可从两个串行口发送或接收效据。

(5) ADSP21020、21060 和 21062 等是 AD 公司的浮点 DSP 芯片，程序存储器为 48 位，数据存储器为 40 位，支持 32 位单精度和 40 位扩展精度的 IEEE 浮点格式，内部具有 32 × 48 位的程序 cache，有 3 至 4 个外部中断源。

ADSP21060 采用超级的哈佛结构，具有 4 条独立的总线(2 条数据总线、1 条程序总线和 1 条 I/O 总线)，内部集成了大容量的 SRAM 和专用 I/O 总线支持的外设，指令周期为 25 ns，是一个高性能的浮点 DSP 芯片。其主要特点如下：

① 运算速度达 40 MIPS 和 80MFLOPS，最高达 120 MFLOPS。每条指令均在 1 个周期内完成。

② 片内具有 4 Mb 的 SRAM，可灵活地进行配置，如配置为 128K 字的数据存储器(32 位)和 80K 字的程序存储器(48 位)。可寻址 4 G 字的外部存储器。

③ 10 个 DMA 通道。6 个点到点连接口，传输速率为 240 MB/s。

④ 支持多处理器连接，提供与 16/32 位微处理器的接口。外部微处理器可直接读写内部 RAM。

⑤ 2 个具有 μ/A 律压扩功能的同步串行口。

⑥ 支持可编程等待状态发生器，可用 8 位 EPROM 或外部处理器引导程序。

⑦ 1024 点复数 FFT 的运算时间为 0.46 ms。

⑧ 支持 IEEE JTAG1149.1 标准仿真接口。

1.3.3　AT&T 公司的 DSP 芯片

AT&T 是第一家推出高性能浮点 DSP 芯片的公司。AT&T 公司的 DSP 芯片包括定点和浮点两大类。定点 DSP 主要包括 DSP16、DSP16A、DSP161C、DSP1610 和 DSP1616 等，浮点 DSP 包括 DSP32、DSP32C 和 DSP3210 等。

AT&T 定点 DSP 芯片的程序和数据字长均为 16 位，有 2 个精度为 36 位的累加器，具有 1 个深度为 15 字的指 Cache，支持最多 127 次的无开销循环。DSP16 的指令周期为 55 ns 和 75 ns，累加器长度为 36 位，片内具有 2K 字的程序 ROM 和 512 字的数据 RAM。DSP16A 速度最快的为 25 ns 的指令周期，片内有 12K 字的程序 ROM 和 2K 字的数据 RAM。DSP16C 的指令周期为 38.5 ns 和 76.9 ns，片内存储器资源与 DSP16A 相同，增加了片内的 Cache。此外，还有 1 个 4 引脚的 JATG 仿真接口。DSP1610 片内有 512 字的 ROM 和 2K 字的双口 RAM，支持软件等待状态。DSP1610 和 DSP1616 提供了仿真接口。

DSP32C 是 DSP32 的增强型，是性能较优的一种浮点 DSP 芯片。其主要特点如下：

(1) 80 ns～100 ns 的指令周期。

(2) 地址和数据总线可以在单个指令周期内访问 4 次。

(3) 片内具有 3 个 512 字的 RAM 块，或 2 个 512 字的 RAM 块加 1 个 4K 字的 ROM 块。可以寻址 4M 字的外部存储器。

(4) 具有串行和并行 I/O 口接口。串行 I/O 采用双缓冲，支持 8 位、16 位、24 位、32 位串行数据传输，微处理器可以控制 DSP32C 的 8/16 位并行口。

(5) 采用专用的浮点格式，可在单周期内与 IEEE-754 浮点格式进行转换。

(6) 具有 4 个 40 位精度的累加器和 22 个通用寄存器。

(7) 支持无开销循环和硬件等待状态。

DSP3210 内部具有两个 1K 字的 RAM 块和 512 字的引导 ROM，外部寻址空间达 4 GB，可用软件编程产生等待状态，具有串行口、定时器、DMA 控制器和一个与 Motorola 和 Intel 微处理器兼容的 32 位总线接口。

1.3.4　Motorola 公司的 DSP 芯片

Motorola 公司的 DSP 芯片可分为定点、浮点和专用三种。定点 DSP 芯片主要有 MC56000、MC56001 和 MC56002，其程序和数据字长为 24 位，有 2 个精度为 36 位的累加器。MC56001 的周期有 60 ns 和 74 ns 两种，片内具有 512 字的程序 RAM、512 字的数据 RAM 和 512 字的数据 ROM。3 个分开的存储器空间，每个均可寻址 64K 字。片内 32 字的引导程序可以从外部 EPROM 装入程序。支持 8 位异步和 8～24 位同步串行 I/O 接口。并行接口可与外部微处理器接口，支持硬件和软件等待状态产生。MC56000 是 ROM 型的 DSP 芯片，内部具有 2K 字的程序 ROM。MC56002 则是一个低功耗型芯片，可在 2.0 V～5.5 V 电压范围内工作。

浮点 DSP 芯片主要有 MC96002，采用 IEEE-754 标准浮点格式，累加器精度达 96 位，可支持双精度浮点数，该芯片的指令周期为 50 ns、60 ns、74 ns。片内有 3 个 32 位地址总线和 5 个 32 位数据总线。片内具有 1K 字的程序 RAM、1K 字的数据 RAM 和 1K 字的数据 ROM。64 字的引导 ROM 可以从外部 8 位 EPROM 引导程序。内部具有 10 个 96 位或 32 位基于寄存器的累加器。支持无开销循环及硬件和软件等待状态。具有 3 个独立的存储空间，每个空间可寻址 4G 字。

MC56200 是一种基于 MC56001 的 DSP 核，适合于自适应滤波的专用定点 DSP 芯片，指令周期为 97.5 ns，程序字长和数据字长分别为 24 位和 16 位，内部的程序和数据 RAM 均为 256 字，累加器精度为 40 位。MC56156 则是一个在片内集成了过取样 Σ-Δ 话音编码模数转换器和锁相环的 DSP 芯片，主要用于蜂窝电话等通信应用，其指令周期为 33 ns~50 ns。

此外，还有 NEC 公司的 µPD77C25、µPD77220 定点 DSP 芯片和 µPD77240 浮点 DSP 芯片等，Lucent 的 DSP1600 等，Intel 也有自己的 DSP 产品。

1.4　DSP 芯片的运算速度和 DSP 应用系统的运算量

1.4.1　DSP 芯片的运算速度

处理器是否满足应用设计的要求，关键在于是否满足速度要求。衡量处理器速度有很多指标，最基本的是处理器的指令周期，即处理器执行最快指令所需要的时间。指令周期的倒数除以一百万，再乘以每个周期执行的指令数，结果即为处理器的最高速率，其单位为百万条指令每秒(MIPS)。

但是指令执行时间并不能表明处理器的真正性能，不同的处理器在单个指令完成的任务量不一样，单纯地比较指令执行时间并不能真正区别性能的差异。现在一些新的 DSP 采用超长指令字(VLIW)架构，在这种架构中，单个周期时间内可以实现多条指令，而每个指令所实现的任务比传统 DSP 少，因此相对 VLIW 和通用 DSP 器件而言，比较 MIPS 的大小时会产生误导作用。

即使在传统 DSP 之间比较 MIPS 大小也具有一定的片面性。例如，某些处理器允许在单个指令中同时对几位一起进行移位，而有些 DSP 的一个指令只能对单个数据位移位；有些 DSP 可以进行与正在执行的 ALU 指令无关的数据的并行处理(在执行指令的同时加载操作数)，而另外有些 DSP 只能支持与正在执行的 ALU 指令有关的数据的并行处理；有些新的 DSP 允许在单个指令内定义两个 MAC。因此，仅仅进行 MIPS 比较并不能准确得出处理器的性能。

解决上述问题的方法之一是采用一个基本的操作(而不是指令)作为标准来比较处理器的性能。常用于性能比较的操作是 MAC 操作，但是 MAC 操作时间不能提供比较 DSP 性能差异的足够信息，在绝大多数 DSP 中，MAC 操作仅在单个指令周期内实现，其 MAC 时间等于指令周期时间。如上所述，某些 DSP 在单个 MAC 周期内处理的任务比其他 DSP 多。MAC 时间并不能反映诸如循环操作等的性能，而这种操作在所有的应用中都会用到。

最通用的办法是定义一套标准例程，比较在不同 DSP 上的执行速度。这种例程可能是一个算法的"核心"功能，如 FIR 或 IIR 滤波器等，也可以是整个或部分应用程序，如语音编码器。

在比较 DSP 处理器的速度时要注意其所标榜的 MOPS(百万次操作每秒)和 MFLOPS(百万次浮点操作每秒)参数。其次，在比较处理器时钟速率时，DSP 的输入时钟可能与其指令速率一样，也可能是指令速率的两倍到四倍，不同的处理器可能不一样。另外，许多 DSP 具有时钟倍频器或锁相环，可以使用外部低频时钟产生片上所需的高频时钟信号。

DSP 芯片的运算速度可以用以下几种性能指标来衡量：

(1) 指令周期：即执行一条指令所需要的时间，通常以 ns 为单位，TMS320LC549-80 在主频为 80 MHz 时的指令周期为 13.5 ns。

(2) MAC 时间：即一次乘法和一次加法的时间。大部分 DSP 芯片可在一个指令周期内完成一次乘法和一次加法操作，如 TMS320LC549-80 的 MAC 时间为 13.5 ns。

(3) FFT 执行时间：即运行一个 N 点 FFT 程序所需的时间。出于 FFT 涉及的运算在数字信号处理中很有代表性，因此 FFT 执行时间是衡量 DSP 芯片运算能力的一个指标。

(4) MIPS：即每秒执行百万条指令，如 TMS320LC549-80 的处理能力为 80 MIPS，即每秒可执行 8 千万条指令。

(5) MOPS：即每秒执行百万次操作，如 TMS320C40 的运算能力为 275 MOPS。

(6) MFLOPS：即每秒执行百万次浮点操作，如 TMS320C31 在主频为 40 MHz 时的处理能力为 40 MFLOPS。

(7) BOPS：即每秒执行 10 亿次操作，如 TMS320C80 的处理能力为 2 BOPS。

1.4.2　DSP 应用系统的运算量

DSP 应用系统的运算量是选用 DSP 芯片的重要依据。运算量小则可以选用处理能力不是很强的 DSP 芯片，从而可以降低系统的成本。相反，运算量大的 DSP 系统则必须选用处理能力强的 DSP 芯片，如果 DSP 芯片的处理能力达不到系统的要求，则必须用多个 DSP 芯片并行处理。确定 DSP 系统的运算量，主要有两种方式。

1．按样点处理

所谓按样点处理，就是 DSP 算法对每一个输入样点循环一次。数字滤波就是这种情况。在数字滤波中，通常需要对每一个输入样点计算一次。例如，一个采用 LMS(最小均方差)算法的 256 抽头的自适应 FIR 滤波器，假定每个抽头的计算需要 3 个 MAC 周期，则 256 抽头的计算需要 768 个 MAC 周期。这种运算量的估算和实际系统中实时性的要求是选择 DSP 速度的主要依据。

2．按帧处理

有些数字信号处理算法不是每个输入样点循环一次，而是每隔一定时间间隔循环一次。例如，中低速话音编码算法通常以 10 ms 或 20 ms 为一帧。所以，选择 DSP 芯片时应该比较一帧内的 DSP 芯片的处理能力和 DSP 算法的运算量。假设 DSP 芯片的指令周期为 p(ns)，一帧的时间为 t(ns)，则该 DSP 芯片在一帧内所提供的最大运算量为 t/p 条指令。

1.5　DSP 系统设计概要

图 1-3 所示是一个典型 DSP 系统，该系统先将输入的模拟信号进行带限滤波和抽样，

再进行 A/D(Analog to Digital)变换，将输入信号变换成数字信号，经 DSP 芯片处理后的数字信号，再经 D/A(Digital to Analog)变换成模拟信号，之后再进行内插和平滑滤波得到连续的模拟信号输出。

根据奈奎斯特抽样定理，为保证信息不丢失，抽样频率至少是输入带限信号最高频率的 2 倍，抽样之前要进行抗混叠滤波，就是将输入的模拟信号中高于折叠频率(其值等于采样频率的一半)的分量滤除，以防止信号频谱出现混叠。

实际的 DSP 系统并不一定包括图 1-3 中的所有部件。如语音识别系统的输出信号并不是连续波形，而是识别结果，如数字、文字等，这样就不必进行 D/A 变换；有些输入信号本身就是数字信号，就不必进行 A/D 变换了。

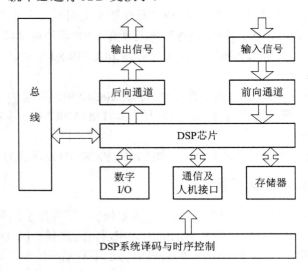

图 1-3　DSP 典型处理系统

一个 DSP 系统的设计大致要经过总体设计、软件设计、硬件设计及系统集成与调试几个阶段，如图 1-4 所示。

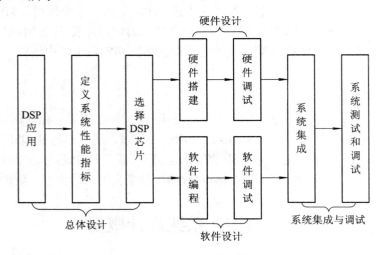

图 1-4　DSP 设计流程

1. 总体方案设计

在进行 DSP 系统设计之前，首先要明确设计任务，给出设计任务书。设计任务书中应将系统要达到的功能描述准确、清楚，具体的描述方式可以是自然语言，也可以是流程图或算法。之后应将设计任务书转化为量化的技术指标，这些技术指标主要包括以下内容：

(1) 由信号的频率决定的系统采样频率。

(2) 由采样频率完成任务书最复杂的算法所需的最大时间及系统对实时程度的要求判断系统能否完成工作。

(3) 由处理的数据量及程序的长短决定片内 RAM 的容量及片外 RAM 与片外 RAM 的容量。

(4) 由系统所要求的精度来决定是 16 位还是 32 位，是否是浮点运算。

(5) 根据系统要用于计算还是控制，决定对输入输出端口的要求。在一些特殊的控制应用中，可选用专门的芯片，如电机控制应用可选 IM5320c2xx 系列，因为该系列芯片上集成了 2 路 A/D 输入，6 路 PWM 输出及强大的人机接口。

设计 DSP 应用系统时，选择 DSP 芯片是非常重要的一个环节。只有选定了 DSP 芯片，才能进一步设计其外围电路及系统的其他电路。不同的 DSP 应用系统由于应用场合、应用目的等不尽相同，对 DSP 芯片的选择也是不同的。一般来说，选择 DSP 芯片时应考虑到如下因素。

(1) 运算速度。运算速度是 DSP 芯片最重要的性能指标之一，也是选择 DSP 芯片时所需要考虑的主要因素。DSP 芯片的运算速度可以用以下多种性能指标来衡量，具体可参见本书 1.4 节。

(2) 价格。DSP 芯片的价格也是选择 DSP 芯片所需考虑的一个重要因素。如果采用价格昂贵的 DSP 芯片，即使性能再高，其应用范围肯定会受到一定的限制，尤其是民用产品。因此根据实际系统的应用情况，需确定一个价格适中的 DSP 芯片。当然，由于 DSP 芯片发展迅速，DSP 芯片的价格往往下降较快，因此在开发阶段选用某种价格稍贵的 DSP 芯片，等到系统开发完毕，其价格可能已经下降一半甚至更多。

(3) 芯片的硬件资源。不同的 DSP 芯片所提供的硬件资源是不相同的，如片内 RAM、ROM 的数量，外部可扩展的程序和数据空间，总线接口，I/O 接口等。即使同一系列的 DSP 芯片(如 TI 的 TMS320C54x 系列)，不同的品种也具有不同的内部硬件资源，应根据实际需要选择之。

(4) 运算精度。一般的定点 DSP 芯片的字长为 16 位(如 TMS320 系列)，但有的公司的定点芯片为 24 位(如 Motorola 公司的 MC56001 等)。浮点芯片的字长一般为 32 位，累加器为 40 位。应根据系统需要选择相应精度的芯片。

(5) 开发工具。在 DSP 系统的开发过程中，开发工具是必不可少的。如果没有开发工具的支持，要想开发一个复杂的 DSP 系统几乎是不可能的。所以，在选择 DSP 芯片的同时必须注意其开发工具的支持情况，包括软件和硬件的开发工具。

(6) 功耗。在某些应用场合，DSP 的功耗也是一个需要特别注意的问题。如便携式设备、手持设备、野外应用设备等都对功耗有特殊的要求。目前，3.3 V 供电的低功耗高速 DSP 芯片已大量使用。

(7) 其他。除了上述因素外，选择 DSP 芯片时还应考虑其封装的形式、质量标准、供货情况、生命周期等。如果 DSP 系统的设计最终要求达到工业级或军用级标准，在选择器件时就需要注意到所选的芯片是否是工业级或军用级的同类产品；如果所设计的 DSP 系统需要批量生产并可能有几年甚至十几年的生命周期，那么需要考虑所选的 DSP 芯片供货情况，是否也有同样甚至更长的生命周期等。

在上述诸多因素中，一般而言，定点 DSP 芯片的价格较便宜，功耗较低，但运算精度稍低。而浮点 DSP 芯片的优点是运算精度高，且 C 语言编程调试方便，但价格稍贵，功耗也较大。

DSP 应用系统的运算量是确定选用何种 DSP 芯片的重要基础。运算量小的系统可以选用处理能力不是很强的 DSP 芯片，从而降低系统成本。相反，运算量大的 DSP 系统则必须选用处理能力强的 DSP 芯片，如果 DSP 芯片的处理能力达不到系统要求，则必须用多个 DSP 芯片并行处理。在系统设计中，通常可以按以下两种情形来确定 DSP 系统的运算量。

(1) 按样点处理。

所谓按样点处理就是 DSP 算法对每一个输入样点循环一次。以数字滤波为例，在数字滤波器中，通常需要对每一个输入样点计算一次。例如，一个采用 LMS 算法的 256 抽头的自适应 FIR 滤波器，假定每个抽头的计算需要 3 个 MAC 周期，则 256 抽头计算需要 $256 \times 3 = 768$ 个 MAC 周期。如果采样频率为 8 kHz，即样点之间的间隔为 125 ms，则 DSP 芯片的 MAC 周期就是 200 ns，768 个 MAC 周期就需要 153.6 ms 的时间，显然无法实时处理，需要选用速度更高的 DSP 芯片。

(2) 按帧处理。

有些数字信号处理算法不是每个输入样点循环一次，而是每隔一定的时间间隔(通常称为帧)循环一次。例如，中低速语音编码算法通常以 10 ms 或 20 ms 为一帧，每隔 10 ms 或 20 ms 语音编码算法循环一次。所以，选择 DSP 芯片时应该比较一帧内 DSP 芯片的处理能力和 DSP 算法的运算量。假设 DSP 芯片的指令周期为 p(ns)，一帧的时间为 D_t(ns)，则该 DSP 芯片在一帧内所能提供的最大运算量为 D_t/p 条指令。例如 TMS320LC549-80 的指令周期为 12.5 ns，设帧长为 20 ms，则一帧内 TMS320LC549-80 所能提供的最大运算量为 160 万条指令。因此，只要语音编码算法的运算量不超过 160 万条指令，就可以在 TMS320LC549-80 上实时运行。

由上述技术指标大致可以选定 DSP 芯片的型号，根据选用的 DSP 芯片及上述技术指标可以初步确定 A/D、D/A、RAM 的性能指标及可供选择的产品。如前所述在产品选型时还要考虑成本、供货能力、技术支持、开发系统、体积、功耗、工作环境温度等指标。

2. 软件设计阶段

在确定 DSP 芯片型号之后。应当先进行系统的总体设计流程如图 1-4 所示。首先采用高级语言 Matlab 等对算法进行仿真，确定最佳算法并初步确定参数，并对系统的软硬件进行初步分工。

完成了总体设计之后，就可以进入软件设计、硬件设计阶段。

软件设计步骤如下：

(1) 用 C 语言、汇编语言或者两种编程语言混合编写程序，再将其分别转换成 DSP 的汇编语言并送到汇编器进行汇编，生成目标文件。

(2) 将目标文件送入连接器进行连接，得到可执行文件。

(3) 将可执行文件调入到调试器(包括软件仿真、软件开发系统、评测模块、系统仿真器)进行调试，检查运行结果是否正确。如果正确，进入下一步；如果不正确，则返回第(1)步。

(4) 进行代码转换，将代码写入 EEPROM，并脱离仿真器运行程序，检查结果是否正确。如果不正确，返回(3)；如果正确，进入软件调试阶段。

软件调试时要借助 DSP 开发工具，如软件模拟器、DSP 开发系统或仿真器等；调试 DSP 算法时一般采用比较实时结果与模拟结果的方法，如果实时程序和模拟程序的输入相同，则两者的输出应一致。应用系统的其它软件可根据实际情况进行调试，如果调试结果合格，软件调试完毕；如果不合格，返回设计过程中查找问题。

3. 硬件设计阶段

(1) 设计硬件实现方案。

硬件实现方案是指根据性能指标、工期、成本等，确定最优硬件实现方案，并画出硬件系统框图。TMS320C55x 硬件处理系统如图 1-5 所示。

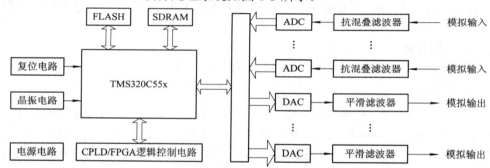

图 1-5　TMS320C55x 硬件处理系统的组成

(2) 器件的选型。

除选择 DSP 芯片外，一般还要考虑选择 A/D、D/A、内存、电源、逻辑控制、通信、人机接口、总线等基本部件。

在具体的设计中，可根据以下原则选择。

DSP 芯片：根据系统是用于控制目的还是计算目的，选择不同厂商、不同系列、不同工作频率、不同工作电压、不同工作温度、以及是采用定点型芯片还是浮点型芯片。

A/D 变换：根据采样频串、精度确定 A/D 型号，以及是否要求片上自带采样保持器、多路器、基准电源等。

D/A 变换：信号频率、精度是否要求基准电源、多路器、输出运放等。

内存：内存包括 RAM、EPROM(或 EEPROM、Flash Memory)，在 TMS320C6000 等产品中还有 SDRAM、SBSRAM。主要考虑工作频串、内存容量位长(8 位/16 位/32 位)、接口方式(串行/并行)、工作电压(5 V/3.3 V 或其它)。

逻辑控制：先确定所用器件，如 PLD、EPLD 或 FPGA 再根据自己的特长和公司芯片的特点决定采用哪家公司的哪一系列产品；最后根据 DSP 芯片的频率决定芯片的工作频率来确定使用的芯片。

通信接口：一般 DSP 系统都要求能与其他系统通信。根据通信的速串决定采用的通信方式，采用串口只能达到 19.2 kb/s(RS232)，并口可达到达 1 Mb/s 以上，如果速率更高，则应采用总线通信。

总线选择：有 PCI、ISA、现场总线(如 CAN 总线)、3Xbus 等。根据使用场合、数据传输速率的高低(总线宽度、频率高低、同步方式等)选择。

人机接口：有键盘、显示器等，可以通过与 80C196 等单片机的通信构成，也可在 DSP 的基础上直接构成。

电源选取：主要考虑电压的高低和电压的大小。电压高低要匹配，电流容量要足够。

上述部件的选择可能会相互影响，同时在选型时必须考虑供货能力、性能价格比、技术支持、使用经验等因素。

(3) 原理图设计。

硬件设计阶段原理图设计是关键。在原理图设计时必须清楚了解器件的使用和系统的开发，对于关键环节要做仿真。原理图设计成功与否，是系统能否正常工作的重要因素。

(4) PCB 板设计。

PCB 板设计要求 DSP 系统设计人员既要熟悉系统工作原理，又要清楚布线工艺和系统结构设计。

(5) 软、硬件调试。

在采用硬件仿真器进行调试时则可借助一般的工具进行调试。

4. 系统集成

系统的软、硬件设计分别调试完成之后，进行系统集成。系统集成是将软硬件结合起来，并组合成样机，在实际系统中运行，进行系统测试。如果系统测试结果符合设计指标，则样机设计完毕。但由于在软硬件调试阶段调试的环境是模拟的，因此在系统测试时往往会出现一些问题，如精度不够、稳定性不好等。出现问题时，一般采用修改软件的方法进行修改，如果软件修改无法解决问题，则必须调整硬件，这时问题就较为严重了。

本 章 小 结

本章主要介绍了 DSP 的基本概念、技术特点、典型芯片、发展历史及应用方向，应重点掌握各典型系列芯片的技术特点和设计优势。

思 考 题

1. DSP 为什么有高速处理信号的优势？
2. 目前 DSP 按功能分为哪几类？分别有哪些代表芯片？
3. DSP 系统的设计流程有哪些？
4. DSP 的处理速度有哪些评估指标？
5. DSP 芯片未来发展趋势是什么？
6. DSP 与 FPGA/CPLD 各自特点是什么？设计过程中如何取长补短？

第 2 章　CCSv4.2 集成开发环境

本章介绍 CCSv4.2 集成开发环境的使用方法。首先在阐述 CCSv4.2 基本框架的基础上帮助读者全面了解 CCSv4.2 的安装与配置，并且通过一个简单的实例过程，描述 CCSv4.2 的基本使用方法与软件调试方法，最后介绍了与 CCSv4.2 相关的 GEL 文件以及 DSP 与 Matlab 的数据交换。

2.1　CCS 集成开发环境简介

Code Composer Studio & amp™(CCS 或 CCStudio)是一种针对 TMS320 系列 DSP 开发和调试的集成开发环境，在 Windows 操作系统下，采用图形接口界面，提供环境配置、源文件编辑、程序调试、跟踪和分析等工具，可以对 TI 公司出品的 DSP 进行软件调试，包含各种 TI 设备系列的编译器、源代码编辑器、项目生成环境、调试程序、探查器、模拟器和其他许多功能。CCS 提供一个单一用户界面，指导用户完成应用程序开发流程的每一个步骤，支持 C/C++ 语言和汇编语言的混合编程。

CCS 的开发系统主要由 DSP 集成代码产生工具，CCS 集成开发环境，DSP/BIOS 实时内核插件及其应用程序接口 API，实时数据交换的 RTDX 插件以及相应的程序接口 API，以及由 TI 公司以外的第三方提供的各种应用模块插件等组件构成，并集成以下具体功能：

(1) 具有集成可视化代码编辑界面，用户可通过其界面直接编写 C、汇编、.cmd 文件等。

(2) 含有集成代码生成工具，包括汇编器、优化 C 编译器、链接器等，将代码的编辑、编译、链接和调试等诸多功能集成到一个软件环境中。

(3) 高性能编辑器支持汇编文件的动态语法加亮显示，使用户很容易阅读代码，发现语法错误。

(4) 工程项目管理工具可对用户程序实行项目管理，在生成目标程序和程序库的过程中，建立不同程序的跟踪信息，通过跟踪信息对不同的程序进行分类管理。

(5) 基本调试工具具有装入执行代码，查看寄存器、存储器、反汇编、变量窗口等功能，并支持 C 源代码级调试。

(6) 断点工具，能在调试程序的过程中完成硬件断点、软件断点和条件断点的设置。

(7) 探测点工具，可用于算法的仿真，数据的实时监视等。

(8) 分析工具，包括模拟器和仿真器分析，可用于模拟和监视硬件的功能、评价代码执行的时钟。

(9) 数据的图形显示工具，可以将运算结果用图形显示，包括显示时域/频域波形、眼图、星座图、图像等，并能进行自动刷新。

(10) 提供 GEL 工具。利用 GEL 扩展语言，用户可以编写自己的控制面板/菜单，设置 GEL 菜单选项，方便直观地修改变量、配置参数等。

(11) 支持多 DSP 的调试。

(12) 支持 RTDX 技术，可在不中断目标系统运行的情况下，实现 DSP 与其他应用程序的数据交换。

(13) 提供 DSP/BIOS 工具，增强对代码的实时分析能力。

本书采用的 CCSv4.2 及其以上版本已经自带 XDS100 V2 驱动，无需额外安装。而 CCSv4.1 需要额外安装 XDS100 V2 驱动。

2.2　CCSv4.2 基本框架

1. 调试工具

(1) CCSv4.2 的调试工具可以对程序进行编译、汇编和链接，并可在工程文件夹下自动生成 Debug 文件，该文件中包括与工程名相同的.out 文件，可通过命令载入目标系统。在对程序进行编译、汇编和链接时，在窗口下方可显示编译、汇编和链接的相关信息，装载 .out 文件后还会自动弹出反汇编窗口，内部为反汇编的机器指令，通过该窗口可以分析所编写程序的运行过程以及运行方式，查找错误，作为算法程序优化的依据。

(2) CCSv4.2 的集成调试程序具有用于简化开发的高级断点，支持复杂的多处理器或多核系统的开发。

(3) CCSv4.2 还提供了内存窗口、寄存器窗口和变量观察窗口，便于调试分析时观察 DSP 存储空间，寄存器以及变量值的变化。

2. 分析工具

CCSv4.2 的交互式探查器可快速测量代码性能，并确保在调试和开发过程中目标资源的高效使用。探查器的分析结果可用于优化帮助开发人员开发出经过优化的代码。CCSv4.2 的探查器可用于汇编、C++ 或 C 代码的分析，并可在整个开发周期中使用。

3. 脚本环境

脚本(Screenplay)是批处理文件的延伸，是一种纯文本形式保存的程序，其中记录了一系列控制计算机进行各种操作的命令，在其中还可以实现一定的逻辑分支等。脚本程序在执行时，先要由解释器将其逐条翻译成机器可识别的指令。因为在执行时多了翻译的过程，所以脚本比二进制程序执行效率低。CCSv4.2 拥有完整的脚本环境，允许利用脚本自动进行重复性任务，如针对测试和性能基准测试等。

4. 图像分析和图形虚拟化工具

CCSv4.2 可以实现图像分析及图形虚拟化的功能。CCSv4.2 不仅可以采集动态图像并进行处理，还能加载已有的图像和视频数据。CCS v4.2 强大的集成开发环境和调试分析工具，使数字图像处理的仿真分析变得更加直观，也为 DSP 数字图像和视频处理系统设计提供了参考，简化了前期工作，还可以缩短系统的设计开发周期。在图形虚拟化方面，CCSv4.2 能够以图形方式查看变量和数据，并实现数据和变量窗口的自动刷新。

5. C/C++ 编译器

CCSv4.2 支持 C 程序和 C++ 程序设计，当源程序的文件后缀采用 .c 时，CCS 用 C 编译器编译程序，当使用 .cpp 后缀时，用 C++ 编译器。C/C++ 编译器针对不同应用范围和不同设备对象，可实现不同功能，支持不同的结构优化。

6. 模拟器

CCSv4.2 模拟器向用户提供脱离开发板进行仿真的工作方式。使用模拟器可以清楚地了解应用程序性能。CCSv4.2 提供了多种模拟器，其中一些模拟器适合于进行算法基准测试，而另一些更适合系统模拟。

7. 软仿真调试

软仿真调试可以独立于系统硬件执行程序。加载程序代码后，可在一个窗口环境中，模拟 DSP 的程序运行，并可以同时对程序进行设置断点，并可以观察、修改寄存器/存储器的内容，统计某段程序的执行时间等。通常在程序编写完以后，都会首先在软件仿真器上进行调试，以初步确定程序的可运行性。软件仿真器的主要缺点是仿真能力有限，无法模拟 DSP 与外设之间的操作。

8. 硬仿真调试

TI 设备中均包含高级硬件调试功能。这些功能包括以下方面：

(1) IEEE 1149.1 (JTAG)和边界扫描。

(2) 对寄存器和内存的非侵入式访问。

(3) 实时模式，允许在中断事件挂起后台代码，同时继续执行中断服务例程。

(4) 多核操作，例如同步运行、步进和终止。其中包括跨核触发，该功能可以使一个核触发，同时另一个核终止。

(5) 高级事件触发(AET)，可以在选定设备上使用，允许用户依据复杂事件或序列，如无效数据或程序内存访问，终止 CPU 或触发其他事件。它能以非侵入式方式测量性能及统计系统事件数量(例如缓存事件)。

CCSv4.2 提供选定设备的处理器跟踪，能够探测缺陷—事件之间的争用情况、间歇式实时干扰、堆栈溢出崩溃、失控代码和不停用处理器的误中断。跟踪本身是一种完全非侵入式调试方法，不会干扰或更改应用程序的实时行为。CCSv4.2 的处理器跟踪支持程序、数据、计时和所选处理器与系统事件/中断的导出，可以将处理器跟踪导出到 XDS560 跟踪外部 JTAG 仿真器或选定设备上，或导出到芯片缓存嵌入式跟踪缓存(ETB)上。

9. 实时操作系统支持

CCSv4.2 支持两个版本的 TI 实时操作系统：

(1) DSP/BIOS5.4x 是一种为 DSP 设备提供预清空多任务服务的实时操作系统。其服务包括 ISR 调度、软件中断、信号灯、消息、设备 I/O、内存管理和电源管理。此外，DSP/BIOS5.x 还包括调试诊断和加工，低系统开销打印和统计数据收集等。

(2) BIOS6.x 是一种高级可扩展实时操作系统，支持 ARM926、ARM Cortex M3、C674x、C64x+、C672x 和 C28xDSP 设备。它提供 DSP/BIOS 5.x 所没有的若干内核和调试增强，包括更快、更灵活的内存管理，事件和优先级继承互斥体。

2.3　CCSv4.2 的安装

CCSv4.2 的安装步骤如下：

(1) 双击安装程序，出现欢迎界面，如图 2-1 所示，单击"Next"进入下一步。

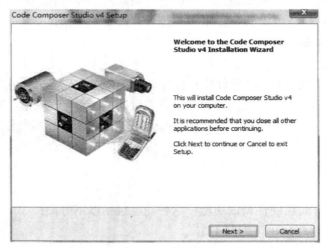

图 2-1　安装程序的欢迎界面

(2) 显示安装程序许可协议，如图 2-2 所示。选择"I accept the terms of the license agreement"，然后单击"Next"。进入下一步。

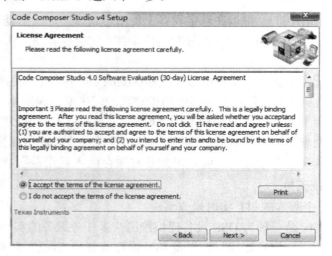

图 2-2　安装程序的许可协议

(3) 选择所需的安装位置。安装可以自动提供默认路径，将 CCSv4 自动安装在 C:\Program Files (x86)\Texas Instruments；也可以通过可点击"Browse…"按钮改变安装路径，如图 2-3 和图 2-4 所示。

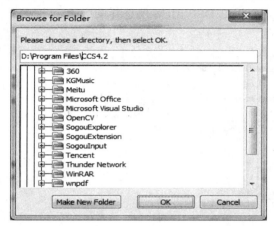
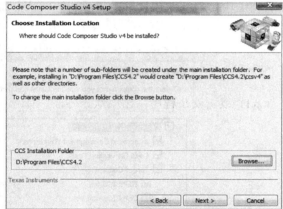

图 2-3　更改安装路径　　　　　　　　　　　图 2-4　设定安装路径

(4) 选择安装版本，如图 2-5 所示。完成后点击"Next"进入下一步。

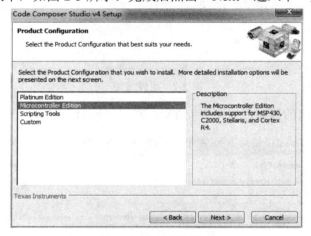

图 2-5　选择安装版本

(5) 安装需要的设备系列，以获得最佳性能，如图 2-6 所示。

图 2-6　选择需要安装的设备系列

(6) 下一步显示组件安装屏幕，如图 2-7 所示。根据 DSP/BIOS 所选择的版本，此屏幕会有所不同。点击"Next"进入下一步。

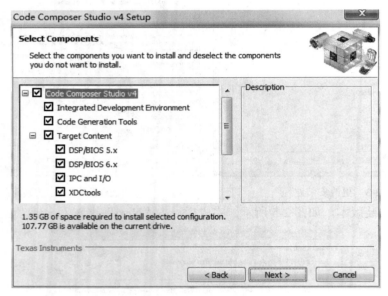

图 2-7　组件安装

(7) 进入安装选项的摘要，如图 2-8 所示，点击"Next"进入下一步。

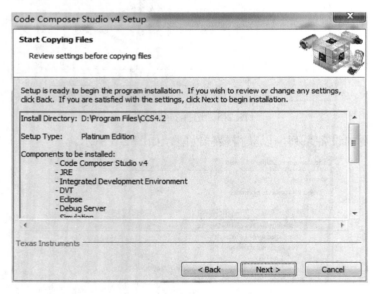

图 2-8　安装选项的摘要

(8) 直接进入安装程序主屏幕，如图 2-9 所示。有时会显示"未响应"字样(如图 2-10 所示)，表示在等待每个组件安装程序完成其操作。

(9) 完成安装程序之后，将显示如图 2-11 所示界面，点击"Finish"完成安装。

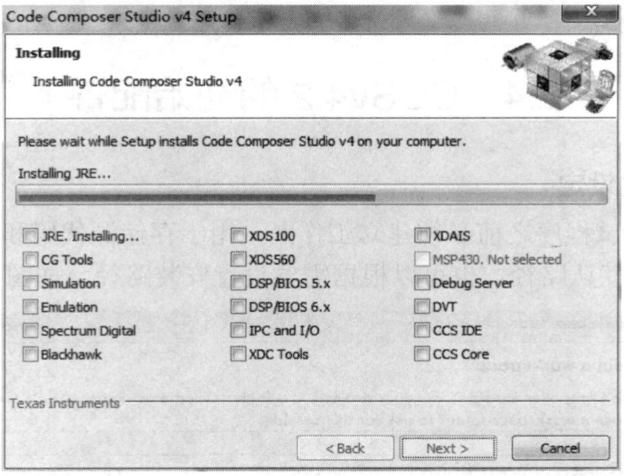

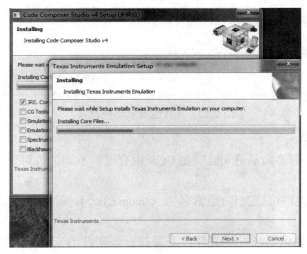

图 2-9　安装进度

图 2-10　显示"未响应"字样

图 2-11　完成安装

2.4　CCSv4.2 的初始配置

1. 工作区目录的设定

CCSv4.2 要求调试程序之前必须建立工作区，用于存储源代码和项目链接的目录。用户可以选择工作区的默认路径，也可以根据需要设置安装路径，如图 2-12 所示。

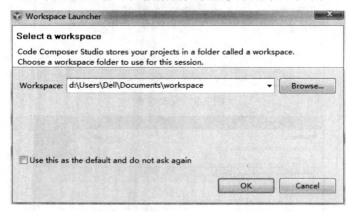

图 2-12　工作区安装路径设置

2. 许可证的选择

CCS 正常使用前需要激活许可证，在 CCS 中有很多不同的许可证选项，下文会说明激活过程。

(1) 如果已经安装许可证文件(通常名为 <license.lic>)，则 CCS 会自动检测到该文件并激活。

(2) 如果遇到不能识别许可证文件，需要找到该文件的安装目录，按照"免费有限许可证"过程中的步骤所述执行操作。

3. 评估版许可证

30 天评估版许可证可以在计算机上直接激活，无需连接 Internet 激活。在 30 天的评估期中，可以没有限制地使用 CCSv4.2 的全部功能。通过菜单"Help→Licensing Options(帮助→许可选项)"，即可选择评估版许可证。

4. 免费有限许可证

通过"免费有限许可证"可以利用 XDS100 仿真器来进行调试，这种仿真建立在标准 EVM/DSP/eZdsp 开发板或模拟器上，同时需要在网上进行注册，步骤如下：

(1) 选择"Help"→"Licensing Options…"，将出现如图 2-13 所示界面。

(2) 单击"Use Free Limited License(使用免费有限许可证)"按钮，将出现一条消息，如图 2-14 所示，单击"OK"进行确定。

(3) 打开浏览器窗口，显示 my.ti.com 登录页面，包含所选许可证的条款与条件如图 2-15 所示。只有接受这些条款与条件才能继续激活操作。单击"Next(下一步)"。

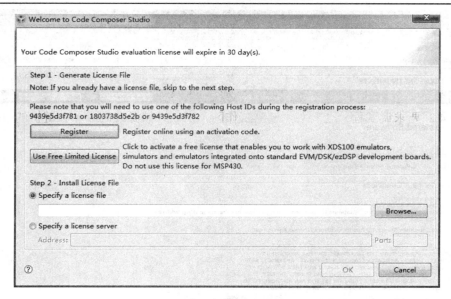

图 2-13　激活免费有限许可证界面

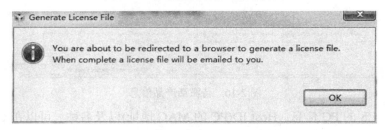

图 2-14　许可证激活产生权限的消息框

图 2-15　许可证条款与条件

　　(4) 显示待激活产品的详细信息、所选许可证以及激活 ID 代码，如图 2-16 所示。单击 "Next"，进入下一步。

图 2-16　待激活产品信息

(5) 输入 CCS 的 PC 信息：Host ID(PC 的 MAC 地址)以及名称。可以在 CCS 的许可证屏幕中找到 HostID，如图 2-17 所示。直接单击"Next"，进入下一步。

图 2-17　Host ID 的输入

(6) 填写电子邮件地址，用于接收许可证文件如图 2-18 所示。完成后单击"E-mail License(以电子邮件发送许可证)"。

(7) 注册的收件箱中可以看到两封主题分别为 myTI_license 和 myregistered_software 的电子邮件，myTI_License 邮件包含许可证文件。

(a) 注册软件界面

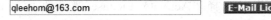

(b) 邮件地址

图 2-18　电子邮件设置

(8) 可以单击"Specify a License File(指定许可证文件)"下的"Browse(浏览)"菜单，如图 2-19 所示设定解压缩许可证文件路径。

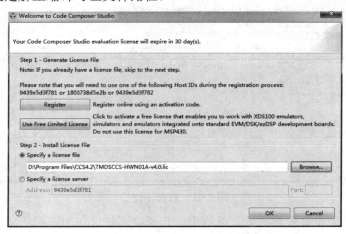

图 2-19　设置选择许可证文件路径

(9) 取得了许可证之后，重新启动 CCS，在界面的顶部显示"(Licensed)"(已授权)字样，如图 2-20 所示。

图 2-20　标题栏已授权显示

5. 已注册许可证

(1) 在激活"已注册许可证"的过程中，需要首先创建一个激活的 my.ti.com 帐户，然后在执行菜单中选择"Activate License(激活许可证)"，最后在许可证屏幕上单击"Register(注册)"按钮，如图 2-21 所示。

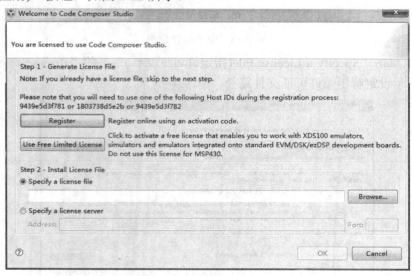

图 2-21　许可证注册

(2) 在申请"免费有限许可证"过程中，选择键入软件包中随附的激活 ID，如图 2-22 所示。

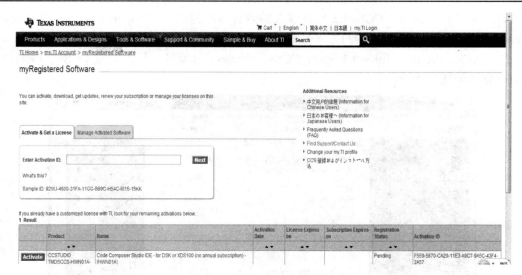

图 2-22　屏幕中的激活 ID 页面

6．完成激活

完成许可证激活过程后，显示欢迎界面，如图 2-23 所示，准备进入集成开发环境，进行程序开发。

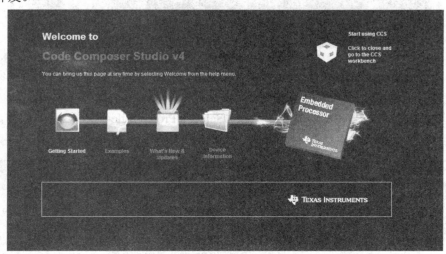

图 2-23　欢迎界面

2.5　CCSv4.2 创建和调用项目方法

2.5.1　导入

1．导入旧 CCS 版本项目

CCSv4.2 使用了新的项目格式，可以自动在项目目录下生成每个有效源文件，并存储在预置的文件和目录中。CCSv4.2 具有强大的兼容性，提供了"Import Legacy CCS Project Wizard(导入旧版 CCS 项目向导)"来打开旧版本的 CCS 项目，实现更好的过渡。

(1) 选择"Project→Import Legacy CCSv3.3Project"(项目→导入旧版 CCSv3.3 项目)，启动向导，如图 2-24 所示。

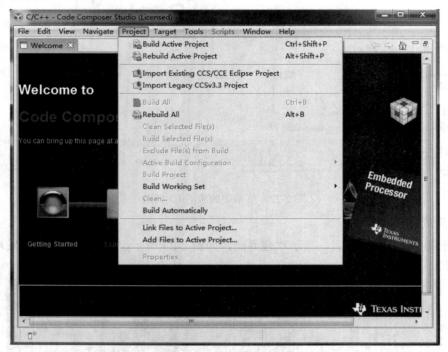

图 2-24　导入 CCSv3.3 项目的菜单设置

(2) 导入指定的 CCSv3*.pjt 文件。通过"Select a Project File->Browse..."操作，选择需要转换的 .pjt 文件，如图 2-25 所示。可以同时通过设置转换导入多个项目，如图 2-26 所示。

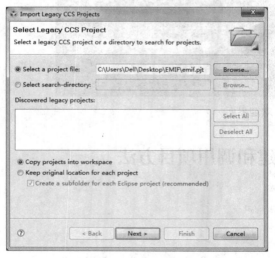

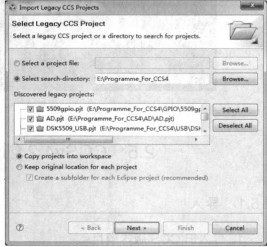

图 2-25　单个项目的导入设置　　　　　　　　图 2-26　多个项目导入设置

(3) 选择代码生成工具版本，也可以保留 CCSv4.2 提供的默认版本。单击"Next"，得到如图 2-27 所示界面。

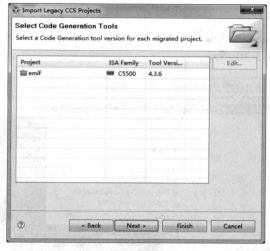

图 2-27　选择代码生成工具版本

(4) 选定 DSP/BIOS 版本，也可以保留 CCSv4 提供的默认版本。单击"Finish"，即完成设置。

2. 导入另一种集成开发环境 Code Composer Essentials(CCE)项目

CCE 和所有版本的 CCSv4 的项目格式相同，Eclipse 要求导入一些项目，以保持与当前安装版本一致，例如包含目录、工具版本等。选择菜单"File→Import Existing CCS/CCE Eclipse Project"(文件→导入现有的 CCS/CCE Eclipse 项目)，如果导入目录下的一个或多个项目，选择"Select root directory"(选择根目录)选项，单击"Browse"(浏览)选择包含项目目录，如图 2-28 所示。如果需要导入某个 zip 文件中的一个或多个项目，则请选中"Select archive file:"(选择存档文件:)选项。单击"Browse"(浏览)选择包含项目的 zip(支持 *.jar，*.tar，*.gz，*.tgz)文件，如图 2-29 所示。

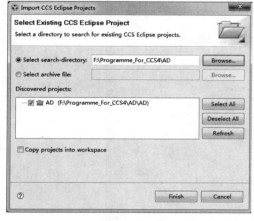

图 2-28　选择项目目录

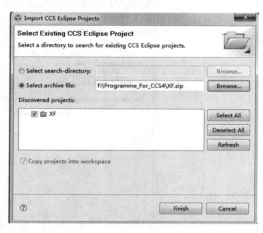

图 2-29　选择项目存档文件

2.5.2　创建项目

1. 创建项目的一般方法

(1) 进入工作区，此时可以选择菜单"File→New→CCS Project(文件→新建→CCS 项目)"创建新项目，如图 2-30 所示。

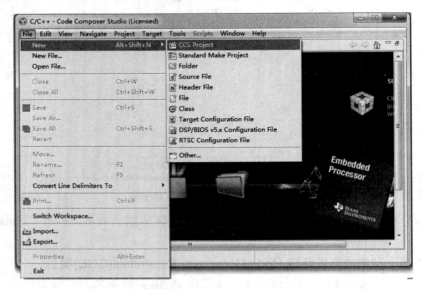

图 2-30　新项目的创建

(2) 在"Project Name"(项目名称)选项中键入新项目的名称，选中"Use default location"(使用默认位置)选项(默认启用)，将会在工作区文件夹中创建项目；也可以选择一个新位置(使用"Browse..."(浏览...)按钮)，单击"Next"(下一步)。将项目命名为"Test"，然后单击"Next"(下一步)，如图 2-31 所示。

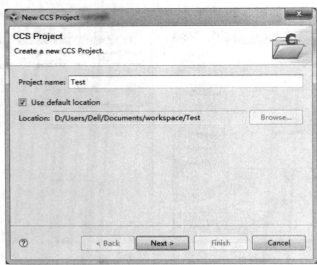

图 2-31　命名新项目

(3) 在"Project Type:"(项目类型:)下拉菜单中选择要使用的体系结构，单击"Next"(下一步)，选择"C5500"，如图 2-32 所示。然后单击"Next"(下一步)。

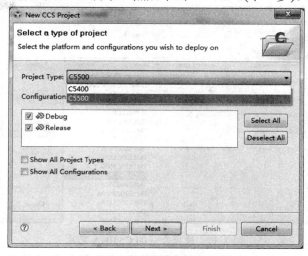

图 2-32　体系结构选择

(4) 单击"Next"(下一步)，可以得到如图 2-33 所示的定义相关性项目的界面，"C/C++ Indexer"(C/C++ 索引器)选项卡可配置索引器的级别。索引器用于创建源代码信息列表，可支持编辑器中的"自动完成"和"转到定义"功能。

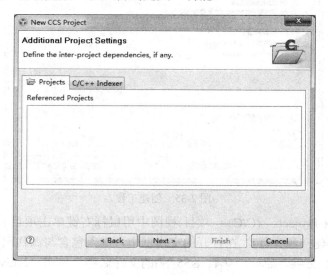

图 2-33　定义项目相关性

(5) 在"Device Variant"(设备变量)中选择"TMS320C5509A"，如图 2-34 所示。很多设置选项都可以保留默认值，然后单击"Finish"(完成)即完成设置。CMD 文件的主要作用反映了存储单元的大小，同时实现对 DSP 代码的逻辑定位，是沟通物理存储器和逻辑地址的桥梁，可以自己根据实际存储空间的分配编写 .cmd 文件，设定路径导入。

(6) 可以选择 Empty Project，然后单击"Finish"(完成)创建项目，如图 2-35 所示。所创建的项目将显示在"C/C++ Projects"(C/C++项目)选项卡中，可以创建或添加源文件。

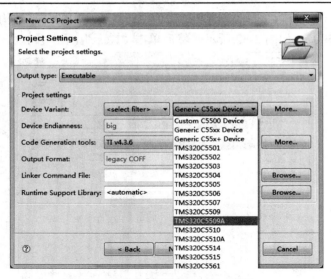

图 2-34　选择合适的 C5509A 芯片

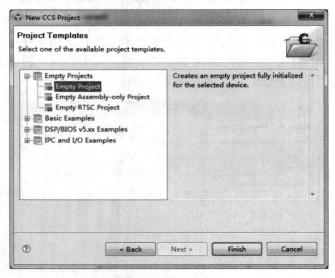

图 2-35　创建工程

(7) 在"C/C++ Projects"(C/C++ 项目)视图中用鼠标右键单击项目名称,并选择"New →Source File"(新建→源文件)。在打开的文本框中,键入包含与源代码类型对应的有效扩展名(.c、.C、.cpp、.c++、.asm、.s64、.s55 等)的文件名称。单击"Finish"(完成)即可。

(8) 通过"C/C++ Projects"(C/C++ 项目)选项卡中右键单击项目名称,选择"Add Files to Project"(将文件添加到项目),将源文件复制到项目目录,向项目添加现有源文件。也可以选择"Link Files to Project"(将文件链接到项目)来创建文件引用,将文件保留在其原始目录中。

2. 生成活动项目

在创建了项目并且添加或创建了所有文件之后,根据菜单"Project→Build Active Project"(项目→生成活动项目)生成项目。

3. 配置生成属性

选择菜单"C/C++ Projects"(C/C++ 项目)之后,在视图中右键单击项目,并选择子菜单"Build Properties"(生成属性),就进入了配置生成属性设置界面。在此界面可以配置相应的编译器、汇编器和链接器,如图 2-36 所示。注意,在菜单"C/C++Build→Tool Settings→C5500 Compiler→Predefined Symbols"中添加"_DEBUG"与"CHIP_5509"两个语句,否则编译中将会出现错误界面,如图 2-37 所示。

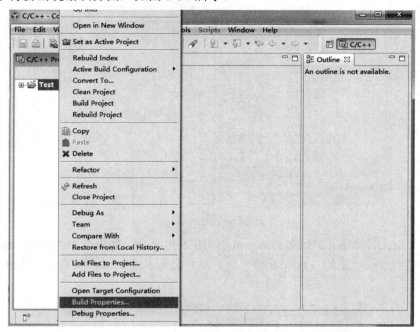

图 2-36　配置生成属性

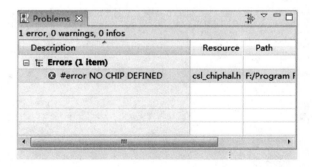

图 2-37　编程错误提示

2.5.3　目标配置文件的设置

在启动调试器之前,需要选择并配置代码将要执行的目标位置。目标可以是软件模拟器或与开发板相连的仿真器。CCSv4.2 的配置在集成开发环境内部完成,不仅可以创建整个系统范围的配置,还可以创建各个项目的单独配置,每个目标配置更改后无需重新启动CCS。目标配置过程如下:

(1) 用鼠标右键单击项目名称，并选择"New→Target Configuration File"(新建→目标配置文件)，如图 2-38 所示。

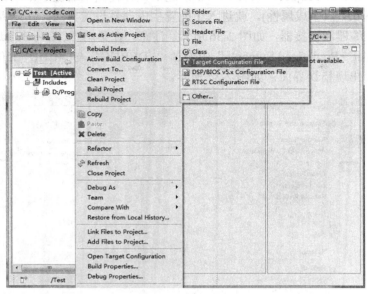

图 2-38　创建新目标

(2) 为配置文件命名，扩展名为.ccxml，如图 2-39 所示。如果选中"Use shared location"(使用共享位置)选项，新的目标配置将在所有项目之间共享，并存储在默认的 CCSv4.2 目录下。

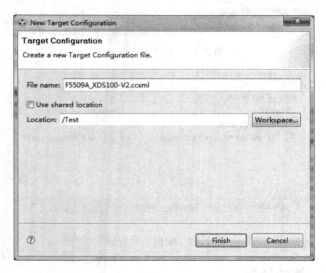

图 2-39　添加扩展名

(3) 单击"Finish"(完成)，此时将打开目标配置编辑器。

(4) 如果采用硬件仿真，则选择"Texas Instruments XDS100v2 USB Emulator"作为连接方式，选择"TMS320C5509A"作为设备，如图 2-40 所示。

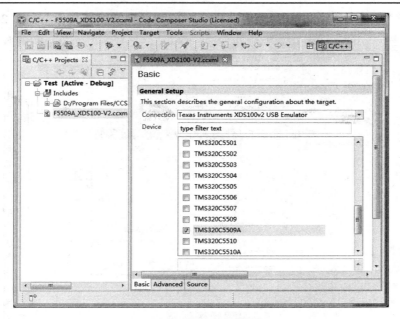

图 2-40　硬件仿真目标配置编辑器

　　如果采用软仿真，选择"Texas Instruments Simulator"作为连接方式，选择"C55Xxx Rev3.0 CPU Functional Simulator"或者选择"C55Xxx Rev3.0 CPU Cycle Accurate Simulator"，如图 2-41 所示。

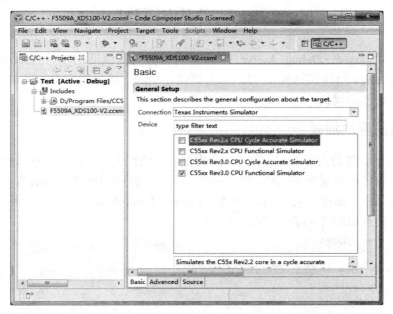

图 2-41　软件仿真目标配置编辑器

　　(5) 单击"Save"按钮进行保存，自动设置"Active"(活动)。每个项目可以拥有多个目标配置，但只能有一个处于活动状态，该配置将会自动启动。要查看系统现有的所有目标配置，则需要完成以下菜单选择："View→Target Configurations"(查看→目标配置)。

(6) 选择"Project→Buid All"或者选择 CTRL+B 快捷键编译文件，如图 2-42 所示。

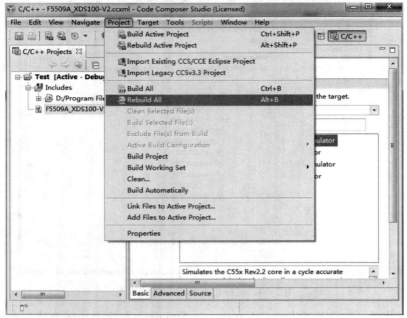

图 2-42　编译文件

2.6　软件代码调试

单击菜单"Target→Debug Active Project"(目标→调试活动项目)启动调试器，打开"Debug Perspective"(调试透视)，显示专为调试定制的一组专用窗口和菜单。利用这组窗口和菜单，启动代码调试。

2.6.1　代码的两次加载

DSP 内部存储器远大于外部存储器，而内部存储空间有限，需要通过二次加载来完成。

第一次加载代码需要单击 ，然后在弹出的对话框中单击"Browse"，找到工程文件下产生的 .out 文件，如图 2-43 所示。单击"Target→Load Program"或者使用 Ctrl + Alt + L 快捷键也可以出现如图 2-43 所示界面。

图 2-43　首次加载代码

　　第二次加载时，调试器完成目标初始化之后，项目的输出文件 .out 将自动加载到活动目标，并且默认情况下代码将在 main() 函数处停止，代码将自动写入设备闪存中。要配置闪存加载程序属性，可以启动调试器并转到菜单"Tools→On-chip Flash"(工具→片内闪存)。

　　选择菜单"Target→Debug Active Project"(目标→调试活动项目)来启动调试器，如图2-44 所示。

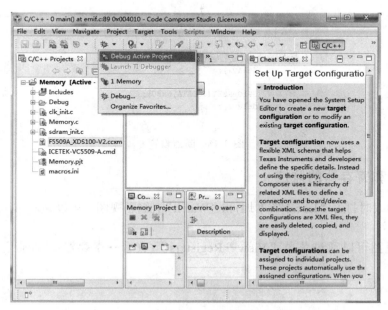

图 2-44　设备连接、调用堆栈和源代码

2.6.2　仿真调试

　　调试工具栏如图 2-45 所示。

图 2-45　调试工具栏

下面对每种按钮分别进行介绍：

　　——单击全速执行程序，遇到断点停止。

　　——单击暂停正在执行程序。

　　——单击中止程序，回到编辑模式。

　　和 ——单步执行，遇到函数或子程序则进入函数内部或子程序。黄色箭头表示 C语言调试，绿色箭头表示汇编语言调试。

　　和 ——单步运行，遇到函数或者子程序时全速完成，不进入函数内部或子程序。黄色箭头表示 C 语言调试，绿色箭头表示汇编语言调试。

　　——单步跳出，从当前子程序的位置全速执行后续子程序，返回到调用改子程序的指令。

　　——启用同步模式。

![复位图标]——复位 CPU，程序复位。

![返回图标]——返回程序初始位置，准备重新执行程序。

![折叠图标]——全部折叠，单击此按钮，Debug 窗口全部文件折叠。

双击 .c 文件或者 .asm 文件中相应语句左侧的灰色部分，会在相应语句上设置相应的断点。如图 2-46 所示。

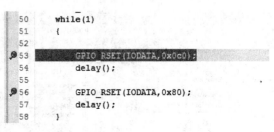

图 2-46　断点设置

2.6.3　变量和寄存器的监控

在程序加载时打开"Local"(本地)和"Watch"(监视)视图，可以显示本地和全局变量，如图 2-47 所示。

寄存器视图可以通过菜单"View→Registers"(查看→寄存器)进行查看，如图 2-48 所示。

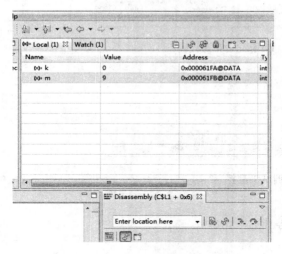

图 2-47　查看变量

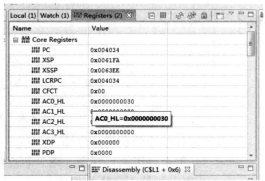

图 2-48　查看寄存器

2.6.4　反汇编功能的使用

反汇编(Disassembly)是把目标代码转为汇编代码的过程。默认情况下不会打开反汇编视图，通过选择菜单"View→Disassembly"(查看→反汇编)，然后在视图中单击右键并选择"View Source"(查看源代码)，即可以查看源代码与汇编代码混合模式，如图 2-49 所示。

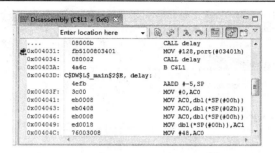

图 2-49 源代码/汇编代码混合视图

2.6.5 内存查看器

通过设置菜单"View→Memory"(查看→内存)进入内存查看器。在内存查看器中，内存可通过多种格式进行查看，进行相应的数值填充，也可以将相应的二进制设置文件从计算机中加载。通过内存查看器，可以任意查看所有变量和函数所对应的内存位置，如图 2-50 所示。

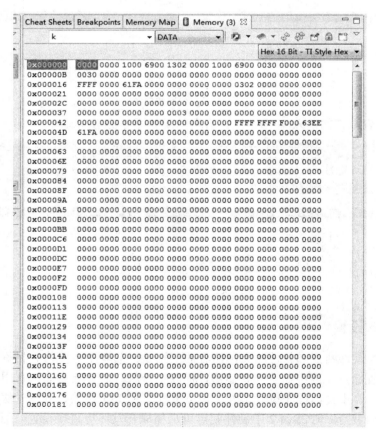

图 2-50 查看内存

查看内存的功能中有以下三个选项：PROGRAM、DATA 和 I/O，这里分别做出介绍。

(1) PROGRAM 代表程序运行的内存地址，查看结果如图 2-51 所示。

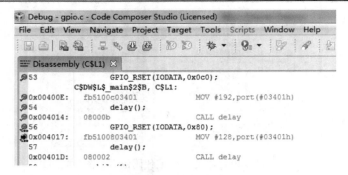

图 2-51　内存地址

(2) DATA 代表数据变量的存储地址，查看结果如图 2-52 所示。

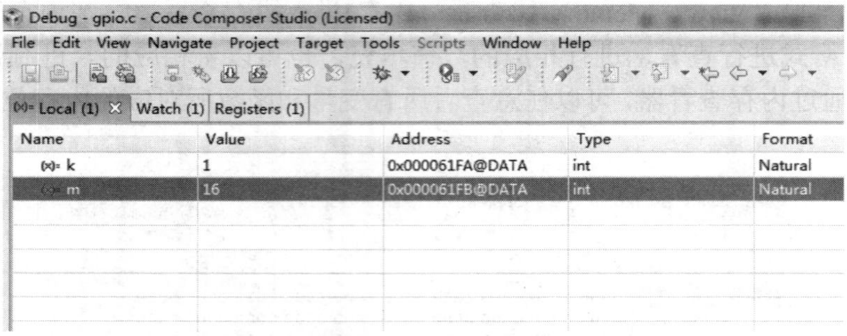

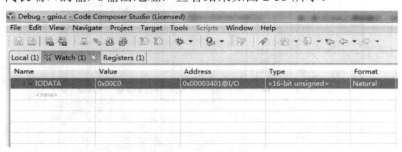

图 2-52　存储地址

(3) I/O 代表端口的输入/输出地址，查看结果如图 2-53 所示。

图 2-53　输入/输出地址

2.6.6　断点的设置

断点可分为硬件断点和软件断点，两者的区别是，前者不需要修改目标程序。当需要在 ROM 中设置断点，或中断访问存储器，提取指令时，硬件断点非常有用。CCSv4.2 中的软件断点除了停止目标程序执行之外，还可进行文件 I/O 传输、视图升级、屏幕更新等操作，如图 2-54 所示。CCSv4.2 中硬件断点可从集成开发环境直接设置，而软件断点在程序代码中设置仅受到设备可用内存的限制，可设置为无条件或有条件停止，帮助增加调试进程的灵活性。断点都可以利用断点查看器进行查看，如图 2-55 所示。

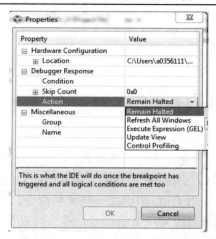

图 2-54　断点的各种功能选项

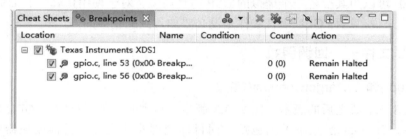

图 2-55　断点查看器

2.6.7　程序固化

在做硬件仿真时，本书使用的 TMS320C5509A 不像 TMS32C28xx 那样，可以将程序直接下载到芯片中，而是会将程序存在芯片的 RAM 中，仿真器掉电，程序会消失，即使复位，仿真程序也不会重新开始。如果想让仿真器掉电后，程序仍然可以正常执行，就需要利用外接 EEPROM 来实现存储程序的目的。

5509A 支持最大的 SPI EEPROM 启动：16 位地址是 64 KB，24 位地址是 16 MB。常用的 SPI EEPROM 型号是 AT25256，即 32KB(256 Kb)，属于 16 位地址的器件。而 24 位地址的器件有 AT25P1024 等，64 KB 的 SPI EEPROM 有 AT25512。

2.7　GEL 文件

2.7.1　定义

GEL 是通用扩展语言(General Extension Language)的英文缩写，GEL 是一个大小写敏感但缺少类型检测的解释性语言，只有 int 类型，在语法上可看做是 C 语言的一个子集。

GEL 支持以下类型的语句：

● 函数定义。

- 函数参数。
- 调用 GEL 函数。
- 返回语句。
- if-else 语句。
- while or do while 语句。
- GEL 注释。
- 预处理语句。

CCS 中的 GEL 语言是一种交互式的命令语言，它是解释执行的，不能被编译成可执行文件。GEL 的作用在于扩展 CCS Studio 的功能，最常用的功能就是初始化，可以通过 CCS 界面上的按钮直接调用。可以用 GEL 来调用一些菜单命令，对 DSP 的存储器进行初始化配置等，如希望上电后立刻开启或实现某些功能，那么可以在项目中装载 GEL 文件(由 TI 提供或用户自行编写)来实现这个目的。GEL 语言的重要性在于针对计算机模拟环境的用户，使用 GEL 可以为其准备一个虚拟的 DSP 仿真环境。对于使用仿真器和 DSP 功能板的仿真环境用户来说，这种 GEL 语言文件是没必要加入到配置中的。

2.7.2　GEL 文件——回调函数

1. Startup()和 OnTargetConnect()函数

对于 CCS 2.4 或之后的版本，比如 3.3 版本，启动时，如果指定的 GEL 文件中包含 Startup()函数，Startup()函数中不用包括访问目标处理器的代码，目标处理器由回调函数 OnTargetConnect()来初始化。

```
StartUp( )
{
/*进行 CCS 存储器映射，告知目标处理器哪些空间可以访问，哪些不可以访问。*/
    Setup_Memory_Map( );
}


OnTargetConnect( )//对处理器进行最小初始化
{
    Setup_Cache( );                     //设置缓存 L1P，L1D，L2
    Setup_Pin_Mux( );                   // 设置管脚
    Setup_Psc_All_On( );                // 设置 psc
    Setup_PLL0_594_MHz_OscIn( );        // 设置 dsp 主频[DSP @ 594 MHz][Core 1.20V]
    Setup_PLL1_DDR_135_MHz_OscIn();     //设置 ddr 时钟频率
    Setup_Aemif_8Bit_Bus( );            // 设置 Async-EMIF[8-bit bus]
}
```

2. OnPreFileLoaded()函数

在加载 program/symbol(.out)文件之前该回调函数执行。在该函数中执行另外的目标处理器初始化操作以保证程序可以加载和调试。例如，可以在该函数中初始化外部存储器。

3. OnFileLoaded()函数

该回调函数在加载 program/symbol(.out)文件之后执行，可以建立调试源搜索路径(在没有 CCS 工程文件的时候)，设定断点和探针，完成软件的复位和重启。

4. OnReset()函数

当目标处理器复位后该函数被调用。如果需要每次重新启动程序而设计了软复位，GEL_Restart()在此处调用。

5. OnRestart ()函数

当程序复位时调用该函数。

6. OnHalt()函数

当 CPU 停止时调用该函数。还可以通过该回调函数记录变量和寄存器的值送给 GEL_TextOut()函数显示出来。

2.7.3　GEL 文件——存储器映射

CCSStudio 存储器映射告诉调试器目标处理器的哪些存储区域可以访问哪些不能访问。CCSStudio 存储器映射一般在 StartUp()函数中执行。

(1) GEL_MapAdd(address，page，length，readable，writeable)

address：存储器起始地址。

page：存储器类型，"0"表示程序存储器，"1"表示数据存储器。

length：定义的存储器长度。

readable：定义存储器是否可读，"1"表示可读，"0"表示不可读。

writeable：定义存储器是否可写，"1"表示可写，"0"表示不可写。

(2) GEL_MapAddStr()

GEL_MapAddStr 是 GEL_MapAdd 的增强型，所以 GEL_MapAddStr()完全可以替代 GEL_MapAdd()，例如：

```
GEL_MapAddStr( 0x01800000,   0,   0x00010000,   "R|W|AS4",   0 );   // C64x+ Interrupt
```

(3) GEL_MapDelete()

该函数可以让存储器映射的一部分被隔离开。当存储器部分区域不可用时，使用该函数将其隔离开，这样调试器就不会访问该区域。

(4) 可以调用 GEL_MapOn() or GEL_MapOff()来打开或关闭存储区映射。

当存储区映射关闭时，CCSStudio 假定可以访问所有的存储区空间。

(5) GEL_MapReset()

该函数清除所有的存储区映射。没有存储区映射时，缺省设置表示所有的存储区空间都不能访问。

(6) GEL_TextOut()

该函数输出格式化字符串到输出窗口。

GEL_OpenWindow 表示打开一个输出窗口。

GEL_CloseWindow 表示关闭一个输出窗口。

GEL_TargetTextOut 表示输出一个目标处理器上的格式化字符串到输出窗口。

此外，项目添加 TI 公司提供的 GEL 文件后往往会在 CCS 的 GEL 菜单中出现相关的子菜单，用户可以使用它，主要用于程序的调试控制。GEL 文件可以看成是所建项目的"秘书"，可以处理一些繁琐的事情。

2.8　利用 RTDX 实现 DSP 与 Matlab 的数据交换

在用 DSP 进行信号处理的系统开发时，通常要对算法的可靠性进行验证。为了提高系统的运算速度，往往在 Matlab 中设计好系统的参数，然后在 DSP 中检测算法的可靠性。为了获得理想的结果，有时这一过程不得不多次进行反复中断目标程序的运行，修改各参数值，重新编译、下载目标程序。这种开发方式非常费时，还有可能出错。针对这种情况，集成在 TIDSP 综合开发环境 CCS(Code Composer Studio)CP 的 RTDX(Real Time Data Exchange 实时数据交换)插件为实时信号处理算法的精确快速设计提供了很好的解决方案。RTDX 提供一个实时、连续的可视环境，使开发者能看到 DSP 应用程序运行的真实过程。RTDX 允许系统开发者在不停止运行目标应用程序的情况下在计算机和 DSP 芯片之间传输数据，同时还可在主机上利用对象链接嵌入(OLE)技术分析和观察数据。这样可以提供给开发者一个真实的系统工作过程，从而缩短开发时间。

2.8.1　RTDX 的工作原理

RTDX 的工作原理如图 2-56 所示，它由主机(Host)和目标(Target)DSP 两部分构成，CCS 控制主机与 DSP 之间的数据流动。在 DSP 上运行有一个小的 RTDX 库(RTDX Target Library)，RTDX 库使用一个基于扫描的仿真器，通过增强型 JTAG 接口在主机和 DSP 之间传送数据。DSP 应用程序则通过调用 RTDX 库的 API 函数来完成主机与 DSP 之间的通信。主机方运行 CCS 软件，CCS 软件同样带有一个 RTDX 库(RTDX Host Library)，再通过一个 OLE 接 E1 将实时数据在主机上显示。这样一来，Matlab 中设计的参数可以通过 RTDX 输入通道写入 DSP 的存储单元；而算法的最后结果也可通过 RTDX 的输出通道上传到主机，在主机上用 Visual Basic、Visual C++、LabView 及 Microsoft Excel 等编写主机应用程序来显示、分析信号处理的结果。利用 RTDX 实现 DSP 与 Matlab 的数据交换。

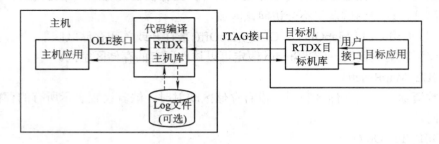

图 2-56　RTDX 工作原理

2.8.2　RTDX 的使用

RTDX 的编程实现主要包括两部分内容：DSP 目标应用程序和主机客户程序，下面分别予以说明。

1. DSP 目标应用程序设计

目标应用程序的编程包括以下几个步骤：

(1) 在目标程序中使用头文件 rtdX.h。

(2) 创建输入、输出通道。

RTDX_CreateInputChannel(ichan)；

RTDX_CreateOnputChannel(ochan)；

(3) 使能输入、输出通道。

RTDX_cnablelnput(&ichan)；

RTDX_enableOnput(&ochan)；

(4) 读写数据。

RTDX read(&ichan，messang，sizeof(message))；

RTDX_write(&ochan，messang，sizeof(message))；

(5) 释放输入、输出通道。

RTDX_disableIutput(&ichan)；

RTDX disableOutput(&ochan)；

其中 ichan 和 ochan 分别为输入、输出通道名。

2. 主机程序设计(以 Matlab 为例)

(1) 获得 CCS 的句柄。

cc = ccsdsp：

(2) 获得 RTDX 通道的句柄。

rtdx_ochan=cc. rtdx：　rtdx_ichan=cc. rtdx：

(3) 使能 RTDX 通道。

rtdx_ochan. enable：　rtdx_ichan. enable；

(4) 打开 R1DX 通道。

open(rtdx_ochan，'ochan'，'r')；

open(rtdx_ichan，'ichan'，'w')；

(5) 读写数据。

data=readmsg(rtdx_ochan，'ochan'，'int32')；

writemsg(rtdx_ichan，'ichan'，'int32')；

其中共有 "double"，"int32"，"intl6"，"single"，"uint8" 五种数据类型。

(6) 关闭 RTDX 通道。

close(rtdx_ochan，'ochan')；close(rtdx_ichan，'ichan')：

在用 DSP 芯片进行信号的实时处理时，为节约成本，缩短开发周期，一般采用先利用仿真软件进行算法验证和参数选取，再将软件下载到芯片测试实际的效果。集成在 TI 公司 DSP 开发环境中的实时数据交换 RTDX 提供了一个实时、连续的可视环境，使开发者能够在算法仿真和实时处理之间进行多次反复，以确定最佳算法和参数，为软件调试提供了一种全新的方法。本节在介绍 RTDX 原理的基础上，给出了用 Matlab 编写 RTDX 主机应用的方法和 DSP 目标机 RTDX 的编程方法。最后给出一个实例以说明该方法的有效性，对 DSP 算法开发人员有一定的参考价值。

本 章 小 结

本章简单介绍了 CCSv4.2 集成开发环境。介绍了 CCSv4.2 的基本框架，在此基础上全面介绍了 CCSv4.2 的安装与配置，基本使用方法与软件调试方法，与 CCSv4.2 相关的 GEL 文件以及 DSP 与 Matlab 的数据交换。通过本章的学习，可以使读者对 CCSv4.2 有个初步的认识，能够完成简单工程的建立与调试。

思 考 题

1. 列举 CCSv4.2 集成了哪些功能。
2. 简述一个简单工程建立的过程。
3. 简述在 CCSv4.2 中导入 CCS3.3 以前的版本的步骤。
4. 列举集成开发环境 CCSv4.2 中一个完整的 TMS320C5509A 工程包含的组成部分。
5. 简述仿真时查看变量、管理断点的方法。
6. 简述 PROGRAM/ DATA I/O 代表的含义。
7. 简述程序固化的意义。
8. 简述硬件仿真与软件仿真配置的区别。
9. 列举 GEL 的作用。
10. 简述利用 RTDX 实现 DSP 与 Matlab 的数据交换。

第 3 章　DSP 汇编语言和 C 语言程序编写规则

DSP 系统开发包括硬件与软件两个部分，其中软件部分主要是相关的程序代码设计。可以通过设计不同的软件实现不同的功能，因此 DSP 芯片的功能实现主要还是体现在编程上。早期的 DSP 芯片，由于各芯片厂商间对所用语言的互不兼容和语言过于专用，一度影响了 DSP 技术的推广。目前的 DSP 芯片，一般来说同一厂商的同一等级的产品是基本兼容的，不同厂商的芯片间的兼容可采用标准 C(ANSI C)来统一。这样用户可用标准 C 编写通用程序，用 C 编译器编译成与所选芯片相对应的汇编语言程序。在此基础上，开发 DSP 应用程序就有两种方法：一种是用标准 C 语言编程，另一种是用汇编语言编程。两种方法都能达到同样的目的，但效果是不一样的。标准 C 编写的程序具有通用化和规范化的特点，可利用大量现成的已经验证的通用程序模块，但所编的程序效率较低。而用汇编语言编写的程序较难读懂，不易交流，而且必须对所用的芯片有较多的了解，且不易用在不同的芯片上，但它的效率是最高的，运行速度也最快。通常的做法是把整个程序的最核心的部分用汇编语言编写，而把其余部分用标准 C 编写。本章主要介绍汇编语言、C 语言以及混合编程的编程方法。C 语言编程是当前 DSP 应用开发的主流，需要深入掌握。混合编程则是进行代码优化的重要途径。

3.1　汇编语言的基本指令

TMS320C55x 是 TMS320 系列中的一种定点数字信号处理器(DSP)。它的汇编指令系统包括汇编语言指令、汇编伪指令、宏指令和链接指令。它的书写形式有两种：助记符形式和代数式形式。本节主要介绍指令的表示方法、分类及特点，并列出了指令系统。

3.1.1　汇编语言源程序格式

TMS320C55x 汇编语言源程序的格式是用来组合汇编伪指令、汇编语言指令、宏伪指令和注释的源语句结构的。只要符合该格式，源程序语句行可以足够长。在编写汇编程序时，应遵循下列语句基本规则：

(1) 语句必须以标号、空格、星号或分号开始。

(2) 包含汇编器伪指令的语句必须完全在一行指定。

(3) 标号是可选的；如果使用标号，则必须开始于第一列。

(4) 每个字段之间必须由 1 个或多个空格分开，制表符等效于空格。

(5) 注释是可选项，开始于第 1 列的注释须用星号或分号标示，但在其他列开始的注释前面只能标分号。

(6) 源程序行可通过前一行以反斜杠(\)结尾与下一行相连。

1. 汇编源程序语句格式

汇编指令是汇编语言中使用的一些操作符和助记符，还包括一些伪指令，用于告诉汇编程序如何进行汇编的指令，它既不控制机器的操作也不被汇编成机器代码，只能为汇编程序所识别并指导汇编如何进行。TMS320C55xDSP 汇编指令格式常见的包括以下两种情况：

(1) 助记符指令格式(其中[]内的部分是可选项)：

　　　[标号] [:]　助记符　[操作数列表]［；注释]

指令举例如下：

　　　begin　LD　#20，AR1　　；将立即数 20 传送给辅助寄存器 AR1

(2) 代数指令格式(其中[]内的部分是可选项)：

　　　[标号] [:]　代数指令　　　［；注释]

指令举例如下：

　　　begin:　AR1=#20　　　；将立即数 20 传送给辅助寄存器 AR1

TMS320C55x DSP 汇编语言语句格式可以包含四个有序的字段，分别是标号、助记符、操作数列表和注释，这里将作详细讲述。

1) 标号字段

对于所有 C55x 汇编语言指令和大多数汇编伪指令标号都是可选项。使用标号时，必须从源语句的第一列开始。一个标号最多允许有 32 个字符(A～Z，a～z，0～9，_ 和 $)，且第一个字符不能是数字。标号对大小写敏感。标号后可有选择地补充一个冒号“：”，也可以不补充，冒号不作为标号名的一部分。如果不用标号，则第一列必须是空格、分号或星号。

当使用标号时，标号值和它所指向的语句所在单元的值(地址或汇编时段程序计数器的值)是相同的。例如：若用 .word 伪指令初始化几个字。即：

　　　START：.word　0AH，3，7

标号 START 的值和存放 0AH 数据单元的地址值是一样的。如果标号在一行中单独出现，则它的值是下一行指令的地址值(或段程序计数器的值)。

例如：

　　　3　　　0050　　Here：
　　　4　　　0050　　0003　　.word　　3

则标号 Here 的值是 0050H。

2) 助记符指令字段

在助记符汇编语言中，标号字段后面是助记符和操作数字段。

(1) 助记符字段。

助记符字段跟在标号字段之后，它不能从第一列开始，一旦从第一列开始，它将被认作标号。助记符字段包括以下操作码之一：机器指令助记符、汇编伪指令、宏伪指令和宏调用。

(2) 操作数字段。

操作数字段是跟在助记符字段之后的操作数列表。操作数可以是常量、符号以及常量和符号的混合表达式。操作数之间用逗号分开。

汇编器允许在操作数前使用前缀来指定操作数(常数、符号或表达式)是地址还是立即数或间接地址。前缀的使用规则如下：

(1) #：前缀，表示其后的操作数是立即数。用"#"做前缀，即使操作数是地址，也将被作为立即数对待。例如助记符指令：Label：ADD　#123，AC0，将操作数#123 作为立即数和 AC0 累加器内容相加并再赋给 AC0 累加器。

(2) 立即数符号#，一般用在汇编语言指令中，也可使用在伪指令中；表示伪指令后的立即数，一般很少用。

(3) *：前缀，表示其后的操作数是间接地址。汇编器将此操作数作为间接地址对待，它将操作数中的内容作为地址。例如助记符指令: Label：MOV * AR3，AC0，汇编器将 AR3 中的内容作为地址，将此地址单元的内容传送给 AC0 累加器。

(4) 立即数模式主要被指令使用。在某些情况下，它也可以被伪指令操作数使用。

3) 代数指令字段

在代数汇编语言中，指令字段由助记符语法中的助记符和操作数字段结合而成。通常在助记符后没有操作数。更确切地说，操作数是全部语句的一部分。以下几项描述了如何对代数语法使用指令字段：

(1) 通常操作数不用逗号分开。但有些代数指令是由助记符和操作数组成的。对于这类代数语句，使用逗号分隔操作数。例如，lms(Xmem，Ymem，ACx，Acy)。

(2) 含有多项的表达式，其中某项作为一个单操作数时，必须用括号分隔。这一规则不适用于使用函数调用格式的语句，因为它们已经被括号分开。例如，AC0 ＝ AC1&#(1<<sym)<<5。表达式 1<<sym 作为一个单一操作数，所以用括号分隔。

(3) 所有的寄存器名都是保留的。

(4) 对于由助记符和操作数组成的代数指令，助记符字是保留的。

4) 注释字段

注释可以从一行的任一列开始直到行尾。任一 ASCII 码(包括空格)都可以组成注释。注释在汇编文件列表中显示，但不影响汇编。如果注释从第一列开始，就用"；"或"*"开头，否则用"；"开头。"*"在第一列出现时，仅仅表示此后内容为注释。

2. 汇编语言常量

C55x 汇编器支持 7 种类型的常量，分别是二进制整数、八进制整数、十进制整数、十六进制整数、字符常量、汇编时间常量和浮点数常量。汇编器在内部把常量作为 32 位量。常量不能进行符号扩展。例如，常量 FFH 等同于 00FFH(16 进制)或 255(10 进制)，但不是 −1。

1) 二进制整数常量

二进制整数常量最多由 16 个二进制数字组成，其后缀为 B(或 b)。如果少于 16 位，汇编器将向右对齐并在左面补零。下列二进制整数常量都是有效的：

00000000B、0001100b、01b、1110000B

2) 八进制整数常量

八进制整数常量最多由 6 个八进制数字组成，其后缀为 Q(或 q)。下列八进制整数常量都是有效的：

10Q、101000q、235Q

3) 十进制整数常量

十进制整数常量由十进制数字串组成，范围从 −32 768～32 767 或从 0～65 535。下列十进制整数常量都是有效的：

1010、−32768、39

4) 十六进制整数常量

十六进制整数常量最多由 4 个十六进制数字组成，其后缀为 H(或 h)。数字包括十进制数 0～9 和字符 A～F 及 a～f。它必须由十进制值 0～9 开始，也可以由前缀(0x)标明十六进制。如果少于 4 位，汇编器将把数位右对齐。下列十六进制整数常量都是有效的：

78h、0FH、37Ach、0x37AC

5) 字符常量

字符常量由单引号括住的一个或两个字符组成。它在内部由 8 位 ASCII 码来表示一个字符。两个连着的单引号用来表示带单引号的字符。只有两个单引号的字符也是有效的，被认做值为 0。如果只有一个字符，汇编器将把位向右对齐。下列字符常量都是有效的：

'a'   (内部表示为 61H)
'C'   (内部表示为 43H)
'D'   (内部表示为 2744H)

6) 汇编时间常量

用 .set 伪指令给一个符号赋值，则这个符号等效于一个常量。在表达式中，被赋的值固定不变。

7) 浮点数常量

浮点数常量是由一串十进制数字及小数点、小数部分和指数部分组成，如下所示：

+(-)nnn.nnn E(e)+(-)nnn

整数   小数   指数

nnn 表示十进制字符串，小数点一定要有，否则数据是无效的。如 4.e3 是有效的浮点数常量，而 3e5 是无效数字。指数部分是 10 的幂。下列浮点数常量都是有效的：

4.0、4.34、.4、−0.234e57、+234.57e−8

3. 字符串

字符串是由双引号括起来的一串字符。两个连续的双引号可以表示带双引号的字符串。字符串的长度可变并且为伪指令所用。字符在内部由 8 位 ASCII 码表示。下列的字符串都是有效的：

　　　　"sample program"（定义了一个 14 个字符的字符串：sample program)

　　　　"PLAN""C"（定义了一个 8 个字符的字符串：PLAN"C"）

下列情况为伪指令使用字符串：

(1) 说明文件，例如：.copy "filename"

(2) 说明段名，例如：.sect "sectionname"

(3) 说明数据初始化，例如：.byte "charstfing"

(4) 作为.string 伪指令的操作数，例如：.string "ABCD"

4. 符号

符号可用于标号、常量和替代其他字符；符号名最多可为 200 个字母或数字的字符串(A～Z、a～z、0～9、_ 和 $)，第一位不能是数字，字符间不能有空格；符号对大小写敏感，汇编器把 ABC、Abc、abc 认作不同的符号。用 -c 选项可以使汇编器不区分大小写。符号只有在汇编程序中定义后才有效。除非使用 .global 伪指令声明才是一个外部符号。

用做标号的符号代表程序中对应位置的地址；标号在程序中必须惟一。助记符操作码和汇编伪指令名(不带前缀)是有效的标号名；标号也能作为 .bss 伪指令的操作数。

例如：

```
        .global   label1
        NOP
label2  ADD   label1，AC0      ；将 1abel1 的标号地址加到 AC0 累加器中
        AC0   label2
```

符号常量(用.set 定义的)不能重新定义。DSP 内部的寄存器名和$等都是汇编器已预先定义了的全局符号。

5. 表达式

表达式是由运算符隔开的常量、符号或常量和符号序列。表达式值的有效范围从 −32 768～32 767。有三个主要因素影响表达式的运算顺序：圆括号、优先级、同级运算顺序。

(1) 圆括号()：圆括号内的表达式先运算，不能用{}或[]来代替圆括号。例如：8/(4/2) = 4 (先运算 4/2)。

(2) 优先级(precedence groups)：C55x 汇编程序的优先级使用与 C 语言相似。优先级高的运算先执行，圆括号内的运算其优先级最高。

(3) 同级内的运算顺序：从左到右。例如：8/4*2=4，但 8/(4*2)=1。

1) 运算符及优先级

表 3-1 列出了表达式中可用的运算符及优先级。表中运算符的优先级是从上到下，同级内从左到右。

表 3-1　表达式的运算符及其优先级

符　号	运算符含义	运算顺序
+, -, ~	取正、取负、按位求补	从左到右
*, /, %	乘、除、求模	从左到右
<<, >>	左移，右移	从左到右
+, -	加，减	从左到右
<, <=	小于，小于等于	从左到右
>, >=	大于，大于等于	从左到右
!=, =	不等于，等于	从左到右
&	按位与	从左到右
^	按位异或	从左到右
|	按位或	从左到右

2) 表达式溢出

算术运算在汇编的过程中，汇编器将检查溢出状态。无论上溢还是下溢，都会给出一个被截短的值的警告信息。但在作乘法时，不检查溢出状态。

3) 条件表达式

汇编器在任何表达式中都支持关系运算符，这对条件汇编特别有用。关系运算符包括"="(等于)，"= ="(等于)，"!="(不等于)，"<"(小于)，"<="(小于等于)，">"，(大于)，">="(大于等于)。如果条件表达式的值为真，赋值为 1；如果为假，则赋值为 0。前提是表达式两边的操作数类型必须相同。

4) 表达式的合法性

表达式中使用符号时，汇编器对符号在表达式中的使用有一些限制。由于符号的属性不同(定义不同)使表达式存在合法性问题。符号的属性分为三种：外部的、可重定位的和绝对的。

① 用伪指令.global 定义的符号是外部符号。

② 在汇编阶段和执行阶段，符号值、符号地址不同的符号是可重定位符号，相同的是绝对符号。

③ 含有乘、除法的表达式中只能使用绝对符号，不能使用未定义符号。

3.1.2　术语、符号与缩写

本节列出了 TMS320C55x DSP 助记符指令集和单独的指令说明中用到的术语、符号以及编写，指令集的注释和规则以及不可重复指令的列表。

1. 指令集术语、符号和缩写

表 3-2 列出了 TMS320C55x DSP 用到的术语、符号和缩写。

表 3-2　指令集中术语、符号和缩写

符　号	含　义
[]	可选的操作数
40	如果 40 这个可选的关键字被用到指令中，指令的执行使得 M40 被局部置 1
ACB	把 D 单元的寄存器传给 A 单元和 P 单元运算单元的总线
ACOVx	累加器溢出状态位：ACOV0、ACOV1、ACOV2、ACOV3
ACw，ACx，ACy，ACz	累加器：AC0、AC1、AC2、AC3
ARn_mod	所选的辅助寄存器(ARn)的内容在地址产生单元中被预修改或后修改
ARx，ARy	辅助寄存器：AR0、AR1、AR2、AR3、AR4、AR5、AR6、AR7
AU	A 单元
Baddr	寄存器位地址
BitIn	移入位：测试控制标志 2(TC2)或 CARRY 状态位
BitOut	移出位：测试控制标志 2(TC2)或 CARRY 状态位
BORROW	CARRY 状态位的逻辑反码
C，Cycles	执行的周期数。在条件指令中，x/y 字段的意义是：x 个周期(若条件为真)；y 个周期(若条件为假)
CA	系数地址产生单元
CARRY	进位状态位的值
Cmem	引用数据空间中 16 位或 32 位数的系数间接操作数
cond	基于累加器(ACx)、辅助寄存器(ARx)、临时寄存器(Tx)、测试控制(TCx)标志或进位状态位的条件
CR	系数读总线
CSR	单重复计数寄存器
DA	数据地址产生单元
DR	数据读总线
DU	D 单元
DW	数据写总线
dst	目标累加器(ACx)、辅助寄存器(ARx)的低 16 位或临时寄存器(Tx)：AC0～AC3，AR0～AR7，T0～T3
Dx	x 位长的数据地址标识(绝对地址)
E	表明指令是否包含一个并行使能位
KAB	常数总线
KDB	常数总线
kx	x 位长的无符号常数
Kx	x 位长的带符号常数
Lmem	长字单数据存储器访问(32 位数据访问)；亦同于 Smem
Lx	x 位长的程序地址标识(相对于寄存器 PC 的无符号偏移量)
Lx	x 位长的程序地址标识(相对于寄存器 PC 的有符号偏移量)

符　号	含　义
Operator	指令中的运算符
Pipe，Pipeline	该指令执行的流水线阶段： AD 寻址 D 译码 R 读 X 执行
Pmad	程序存储器地址
Px	x 位长的程序成数据地址标识(绝对地址)
RELOP	关系运算符： 　＝＝　　等于 　＜　　　小于 　＞＝　　大于等于 　!=　　　不等于
R 或 rnd	若关键字 R 或 rnd 用于指令中，则该指令执行舍入操作
RPTC	单重复计数寄存器
S，Size	指令长度(字节)
SA	堆栈地址产生单元
Saturate	若可选的关题字 Saturate 用于指令中，运算的 40 位输出被饱和处理
SHFT	4 位立即数移位值，0～15
SHIFTW	6 位立即数移位值，−32～+31
Smem	单字数据存储器访问(16 位数据访问)
SP	数据堆栈指针
src	源累加器(ACx)、辅助寄存器(ARx)的低 16 位或临时寄存器(Tx)：AC0、AC1、AC2、AC3 AR0、AR1、AR2、AR3、AR4、AR5、AR6、AR7 T0、T1、T2、T3
SSP	系统堆栈指针
STx	状态寄存器：ST0、ST1、ST2、ST3
TAx，TAy	辅助寄存器(ARx)或临时寄存器(Tx)： AR0、AR1、AR2、AR3、AR4、AR5、AR6、AR7、T0、T1、T2、T3
TCx，TCy	测试控制标志：TC1、TC2
TRNx	转换寄存器：TRN0、TRN2
Tx，Ty	临时寄存器：T0、T1、T2、T3
U 或 uns	若关键字 U 或 uns 用于指令中，操作数被 0 扩展
XAdst	目标扩展寄存器：所有的 23 位的数据堆栈指针(XSP)、系统堆栈指针(XSSP)、数据页指针(XDP)、系数数据指针(XCDP)和扩展辅助寄存器(XARx)：XAR0～XAR7

符　号	含　义
XARx	23 位的扩展辅助寄存器(XARx)
XAsrc	源扩展寄存器：所有的 23 位的数据堆栈指针(XSP)、系统堆栈指针(XSSP)、数据页指针(XDP)、系数数据指针(XCDP)和扩展辅助寄存器(XARx)：XAR0～XAR7
xdst	累加器：AC0、AC1、AC2、AC3 目标扩展寄存器：所有的 23 位的数据堆栈指针(XSP)、系统堆栈指针(XSSP)、数据页指针(XDP)、系数数据指针(XCDP)和扩展辅助寄存器(XARx)：XAR0～XAR7
Xsrc	累加器：AC0、AC1、AC2、AC3 源扩展寄存器：所有的 23 位的数据堆栈指针(XSP)、系统堆栈指针(XSSP)、数据页指针(XDP)、系数数据指针(XCDP)和扩展辅助寄存器(XARx)：XAR0～XAR7
Xmem，Ymem	间接双数据存储器访问(两个数据访问)

2. 指令集条件字段

条件分支和条件调用等条件指令中的 cond 字段可用的测试条件如表 3-3 所示。

表 3-3　cond 字段可用的测试条件

位或寄存器	条件字段　　　　　若条件为真
累加器	相对于 0 测试累加器(ACx)内容。比较取决于状态位 M40： 若 M40＝0，相对于 0 测试 ACx(31～0) 若 M40＝1，相对于 0 测试 ACx(39～0)
	ACx==#0　　　　ACx 等于 0
	Acx<#0　　　　　ACx 小于 0
	Acx>#0　　　　　ACx 大于 0
	ACx!=#0　　　　ACx 不等于 0
	Acx<=#0　　　　ACx 小于等于 0
	Acx>=#0　　　　ACx 大于等于 0
累加器溢出状态位	相对于 1 测试累加器溢出状态位(ACOVx)。若可选符号"！"用在位名称之前，相对于 0 测试该位。当此条件使用时，相应的 ACOVx 被清零
	overflow(ACx)　　ACOVx 位置 1
	!overflow(ACx)　　ACOVx 位清零
辅助寄存器	相对于 0 测试辅助寄存器(ARx)
	ARx==#0　　　　ARx 内容等于 1
	Arx<#0　　　　　ARx 内容小于 1
	Arx>#0　　　　　ARx 内容大于 1
	ARx!=#0　　　　ARx 内容不等于 1
	Arx<=#0　　　　ARx 内容小于等于 1
	Arx>=#0　　　　ARx 内容大于等于 1

续表

位或寄存器	条件字段　　　　若条件为真	
进位状态位	相对于 1 测试进位(CARRY)状态位；若可选符号"!"用在位名称之前，相对于 0 测试该位	
	CARRY　　　　　CARRY 位置 1	
	!CARRY　　　　　CARRY 位清零	
临时寄存器	相对于 0 测试临时寄存器(Tx)	
	Tx==#0　　　　　Tx 内容等于 1	
	Tx<#0　　　　　Tx 内容小于 1	
	Tx>#0　　　　　Tx 内容大于 1	
	Tx!=#0　　　　　Tx 内容不等于 1	
	Tx<=#0　　　　　Tx 内容小于等于 1	
	Tx>=#0　　　　　Tx 内容大于等于 1	
测试控制标志	相对于 1 分别测试控制标志(TC1 和 TC2)；若可选符号"!"用在位名称之前，相对于 0 测试该位	
	TCx　　　　　TCx 标志置 1	
	!TCx　　　　　TCx 标志清零	
	TC1 和 TC2 可以使用 AND(&)，OR(|)和 XOR(^)加以组合：	
	TC1&TC2　　　　TC1 与 TC2 等于 1	
	!TC1&TC2　　　　TC1 的反与 TC2 等于 1	
	TC1&!TC2　　　　TC1 与 TC2 的反等于 1	
	!TC1&!TC2　　　TC1 的反与 TC2 的反等于 1	
	TC1|TC2　　　　TC1 或 TC2 等于 1	
	!TC1|TC2　　　　TC1 的反或 TC2 等于 1	
	TC1|!TC2　　　　TC1 或 TC2 的反等于 1	
	!TC1|!TC2　　　TC1 的反或 TC2 的反等于 1	
	TC1^TC2　　　　TC1 异或 TC2 等于 1	
	!TC1^TC2　　　　TC1 的反异或 TC2 等于 1	
	TC1^!TC2　　　　TC1 异或 TC2 的反等于 1	
	!TC1^!TC2　　　TC1 的反异或 TC2 的反等于 1	

3. 指令集注释和规则

1) 注释

助记符语法关键字和操作数限定符不区分大小写。可以写做：

　　ABDST *AR0，*ar1，AC0，ac1

或

　　aBdST *ar0，*aR1，aC0，Ac1

可交换运算(+，*，&，^)的操作数可以以任意顺序排列。

2) 规则

简单指令不允许扩写到多行。一个例外是使用双冒号(::)的单指令，这是并行指令的标记。如：

  MPYR40 uns(Xmem)，uns(Cmem)，ACx

  ::MPYR40 uns(Ymem)，uns(Cmem)，ACy

用户定义的并行指令(使用‖标记)允许扩写到多行，可以按照以下规则书写：

  MOV AC0，AC1‖ MOV AC2，AC3 ；

  MOV AC0，AC1‖

  MOV AC2，AC3 ；

  MOV AC0，AC1

  ‖ MOV AC2，AC3 ；

  MOV AC0，AC1

  ‖

  MOV AC2，AC3 ；

(1) 保留字。

寄存器名是被保留的，它们不能被用做标识符、标号等的名称。助记符语法名不被保留。

(2) 助记符语法字根。

表 3-4 介绍了助记符语法中使用的字根。

表 3-4 助记符语法字根

字根	含　义	字根	含　义
ABS	绝对值	POP	从堆栈顶部取出
ADD	加	PSH	压入堆栈顶部
AND	位与	RET	返回
B	转移	ROL	左转
CALL	函数调用	ROR	右转
CLR	清零	RPT	重复
CMP	比较	SAT	饱和
CNT	计数	SET	置 1
EXP	指数	SFT	移位(左/右取决于移位数的符号)
MAC	乘加	SQA	平方和
MAR	修改辅助寄存器内容	SQR	平方
MAS	乘减	SQS	平方差
MAX	最大值	SUB	减
MIN	最小值	SWAP	交换寄存器内容
MOV	搬移数据	TST	测试位
MPY	乘	XOR	位异或
NEG	取反(2 元补码)	XPA	扩张
NOT	位补(1 元补码)	XTR	析取
OR	位或		

(3) 助记符语法前缀。

表 3-5 介绍了助记符语法中用到的前缀。

表 3-5　助记符语法前缀

前缀	含　义
A	指令作用于寻址阶段，受循环寻址影响。产生于 DAGEN 功能单元中，但不能和使用双寻址方式的指令并行放在一起
B	位指令。需注意，B 也是一个字根(转移)，后缀(借位)和前缀(位)。用前后关系的差别来防止混淆

(4) 助记符语法后缀。

后缀可以组合。对于和变量相乘的指令，组合的顺序是：M K R{40，A，Z，or U}。这个列表不代表所有这些后缀能够一次性组合在一起，但若它们被组合在一起，就会以此顺序组合，详见表 3-6。

表 3-6　助记符语法后缀

后缀	含　义
40	使能 M40 模式(累加器数的全部 40 位)
B	借位
C	进位
CC	条件
I	使能中断
K	有常数操作数乘法
L	逻辑移位
M	该指令有分配存储器操作数到 T3 的选项，不管此分配实际上是否发生
R	舍入
S	带符号移位(左右取决于移位数的符号)
U	无符号
V	绝对值
Z	存储器操作数的延迟

(5) 字母和地址操作数。

字母在助记符序列中被记为 K 或 k 字段。在需要偏移量的 Smem 地址模式中，偏移量也是一个字母(K16 或 k3)。8 位和 16 位的字母可以在链接时重分配，其他的字母的值在汇编时必须确定。

地址是在助记符序列中被 P、L、I 标记的部分。16 位和 24 位的绝对地址 Smem 模式是被@语法标记的。地址可以是汇编时间常数或链接时间已知的符号常数或表达式。

字母和地址都遵守语法规则 1。规则 2 和规则 3 只对地址成立。

① 规则 1：

一个合法的地址或字母是跟在 "#" 后的，例如：

　　一个数(#123)

一个标识符(#F()())

一个括号表达式(#(F()()+2))

注意，"#"不用于表达式内部。

② 规则 2：

当地址用于 dma 中，无论地址是数、标记还是表达式，地址无须跟在符号"#"之后。以下的表达都正确：

@#123

@123

@#foo

@foo

@#(foo+2)

@(foo+2)

③ 规则 3：

当地址用于除 dma 之外的某些背景中(如分支目标或 Smem 绝对地址)，地址通常需要加"#"。但为了方便，标识符前的"#"可以省略。以下都是正确的表示：

分支	绝对地址
B # 123	*(#123)
B # foo	*(#foo)
B foo	*(foo)
B #(foo+2)	*(#(foo+2))

下面这些也都合法：

B 123	*(123)
B (foo+2)	*((foo+2))

(6) 存储器操作数。

在下列指令语法中，Smem 不能引用一个存储器映射寄存器(MMR)。没有指令可以访问存储器映射寄存器中的字节。如果 Smem 是一个 MMR，则 DSP 会向 CPU 发送一个硬件总线错误中断(BERRINT)请求。

MOV[uns()high_byte(Smem)[]]，dst

MOV[uns()low_byte(Smem)[]]，dst

MOV high_byte(Smem)<<#SHIFTW，ACx

MOV low_byte(Smem)<<#SHIFTW，ACx

MOV src，high_byte(Smem)

MOV src，low_byte(Smem)

系数操作数(Cmem)的语法主要是对 CDP(系数数据指针)的操作：

*CDP

*CDP+

*CDP−

*(CDP+T0)，when C54CM=0

*(CDP+AR0)，when C54CM=1

当某一指令与并行的指令共同使用系数操作数时，并行的两条指令对 Cmem 的指针修改必须相同，否则，汇编器将产生错误。如：

    MAC *AR2+，*CDP+，AC0

    ::MAC *AR3+，*CDP+，AC1

一个可选的 mmr 前缀用于指定间接存储器操作数，例如，mmr(*AR0)。这是用户访问存储器映射寄存器的声明。汇编器会检查在某一环境下这样的访问是否合法。

mmr 前缀可用于 Xmem、Ymem、间接 Smem、Lmem 和 Cmem 操作数。它不可用于直接存储器操作数，直接存储器操作数和明确的 mmap()指令一起使用来表明 MMR 访问。

(7) 操作数限定符。

操作数限定符类似于对操作数的函数调用。uns 是无符号型操作数限定符，而指令的后缀 U 也表示无符号型操作数限定符。在运算(MAC)的剩余部分中限定操作数的时候使用操作数限定符 uns。在整个运算都限定无符号操作数时则使用指令后缀 U(如 MPYMU、CMPU、BCCU)。表 3-7 介绍了有关的操作数限定符。

表 3-7　操作符限定符

限定符	含　义
dbl	访问一个真正的 32 位存储器操作数
dual	访问一个 32 位存储器操作数，它被用作某操作的两个独立的 16 位操作数
HI	访问累加器的高 16 位
high_byte	访问存储器位置的高字节
LO	访问累加器的低 16 位
low_byte	访问存储器位置的低字节
pair	双寄存器访问
rnd	舍入
saturate	饱和
uns	无符号操作数(不用于 MOV 指令)

4. 不可重复指令

表 3-8 列出了不可重复指令。

表 3-8　不可重复指令

指令说明	不可重复的助记符语法
ADD：加^	ADD[uns(]Smem[)]<<#SHIFTW，[ACx，]ACy
	ADD K16，Smem
AND：位与^	AND k16，Smem
B：无条件转移	B ACx
	B L7
	B L16
	B P24

续表一

指令说明	不可重复的助记符语法
BAND：存储器与立即数位与，与 0 比较^	BAND Smem，k16，TCx
BCC：条件转移	BCC l4，cond BCC L8，cond BCC L16，cond BCC P24，cond
BCC：辅助寄存器非零转移	BCC L16，ARn_mod != #0
BCC：比较与转移	BCC [U] L8，src RELOP K8
BCLR：清状态寄存器位	BCLR k4，STx_55 BCLR f-name
BSET：置状态寄存器位	BSET k4，STx_55 BSET f-name
CALL：无条件调用	CALL ACx CALL L16 CALL P24
CALLCC：条件调用	CALLCC L16，cond CALLCC P24，cond
CMP：比较存储器与立即数^	CMP Smem == K16，TCx
IDLE	IDLE
INTR：软中断	INTR k5
MAC：乘累加	MACMK[R][T3=]Smem，K8，[ACx，] ACy
MOV：从存储器装载累加器^	MOV [uns(]Smem[)]<< #SHIFTW，ACx
MOV：从存储器装载 CPU 累加器	MOV Smem，DP MOV dbl(Lmem)，RETA
MOV：用立即数装载 CPU 累加器	MOV k16，DP
MOV：用立即数装载存储器^	MOV k16，Smem
MOV：将 CPU 寄存器内容移入辅助寄存器或者临时寄存器	MOV RPTC，Tax
MOV：将累加器内容存入存储器^	MOV[rnd(]HI(ACx<<#SHIFTW)[)]，Smem MOV[uns(][rnd(]HI[(saturate](ACx<<#SHIFTW)[)))]，Smem
MOV：将 CPU 寄存器内容存入存储器	MOV RETA，db1(Lmem)
MPY：乘^	MPYMK [R][T3=]Smem，K8，ACx
OR：位或^	OR k16，Smem
RESET：软复位	RESET
RET：无条件返回	RET

指令说明	不可重复的助记符语法
RETCC：条件返回	RETCC cond
RETI：从中断返回	RETI
ROUND：累加器内容舍入	ROUND [ACx，]ACy
RPT：单指令无条件重复	RPT k8 RPT k16 RPT CSR
RPTADD：单指令无条件重复，递增 CSR	RPTADD CSR，Tax RPTADD CSR，k4
RPTB：块指令无条件重复	RPTBLOCAL pmad RPTB pmad
RPTCC：单指令条件重复	RPTCC k8，cond
RPTSUB：单指令无条件重复，递减 CSR	RPTSUB CSR，k4
SUB：减法^	SUB [uns(]Smem[)]<< #SHIFTW，[ACx，]ACy
TRAP：软陷落	TRAP k5
XCC：条件执行	XCC [label，] cond XCCPART [label，] cond
XOR：位异或(XOR)^	XOR k16，Smem

3.1.3　伪指令操作

伪指令是对汇编起某种控制作用的特殊指令，其格式和通常的操作指令一样，并可加在汇编程序的任何地方，但他们不产生机器指令，既不控制机器的操作也不被汇编成机器代码，只能为汇编程序所识别并指导汇编如何进行，TMS320C55x 的伪指令如表 3-9～表3-18 所示。

表 3-9　段定义伪指令

助记符和句法	说　　　明
.bss 符号，字空间大小[，合块情况][，队列]	在未初始化为所给符号预留空间
.clink ["段名"]	允许当前段或指定段条件链接
.data	汇编到已初始化数据段
.sect "段名"	汇编到段名所指的已初始化段
.text	汇编到.text 可执行代码段
符号.usect "段名"，字空间大小[，合块情况][，队列标记]	为所给段名的未初始化段预留空间

表 3-10　常数(数据和存储器)初始化伪指令

助记符和句法	说　　明
.byte 值 1[, …, 值 n] .char 值 1[, …, 值 n]	在当前段中初始化一个或多个连续的字或字节
.double 值 1[, …, 值 n] .ldouble 值 1[, …, 值 n]	初始化一个或多个 64 位 IEEE 双精度浮点常数
.field 值[, 位长度]	初始化一个可变长度域
.float 值 1[, …, 值 n]	初始化一个或多个 32 位, IEEE 单精度, 浮点常数
.half 值 1[, …, 值 n] .short 值 1[, …, 值 n]	初始化一个或多个 16 位整数
.int 值 1[, …, 值 n]	初始化一个或多个 16 位整数
.long 值 1[, …, 值 n]	初始化一个或多个 32 位整数
.pstring "串 1"[, …, "串 n"]	初始化一个或多个已封装的字符串
.space 位长度	在当前段预留位长度所给的位空间, 注意: 用标号指出保留空间的起始地址
.string "串 1"[, …, "串 n"]	初始化一个或多个字符串
.ubyte 值 1[, …, 值 n] .uchar 值 1[, …, 值 n]	在当前段初始化一个或多个连续字节或字
.uhalf 值 1[, …, 值 n] .ushort 值 1[, …, 值 n]	初始化一个或多个无符号 16 位整数
.uint 值 1[, …, 值 n]	初始化一个或多个无符号 16 位整数
.ulong 值 1[, …, 值 n]	初始化一个或多个无符号 32 位整数
.uword 值 1[, …, 值 n]	初始化一个或多个无符号 16 位整数
.word 值 1[, …, 值 n]	初始化一个或多个 16 位整数
.xfloat 值 1[, …, 值 n]	初始化一个或多个 32 位整数, IEEE 单精度, 浮点常数, 但不进行字边界对齐
.xlong 值 1[, …, 值 n]	初始化一个或多个 32 位整数, 但不进行长字边界对齐

表 3-11　对齐段程序计数器(SPC)的伪指令

助记符和句法	说　　明
.align[字长度]	按照参数所指定的字边界将段程序计数器的值进行边界对齐, 参数必须大于 2 或默认边界
.even	等于.align 2

表 3-12　对输出列表文件格式的伪指令

助记符和句法	说　　明
.drlist	列出所有的指令行
.drnolist	取消列表某些伪指令行(默认)
.fclist	允许错误条件代码块列表(默认)
.fcnolist	取消错误条件代码块列表
.length 页长度	设置源程序列表的页长度
.list	重新开始源程序列表
.mlist	允许宏列表和循环块(默认)
.mnolist	取消宏列表和循环块
.nolist	停止源列表
.option{B|L|M|R|T|W|X}	选择输出列表选项
.page	在源列表中弹出一页
.sslist	允许扩展替代符列表
.ssnolist	取消扩展替代符列表(默认)
.tab 长度	设置 Tab 大小
.title "串"	在列表页头显示标题
.width 页宽度	设置源列表的页宽度

表 3-13　引用其他文件的伪指令

助记符和句法	说　　明
.copy ["]文件名["]	包括另一文件的说明一起复制
.def 符号 1[, …, 符号 n]	说明一个或多个在当前模块或可在其他模块中引用的符号
.global 符号 1[, …, 符号 n]	说明一个或多个可在外部引用的全域符号
.include ["]文件名["]	包括另一文件的源说明
.ref 符号 1[, …, 符号 n]	说明一个或多个在当前模块中使用但可在另一模块中定义的符号

表 3-14　定义宏的伪指令

助记符和句法	说　　明
.macro	确定源程序语句作为宏定义的第一行。.macro 必须放于操作码字段
.mlib ["]文件名["]	定义宏库
.mexit	转到 .endm。错误检测确定宏扩展将会失败时，此伪指令有用
.endm	结束 .macro 代码块
.var	定义一个局部宏替代符

表 3-15　控制条件汇编的伪指令

助记符和句法	说　明
.break [定义明确的表达式]	如果条件为真，结束循环汇编，.break 结构是可选的
.else　定义明确的表达式	如果条件为假，.else 结构是可选的
.elseif 定义明确的表达式	如果 .if 条件为假，.else if 条件为真，汇编代码块 .else if 结构是可选的
.endif	结束 .if 代码块
.endloop	结束 .loop 代码块
.if　定义明确的表达式	如果条件为真，汇编代码块
.loop [定义明确的表达式]	开始一个代码块的循环汇编

表 3-16　在汇编时定义符号的伪指令

助记符和句法	说　明
.asg　["]字符串["]，替换符	将一个字符串赋值给一个替换符
.endstruct	结束对结构的定义
.endunion	结束共用体的定义
.equ	使一个值与一个符号相等
.eval 定义明确的表达式，替换符	完成对数值替换符的算数运算
.label 标号	在一个段中定义一个可重定位标号
.set	使一个值与符号相等
.struct	开始定义一个结构
.tag	将结构的属性赋给一标号
.union	开始共用体的定义

表 3-17　其他伪指令

助记符和句法	说　明
.arms_on，.arms_off	表示代码块在 ARMS 模式汇编的开始或结束
.c54cm_on，.c54cm _off	表示代码块在 C54x 兼容模式汇编的开始或结束(代码从 C54x 代码转化而来)
.cpl_on，.cpl _off	表示代码块在 CPL 模式汇编的开始或结束
.emsg　串	向输出设备发送用户定义的出错信息
.end	结束程序
标号：.ivec [地址[，堆栈模式]]	在中断向量表中初始化入口
.localalign 符号	允许最大的局部循环大小
.mmsg　串	向输出设备发送用户定义的信息
.newblock	未定义局部标号
.noremark [num]	表示某代码段的开始，该代码段中汇编器会取消由 num 标注的汇编器注释
.remark [num]	恢复产生以前被 .noremark 取消的注释的默认行为
.sblock["]段名["][，…，"段名"]	为一个块指定段

续表

助记符和句法	说　　明
.vli_off	表示一个代码块的开始。在该代码块中，汇编器将使用可变长度指令的最大形式
.warn_off	表示一个代码块的开始。在该代码块中，汇编器警告信息将被取消
.warn_on	恢复报告汇编器警告信息的默认行为
.vli_on	恢复将可变长度指令分解为它们的最小形式的默认行为
.wmsg　串	向输出设备发送用户定义的警告信息

表 3-18　影响 C54x 助记符汇编语言移植的伪指令

助记符和句法	说　　明
.dp DP 值	指定 DP 寄存器的值
.port_for_speed	表示一个代码块的开始。在该代码块中，汇编器试图优化导入的 C54x 代码的速度
.port_for_size	恢复将 C54x 代码优化成更小长度的默认行为
.sst_off	表示一个代码块的开始。在该代码块中，汇编器假设 SST 状态位被禁止
.sst_on	恢复假设 SST 状态激活的默认行为

许多伪指令要求带参数，这一点在定义伪指令时由"表达式"域指出，任何数值与表达式均可以作为参数，汇编伪指令和它们的参数必须在同一行。

TMS320C55x 软件工具支持汇编伪指令，还支持以下伪指令：

(1) 汇编器使用了宏伪指令。

(2) 绝对列表器也使用伪指令。绝对列表伪指令不能由用户输入，而是由绝对列表器插入源程序中。

(3) C/C++ 编译器使用了符号调试伪指令。与其他伪指令不同，符号调试伪指令在大多数汇编语言程序中不被使用。

大多数情况下使用伪指令的时候，包含伪指令的源语句可能也包含了标号和注释。标号开始于第一列，注释必须以分号开头或者当一行中只有注释时以星号开头。为了增加可读性，标号和注释不作为伪指令语法的一部分显示。但是有些伪指令要求标号，标号就会在语法中显示出来。

3.1.4　宏操作

汇编器支持宏指令，它使用户能够创建自己的指令。当一个程序要执行某一特殊任务若干次时，宏是特别有用的。宏语言允许用户进行以下操作：

(1) 定义自己的宏和重定义现有的宏。

(2) 简化长的或复杂的汇编代码。

(3) 访问归档器创建的宏库。

(4) 在宏中定义有条件的和可重复的块。

(5) 在宏中操作串。

(6) 控制扩展列表。

1. 宏的使用步骤

程序中经常会包含要执行若干次的子程序。用户可以把这个子程序定义为一个宏，然后在用户要重复这个子程序的地方调用宏，而不是对这个子程序重复源语句。这样可以简化并缩短用户的源程序，提高代码效率。

如果用户打算多次调用宏，但是每次的数据有所不同，可以在宏中使用参数，使用户在每次调用宏时传递不同的信息。宏语言支持一种称为替代符的特殊符号，也就是宏的参数。宏程序语句指的是每次宏调用时要执行的指令或汇编命令，宏伪指令指的是用于控制宏指令展开的命令。

宏操作的步骤如下：

第一步：定义宏。有两种方式：

(1) 宏可以在源文件的开始或 .copy/.include 文件中定义。

(2) 宏可以在宏库中定义。宏库是由归档器创建的归档格式的文件集合。每一个归档文件(宏库)成员包含一个对应于成员名的宏定义。用户可以通过.mlib 伪指令来访问宏库。

第二步：调用宏。在定义了宏之后，用户可以在程序中使用宏名作为助记符来调用宏。

第三步：扩展宏。当在源程序中调用宏时，汇编器会扩展用户的宏。在扩展过程中，汇编器通过变量向宏参数传递参数，用宏定义来代替宏调用语句，并汇编源代码。默认情况下，宏扩展被列在列表文件中。用户可以通过使用.mnolist 伪指令来保证宏扩展不在列表中。

当汇编器遇到宏定义时，汇编器会把宏名放入操作码表中。这会重新定义已定义过的宏、库入口、伪指令或与宏同名的指令助记符，允许用户扩展指令和伪指令的功能，也允许增加新的指令。

2. 宏定义

用户必须在使用之前定义宏。宏可以在源文件的开始、.copy/include 文件或宏库中定义。宏定义是可以被嵌套的，也可以调用其他的宏，但是任何宏的所有元素都必须在同一文件中定义。

宏定义是一系列如下格式的源语句：

```
macname .macro [parameter 1] [, …, parameter n]
        宏程序语句或宏伪指令
        [.mexit]
        .endm
```

(1) macname：宏程序名称。用户必须把名字放在源语句的标号域。只有宏名的前 32 个字符是有意义的。汇编器把宏名放入内部的操作码表中，代替所有同名的指令和前面定义的宏。

(2) .macro：指出作为宏定义的第一行的伪指令，.macro 必须放在操作码字段中。

(3) [parameters]：作为 .macro 伪指令操作数的可选的替代符，为任选的替代参数。

(4) model statements：每次宏被调用时执行的指令或汇编伪指令。

(5) macro directives：用来控制宏扩展。

(6) .mexit：相当于一条跳转到 .endm 语句。当错误测试确定宏扩展出错以及完成宏的剩余部分没有必要时，伪指令 .mexit 是有用的。

(7) .endm：结束宏定义。

如果用户想要在宏定义中包含注释，但是又不愿这些注释被显示在宏扩展中，就在注释前加个感叹号提高安全性。如果用户想要注释出现在宏扩展中，就使用星号或者分号。

3. 宏参数

宏参数是表示一个字符串的替代符。这些符号也可以在宏外使用，用来把一个字符串等同于一个符号名。合法的替代符可以多达 32 个字符长，并必须以字母开头。符号其余的部分可以是字母数字字符、下划线和美元符的组合。用作宏参数的替代符对于定义它们的宏是局部的。用户可以为每个宏定义多达 32 个局部替代符(包括使用 .var 伪指令定义的替代符)。

在宏扩展过程中，汇编器通过变量来向宏参数来传递参数。每个参数的等价字符串赋给对应的宏参数。没有相应参数的宏参数被设置为空串。如果参数的数量超过了宏参数的数量，那么最后的宏参数将被赋值为所有剩余参数的等效字符串。

如果用户传递一列参数到一个宏参数，或者传递逗号或分号到一个宏参数，就必须使用引号将其括起。

在汇编期间，汇编器用相应的字符串来代替替代符，然后把源代码翻译成目标代码。

4. 宏库

一种定义宏的方法就是创建宏库。一个宏库是包含宏定义的文件的集合。必须使用归档器把这些文件或者成员收集到一个单个文件(称为归档文件)中。宏库中每一个成员都包含一个宏定义。宏库中的文件必须是没有汇编的源程序文件。宏名和成员名必须相同，且宏文件的扩展名必须是 .asm。

用户可以使用 .mlib 伪指令来访问宏库。语法是：

　　　　.mlib macro library filename

当遇到 .mlib 伪指令时，汇编器会打开库并创建一个库内容表。汇编器把库中每个成员的名字都加入操作码表中作为库入口，重定义了同名的已有操作码或同名的宏。如果这些宏中有一个被调用，汇编器从库中提取入口并将其装载到宏表中。

汇编器按照扩展其他宏的相同方法扩展库入口。用户能够使用 .mlist 伪指令来控制库入口扩展列表。只有从库中被实际调用的宏才会被提取，而且只提取一次。

用户可以简单地通过将需要的文件包含入归档文件来使用归档器创建宏库。除了汇编器希望宏库包含宏定义之外，宏库与其他的归档文件没有什么不同。汇编器希望在宏库中只包含宏定义，把目标代码或杂乱的源文件放入库中可能会产生不希望的结果。

3.2　汇编语言程序编写方法

[例 3-1]　通过编程实现将 4 个数相加($y = x0 + x1 + x2 + x3$)，汇编程序代码如下：

```
*为代码、常量、变量分配段
        .def x，y，init
x       .usect "vars"，4                ; 为 x 保留 4 个未初始化的 16 位存储单元
```

```
y       .usect "vars", 1          ; 为 y 保留 1 个未初始化的 16 位存储单元

        .sect "table"             ; 创建已初始化段 "table", 为 x 赋初始化值
init .int 1, 2, 3, 4

        .text                     ; 创建代码段(默认为.text)
        .def start                ; 定义代码开始的标号
start

*初始化处理器模式
        BCLR C54CM                ; 设置处理器为 '55x 固有模式而不是 '54x 兼容模式(复位值)
        BCLR AR0LC                ; 设置 AR0 寄存器为线性模式
        BCLR AR6LC                ; 设置 AR6 寄存器为线性模式

*使用间接寻址将初始化值复制到向量 x, *……
copy
AMOV #x, XAR0                     ; XAR0 指向向量 x
AMOV #init, XAR6                  ; XAR6 指向初始化列表

MOV *AR6+, *AR0+                  ; 复制从 "init" 开始到 "x"
MOV *AR6+, *AR0+
MOV *AR6+, *AR0+
MOV *AR6, *AR0

*建立直接寻址模式并将下列值相加: x0+x1+x2+x3
add
        AMOV #x, XDP              ; XDP 指向向量 x, 且通知汇编器
        .dp x
        MOV  @x, AC0
        ADD  @(x+3), AC0
        ADD  @(x+1), AC0
        ADD  @(x+2), AC0

*使用绝对寻址将结果写入 y
        MOV  AC0, *(#y)
end                               ; 死循环
        NOP
        B end
```

1. 为代码、常量、变量分配段

编写汇编代码的首先要为用户程序的不同段分配存储空间。

段是由应用程序成功运行所需的代码、常量、变量组成的模块，这些模块在源程序中通过汇编伪指令来定义。在例 3-2 中使用基本汇编伪指令来创建段和初始化值。

[例 3-2] 用来分配段的部分汇编代码(第一步)：

```
*步骤 1：段分配
        *……
            .def x，y，init
x       .usect "vars"，4        ; 为 x 保留 4 个未初始化的 16 位存储单元
y       .usect "vars"，1        ; 为 y 保留 1 个未初始化的 16 位存储单元

            .sect "table"          ; 创建已初始化段 "table"，为 x 赋初始化值
init .int 1，2，3，4

            .text                  ; 创建代码段(默认为.text)
            .def start             ; 定义代码开始的标号
        start
```

针对整个例子作如下说明：

.sect "section_name" 为代码/数据创建已命名的初始化段。初始化段是定义了它们的初始化值的段。

.unsect "scction_name" 为数据创建已命名的未初始化段。未初始化段只声明它们的大小(以 16 位字为单位)，但不定义它们的初始化值。

.int value 在存储器中保留一个 16 位字，并定义初始化值。

.def symbol 将符号设为外部文件可知的全局型，指出符号是在当前文件中定义的。外部文件通过 .ref 标识可以访问这个符号。一个符号可以是一个标签或者是一个变量。

.asm 文件包含 3 个段，如图 3-1 所示。

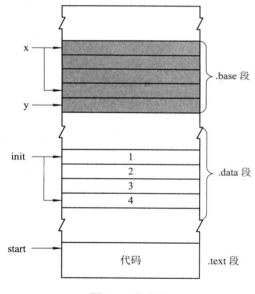

图 3-1　段分配

2. 处理器模式初始化

第二步是确保设置状态寄存器(ST0_55、ST1_55、ST2_55、ST3_55)去配置处理器。可以设定这些值或是使用默认值。处理器复位后，寄存器内容为默认值。也可以在复位后确定默认寄存器值。

(1) 使用位寻址模式修改状态寄存器位，寄存器 AR0 和 AR6 被设置为线性寻址(而不是循环寻址)。

(2) 将处理器设为 C55x 固有模式，而不是 C54 兼容模式。

3．建立寻址模式

代码中使用了 4 种最常用的 C55x 寻址模式：

(1) ARn 间接寻址(由*标出)，可以将辅助寄存器(ARx)用作指针。

(2) DP 直接寻址(由@标出)，提供相对于 DP 寄存器指定的基地址的正的偏移地址。偏移量由汇编器计算并由嵌于指令的 7 位值定义。

(3) k23 绝对寻址(由#标出)，可以用标号指定全 23 位数据地址。

(4) 位寻址(由位指令标出)，可以修改存储单元或者 MMR 寄存器的某一位。

在例 3-1 中，首先使用间接寻址，table 段的初始化值被复制到向量 x(执行加法的向量)。图 3-2 阐明了扩展辅助寄存器(XARn)的结构。只在寄存器初始化时使用 XARn 寄存器。后续的操作使用 ARn 是因为只有低 16 位受到影响(对 ARn 的操作限于 64K 字主数据页)。AR6 用来保存 table 的地址，AR0 用来保存 x 的地址。然后使用直接寻址将 4 个值相加。注意，XDP 寄存器被初始化为指向变量 x。.dp 汇编伪指令用来定义 XDP 的值，因此，在编译时，汇编器可以计算出正确的偏移量。最后，使用绝对寻址将结果存入 y 向量。绝对寻址提供了访问一个存储单元而不用改变 XDP 的简单方法，但是以代码长度增加为代价。

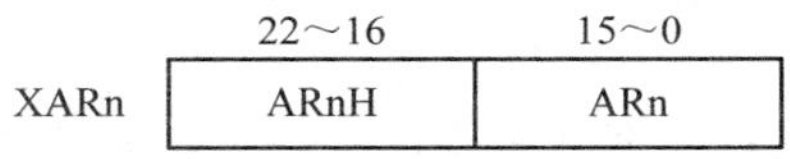

图 3-2　扩展辅助寄存器结构(XARn)

3.3　汇编指令系统的概述

C55x 处理器的指令系统可以分为 6 大类，包括算术运算指令、位操作指令、扩展辅助寄存器操作指令、逻辑运算指令、移动指令和程序控制指令等。本节介绍的内容包括指令格式、执行的操作、是否有并行使能位、长度、周期、在流水线上的执行阶段以及执行的功能单元等。

3.3.1　C55x 指令的并行执行

1．指令并行的特征

C55x DSP 的结构特点使其在一个周期内可以并行地执行两条指令。C55x 支持三种类型的并行指令。

(1) 单指令中内置并行方式。

这类并行指令是由一条指令同时执行两个不同的操作，通常用符号"::"来分隔指令的两个部分，这种并行方式也称为隐含并行方式。例如：

```
MPY *AR0, *CDP, AC0
:: MPY *AR1, *CDP, AC1
```

这是一条单指令，由 AR0 引用的数据与由 CDP 引用的系数相乘，同时，由 AR1 引用的数据与该系数相乘。

(2) 用户自定义的两条指令间的并行方式。

这类并行指令是用户或 C 语言编译器定义的，是由两条指令同时并行执行两个操作，通常用符号"‖"来分隔这两条指令。例如：

MPYM *AR1−，*CDP，AC1

‖ XOR AR2，T1

第一条指令在 D 单元执行乘法运算，第二条指令在 A 单元的 ALU 执行一个逻辑操作。

(3) 内置与用户自定义混合的并行方式。例如：

MPYM T3=*AR3+，AC1，AC2

‖ MOV #5，AR1

第一条指令隐含了内置并行方式，第二条指令是用户自定义的并行方式。

2. 指令并行的规则

在并行指令中，必须遵守三条基本规则：

(1) 两条指令的总长度不能超过 6 个字节。

(2) 在指令的执行过程中不存在操作器、地址产生单元、总线等资源冲突。

(3) 其中一条指令必须有并行使能位或两条指令符合软—双并行条件。

下列情况不能使用并行方式的情况：

(1) 一个单独的寄存器或存储器在一个流水线节拍被读两次。

(2) 使用立即数寻址方式：

*abs16(#k16)

*(#k23)

port(#k16)

*ARn(K16)

*+ARn(K16)

*CDP(K16)

*+CDP(K16)

(3) 使用下列条件跳转、条件调用、中断、复位等程序控制指令：

BCC P24，cond

CALLCC P24，cond

IDLE

INTR k5

RESET

TRAP k5

(4) 使用下列指令或者操作修饰符：

mmap()

port()

<instruction>.CR

<instruction>.LR

3. 资源冲突

单指令在执行中要使用操作器、地址产生单元、总线等资源，并行的两条指令在执行时要使用两条单指令执行时占用的资源。因此，当并行的两条指令使用 C55x 不支持的组合资源时，就会发生资源冲突。

1) 运算器

C55x 可使用的操作器有：D 单元的 ALU、D 单元的移位器、D 单元的交换器、A 单元的交换器、A 单元的 ALU 和 P 单元。并行指令执行时一个操作器只能使用一次。

2) 地址产生单元

C55x 地址产生单元有：两个数据地址(DA)产生单元、一个系数地址(CA)产生单元和一个堆栈地址(SA)产生单元。指令执行时只能使用给定数量的数据地址产生单元。

3) 总线

C55x 可使用的总线有：两个数据读(DR)总线、一个系数读(CA)总线、两个数据写(DW)总线、一个 ACB 总线(将 D 单元寄存器的内容传送给 A 单元和 P 单元的操作器)、一个 KAB 总线(立即数总线)和一个 KDB 总线(立即数总线)。指令执行时只能使用给定数量的总线。

4. 软—双并行条件

引用存储器操作数的指令没有并行使能位。两条这样的指令可以组成混合并行指令就是软—双并行方式。影响软—双并行方式的情况包括：

(1) 两个存储器操作数必须是双 AR 间接寻址模式，符合双 AR 间接寻址模式的操作数如下：

```
*ARn
*ARn +        *ARn–
*(ARn + AR0)  *(ARn + T0)
*(ARn – AR0)      *(ARn – T0)
*ARn(AR0)         *ARn(T0)
*(ARn + T1)       *(ARn – T1)
```

(2) 指令不能包含 high_byte(Smem)和 low_byte(Smem)，例如：

```
MOV [uns(]high_byte(Smem)[)], dst
MOV [uns(]low_byte(Smem)[)], dst
MOV low_byte(Smem) << #SHIFTW, ACx
MOV high_byte(Smem) << #SHIFTW, ACx
MOV src, high_byte(Smem)
MOV src, low_byte(Smem)
```

(3) 如果指令中的 k4 的值是 0～8，就会改变 XDP 的值，所以，不能与加载 DP 的指令组成并行指令。例如，改变 XDP 的指令：

```
BSET k4, ST0_55
BCLR k4, ST0_55
```

加载 DP 的指令：

　　　MOV Smem，DP

　　　MOV dbl(Lmem)，XDP

　　　POPBOTH XDP

(4) 读重复计数寄存器(RPTC)指令不能和如下的任何一个单重复指令组成并行指令。

　　　RPT　　　　RPTADD

　　　RPTSUB　　RPTCC

虽然修改辅助寄存器(MMR)指令没有引用存储器，而且也没有并行使能位，但是 MMR 指令可以和如下任何存储器引用指令组合成软—双并行指令。

　　　AADD TAx，TAy　　　AADD k8，TAx

　　　AMOV TAx，TAy　　　AMOV k8，TAx

　　　ASUB TAx，TAy　　　ASUB k8，TAx

　　　AMOV D16，TAx　　　　AMAR Smem

3.3.2　TMS320C55x DSP 的汇编指令

TMS320C55x DSP 可以使用两种指令集：助记符指令集和代数指令集。代数指令集中的指令类似于代数表达式，运算关系比较清楚明了；而助记符指令集与计算机汇编语言相似，采用助记符来表示指令。不过，在每次编程时只能使用一种指令集。助记符指令和代数指令在功能上是一一对应的，只是表示形式不同。本节同时介绍助记符指令和代数指令，并通过实例来讲解 C55x 的指令系统。

TMS320C55x 指令集按操作类型可分为算术运算指令、位操作指令、扩展辅助寄存器操作指令、逻辑运算指令、移动指令和程序控制指令。每条指令的属性包括：指令、执行的操作、是否有并行使能位、长度、周期、在流水线上的执行阶段以及执行的功能单元等。下面将按照这些属性分类介绍 C55x 助记符指令集。

1. 算术运算指令

1) 加法指令

不同加法指令及其功能见表 3-19。

表 3-19　不同加法指令及其功能

助记符指令	代数指令	功能
ADD [src，] dst	dst = dst + src	两个寄存器的内容相加
ADD k4，dst	dst = dst + k4	4 位无符号立即数加到寄存器
ADD K16，[src，]dst	dst = src + K16	16 位有符号立即数和源寄存器的内容相加
ADD Smem，[src，]dst	dst = src + Smem	操作数和源寄存器的内容相加
ADD ACx<<Tx，ACy	ACy = ACy + (ACx<<Tx)	累加器 ACx 根据 Tx 中的内容移位后，再和累加器 ACy 相加
ADD ACx<<#SHIFTW，ACy	ACy = ACy + (ACx<<#SHIFTW)	累加器 ACx 移位后与累加器 ACy 相加

助记符指令	代 数 指 令	功　　能
ADD K16<<#16，[ACx，]ACy	ACy = ACx + (K16<<#16)	16 位有符号立即数左移 16 位后加到累加器
ADD K16<<#SHFT，[ACx，]ACy	ACy = ACx + (K16<< #SHFT)	16 位有符号立即数移位后加到累加器
ADD Smem<<Tx，[ACx，]ACy	ACy = ACx + (Smem<< Tx)	操作数根据 Tx 中的内容移位后，再和累加器 ACx 相加
ADD Smem<<#16，[ACx，]ACy	ACy = ACx + (Smem<< #16)	操作数左移 16 位后，再和累加器 ACx 相加
ACy	ACy = ACx + uns(Smem) + CARRY	操作数带进位加到累加器
ADD [uns( )Smem[]]，[ACx，]ACy	ACy = ACx + uns(Smem)	操作数加到累加器
[ACx，]ACy	ACy = ACx + (uns(Smem) <<#SHIFTW)	操作数移位后加到累加器
ADD dbl(Lmem)，[ACx，]ACy	ACy = ACx + dbl(Lmem)	32 位操作数加到累加器
ADD Xmem，Ymem，ACx	ACx = (Xmem<<#16) + (Ymem<<#16)	两操作数均左移 16 位后加到累加器
ADD K16，Smem	Smem = Smem + K16	操作数和 16 位有符号立即数相加
ADD[R]V [ACx，] ACy	ACy = rnd(ACy + |ACx|)	与绝对值相加

2) 减法指令

不同减法指令及其功能见表 3-20。

表 3-20　不同减法指令及其功能

助记符指令	代 数 指 令	功　　能
SUB[src，]dst	dst = dst − src	两个寄存器的内容相减
SUB k4，dst	dst = dst − k4	寄存器的内容减去 4 位无符号立即数
SUB K16，[src，] dst	dst = dst − K16	寄存器的内容减去 16 位有符号立即数
SUB Smem，[src，] dst	dst = dst − Smem	寄存器的内容减去操作数
SUB src，Smem，dst	dst = Smem − src	操作数减去源寄存器的内容
SUB ACx << Tx，ACy	ACy = ACy − (ACx << Tx)	累加器 ACx 根据 Tx 中的内容移位后，作为减数和累加器 ACy 相减
SUB ACx << #SHIFTW，ACy	ACy = ACy − (ACx << #SHIFTW)	累加器 ACx 移位后，作为减数和累加器 ACy 相减
SUB K16 << #16，[ACx，] ACy	ACy = ACx − (K16 << #16)	16 位有符号立即数左移 16 位后，作为减数和累加器 ACx 相减
SUB K16 << #SHFT，[ACx，] ACy	ACy = ACx − (K16 << # SHFT)	16 位有符号立即数移位后，作为减数和累加器 ACx 相减

续表

助记符指令	代 数 指 令	功 能
SUB Smem << Tx, [ACx，] ACy	ACy = ACx − (Smem << Tx)	操作数根据 Tx 中的内容移位后，作为减数和累加器 ACx 相减
SUB Smem << #16, [ACx，] ACy	ACy = ACx − (Smem << #16)	操作数左移 16 位后，作为减数和累加器 ACx 相减
SUB ACx，Smem << #16, ACy	ACy = (Smem << #16) − ACx	操作数左移 16 位后，作为被减数和累加器 ACx 相减
SUB K16 << #SHFT，[ACx，] ACy	ACy = ACx − (K16 << #SHFT)	16 位有符号立即数移位后，作为减数和累加器 ACx 相减
SUB Smem << Tx, [ACx，] ACy	ACy = ACx − (Smem << Tx)	操作数根据 Tx 中的内容移位后，作为减数和累加器 ACx 相减
SUB Smem << #16, [ACx，] ACy	ACy = ACx − (Smem << #16)	操作数左移 16 位后，作为减数和累加器 ACx 相减
SUB ACx，Smem << #16, ACy	ACy = (Smem << #16) − ACx	操作数左移 16 位后，作为被减数和累加器 ACx 相减
SUB [uns(]Smem[)], BORROW，[ACx，] ACy	ACy = ACx − uns(Smem) − BORROW	从累加器中减去带借位的操作数
SUB [uns(]Smem[)], [ACx，] ACy	ACy = ACx − uns(Smem)	从累加器中减去操作数
SUB [uns(]Smem[)] << #SHIFTW，[ACx，] ACy	ACy = ACx − (uns(Smem) << #SHIFTW)	从累加器中减去移位后的操作数
SUB dbl(Lmem)，[ACx，] ACy	ACy = ACx − dbl(Lmem)	从累加器中减去 32 位操作数
SUB ACx，dbl(Lmem)，ACy	ACy = dbl(Lmem) − Acx	32 位操作数减去累加器
SUB Xmem，Ymem，ACx	ACx = (Xmem << #16) − (Ymem << #16)	两操作数均左移 16 位后相减

3) 条件减法

SUBC Smem，[ACx，] ACy   ;if ((ACx − (Smem << #15)) >= 0)

          ;ACy = (ACx − (Smem << #15)) << #1 + 1

          ;else

          ;ACy = ACx << #1

4) 条件加减法

不同条件加减法指令及其功能见表 3-21。

表 3-21　不同条件加减法指令及其功能

助记符指令	代 数 指 令	功　　　能
ADDSUBCC Smem，ACx，TCx，ACy	ACy = adsc(Smem，ACx，TCx)	如果测试控制标志 TCx=1，ACx 加上 Smem 左移 16 位的内容存入 ACy 中。否则(也即 TCx=0)，ACx 减去 Smem 左移 16 位的内容存入 ACy 中
ADDSUBCC Smem，ACx，TC1，TC2，ACy	ACy = adsc(Smem，ACx，TC1，TC2)	① 如果 TC2=1，则 ACy=ACx ② 如果 TC2=0 且 TC1=1，ACx 加上 Smem 左移 16 位的内容存入 ACy 中 ③ 如果 TC2=0 且 TC1=0，ACx 减去 Smem 左移 16 位的内容存入 ACy 中
ADDSUBCC Smem，ACx，Tx，TC1，TC2，ACy	ACy = ads2c(Smem，ACx，Tx，TC1，TC2)	① 如果 TC2=1 且 TC1=1，则 ACx 加上 Smem 左移 16 位的内容存入 ACy ② 如果 TC2=0 且 TC1=1，则 ACy 加上 Smem 左移 Tx 位的内容存入 ACy 中 ③ 如果 TC2=1 且 TC1=0，则 ACx 减去 Smem 左移 16 位的内容存入 ACy 中 ④ 如果 TC2=0 且 TC1=0，则 ACy 减去 Smem 左移 Tx 位的内容存入 ACy 中

5) 乘法指令

不同的乘法指令及其功能见表 3-22。

表 3-22　不同的乘法指令及其功能

助记符指令	代 数 指 令	功　　　能
SQR[R] [ACx，] ACy	ACy = rnd(ACx * ACx)	计算累加器 ACx 高位部分(32～16 位)的平方值，结果舍入后放入累加器 ACy
MPY[R] [ACx，] ACy	ACy = rnd(ACy * ACx)	计算累加器 ACx 和 ACy 高位部分(32～16 位)的乘积，结果舍入后放入累加器 ACy
MPY[R] Tx，[ACx，] ACy	ACy = rnd(ACx * Tx)	计算累加器 ACx 高位部分(32～16 位)和 Tx 中内容的乘积，结果舍入后放入累加器 ACy
MPYK[R] K8，[ACx，] ACy	ACy = rnd(ACx * K8)	计算累加器 ACx 高位部分(32～16 位)和 8 位有符号立即数的乘积，结果舍入后放入累加器 ACy
MPYK[R] K16，[ACx，] ACy	ACy = rnd(ACx * K16)	计算累加器 ACx 高位部分(32～16 位)和 16 位有符号立即数的乘积，结果舍入后放入累加器 ACy
MPYM[R][T3 =]Smem，Cmem，ACx	ACx=rnd(Smem*coef(Cmem))[，T3=Smem]	两个操作数相乘，结果舍入后放入累加器 ACx

助记符指令	代 数 指 令	功 能
SQRM[R] [T3 =]Smem，ACx	ACx=rnd(Smem*Smem)[，T3=Smem]	操作数的平方，结果舍入后放入累加器 ACx
MPYM[R] [T3 =]Smem，[ACx，] ACy	ACy=rnd(Smem*ACx)[，T3=Smem]	操作数和累加器 ACx 相乘，结果舍入后放入累加器 ACy
MPYMK[R] [T3 =]Smem，K8，ACx	ACx=rnd(Smem * K8) [，T3 = Smem]	操作数和 8 位有符号立即数相乘，结果舍入后放入累加器 ACx
MPYM[R][40][T3][uns(]Xmem[)]，[uns()Ymem[]]，ACx	ACx = M40(rnd(uns(Xmem) * uns(Ymem))) [，T3 = Xmem]	两数据存储器操作数相乘，结果舍入后放入累加器 ACx
MPYM[R][U][T3 =]Smem，Tx，ACx	ACx=rnd(uns(Tx*Smem))[，T3=Smem]	Tx 的内容和操作数相乘，结果舍入后放入累加器 ACx

6) 乘加指令

不同的乘加指令及其功能见表 3-23。

表 3-23　不同的乘加指令及其功能

助记符指令	代 数 指 令	功 能
SQA[R] [ACx，] ACy	ACy = rnd(ACy + (ACx * ACx))	累加器 ACy 和累加器 ACx 的乘方相加，结果舍入后放入累加器 ACy
MAC[R] ACx，Tx，ACy[，ACy]	ACy = rnd(ACy + (ACx * Tx))	累加器 ACx 和 Tx 的内容相乘后，再与累加器 ACy 相加，结果舍入后放入累加器 ACy
MAC[R] ACy，Tx，ACx，ACy	ACy = rnd((ACy * Tx) + ACx)	累加器 ACy 和 Tx 的内容相乘后，再与累加器 ACx 相加，结果舍入后放入累加器 ACy
MACK[R] Tx，K8，[ACx，] ACy	ACy = rnd(ACx + (Tx * K8))	Tx 的内容和 8 位有符号立即数相乘后，再与累加器 ACx 相加，结果舍入后放入累加器 ACy
MACK[R] Tx，K16，[ACx，] ACy	ACy = rnd(ACx + (Tx * K16))	Tx 的内容和 16 位有符号立即数相乘后，再与累加器 ACx 相加，结果舍入后放入累加器 ACy
MACM[R][T3=]Smem，Cmem，ACx	ACx = rnd(ACx + (Smem * Cmem)) [，T3 = Smem]	双操作数相乘后加到累加器 ACx 并作舍入
MACM[R]Z [T3 =]Smem，Cmem，ACx	ACx = rnd(ACx + (Smem * Cmem)) [，T3 = Smem]，delay(Smem)	同上一条指令，并且与 delay 指令并行执行
SQAM[R] [T3 =]Smem，[ACx，] ACy	Acy = rnd(ACy + (Smem * ACx)) [，T3 = Smem]	累加器 ACx 和操作数的乘方相加，结果舍入后放入累加器 ACy

助记符指令	代 数 指 令	功　　能
MACM[R] [T3 =]Smem, [ACx,] ACy	Acy = rnd(ACy + (Smem * ACx)) [, T3 = Smem]	操作数和累加器 ACx 相乘后，结果加到累加器 ACy 并作舍入
MACM[R] [T3 =]Smem, Tx, [ACx,] ACy	ACy = rnd(ACx + (Tx * Smem)) [, T3 = Smem]	Tx 的内容和操作数相乘，再与累加器 ACx 相加，结果舍入后放入累加器 ACy
MACMK[R] [T3 =]Smem, K8, [ACx,] ACy	Smem]	操作数和 8 位有符号立即数相乘，再与累加器 ACx 相加，结果舍入后放入累加器 ACy
MACM[R][40][T3=] [uns()Xmem[]]　　,　　[uns() Ymem[]], [ACx,] ACy	(Ymem)))) [, T3 = Xmem]	两数据存储器操作数相乘，再与累加器 ACx 相加，结果舍入后放入累加器 ACy
MACM[R][40][T3=][uns()Xmem[]], [uns()Ymem[]], ACx >> #16[, ACy]	(Xmem) *uns(Ymem)))) [, T3 = Xmem]	两数据存储器操作数相乘，再与累加器 ACx 右移 16 位后的值相加，结果舍入后放入累加器 ACy

7) 乘减指令

不同的乘减指令及其功能见表 3-24。

表 3-24　不同的乘减指令及其功能

助记符指令	代 数 指 令	功　　能
SQS[R] [ACx,] ACy	ACy = rnd(ACy – (ACx * ACx))	累加器 ACy 减去累加器 ACx 的平方，结果舍入后放入累加器 ACy
MAS[R] Tx, [ACx,] ACy	ACy = rnd(ACy – (ACx * Tx))	累加器 ACy 减去累加器 ACx 和 Tx 内容的乘积，结果舍入后放入累加器 ACy
MASM[R] [T3 =]Smem , Cmem, ACx	ACx = rnd(ACx – (Smem * Cmem)) [, T3 = Smem]	累加器 ACx 减去两个操作数的乘积，结果舍入后放入累加器 ACx
SQSM[R] [T3 =]Smem , [ACx,] ACy	ACy = rnd(ACx – (Smem * Smem)) [, T3 = Smem]	累加器 ACx 减去一个操作数的平方，结果舍入后放入累加器 ACy
MASM[R] [T3 =]Smem , [ACx,] ACy	ACy = rnd(ACy – (Smem * ACx)) [, T3 = Smem]	累加器 ACy 减去操作数和累加器 ACx 的乘积，结果舍入后放入累加器 ACy
MASM[R] [T3 =]Smem, Tx, [ACx,] ACy	ACy = rnd(ACx – (Tx * Smem)) [, T3 = Smem]	累加器 ACx 减去 Tx 的内容和操作数的乘积，结果舍入后放入累加器 ACy
MASM[R][40][T3 =][uns()Xmem[]], [uns()Ymem[)], [ACx,] ACy	ACy = M40(rnd(ACx – (uns (Xmem) * uns(Ymem))))[, T3 = Xmem]	累加器 ACx 减去两数据存储器操作数的乘积，结果舍入后放入累加器 ACy

8) 双乘加/双乘减指令

双乘加/双乘减指令利用 D 单元的两个 MAC 在一个周期内同时执行两个乘法或乘加/双乘减运算。

不同的双乘加/双乘减指令及其功能见表 3-25。

表 3-25　不同的双乘加/双乘减指令及其功能

助记符指令	代 数 指 令	功　　能
MPY[R][40][uns(]Xmem[]), uns(]Cmem[]) ，　ACx::MPY[R][40] [uns(]Ymem[]), [uns()Cmem[]], ACy	ACx = M40(rnd(uns(Xmem) * uns(coef(Cmem)))), ACy=M40(rnd(uns(Ymem)* uns(coef(Cmem))))	在一个周期内同时完成两个操作数相乘
MAC[R][40] [uns(]Xmem[]), [uns(]Cmem[]) ，　ACx::MPY[R][40] [uns(]Ymem[]), [uns()Cmem[]], ACy	ACx = M40(rnd(ACx + (uns(Xmem) *uns(coef(Cmem))))), ACy = M40(rnd(uns(Ymem) * uns(coef(Cmem)))))	在一个周期内同时完成下列算术运算：累加器 ACx 与两个操作数的乘积相加，结果舍入后放入累加器 ACx；两个操作数相乘，结果舍入后放入累加器 ACy
MAS[R][40] [uns(]Xmem[]), [uns(]Cmem[]) ，　ACx::MPY[R][40] [uns(]Ymem[]), [uns(]Cmem[]), ACy	ACx = M40(rnd(ACx – (uns(Xmem) * uns(coef(Cmem))))), ACy = M40(rnd(uns(Ymem) * uns(coef(Cmem))))	在一个指令周期内同时完成下列算术运算：累加器 ACx 减去两个操作数的乘积，结果舍入后放入累加器 ACx；两个操作数相乘，结果舍入后放入累加器 ACy
AMAR Xmem ::MPY[R][40] [uns(]Ymem[]), [uns()Cmem[]], ACx	mar(Xmem), ACx = M40(rnd(uns(Ymem) * uns(coef(Cmem))))	在一个指令周期内同时完成下列算术运算：修改操作数的值；两个操作数的乘法运算
MAC[R][40] [uns(]Xmem[]), [uns(]Cmem[]), ACx ::MAC[R][40] [uns(]Ymem[]), [uns(]Cmem[]), ACy	ACx = M40(rnd(ACx + (uns(Xmem) *uns(Cmem)))), ACy = M40(rnd(ACy + (uns(Ymem) * uns(Cmem))))	在一个指令周期内同时完成下列算术运算：累加器和两个操作数的乘积相加
MAS[R][40] [uns(]Xmem[]), [uns(]Cmem[]), ACx ::MAC[R][40] [uns(]Ymem[]), [uns(]Cmem[]), ACy	ACx = M40(rnd(ACx – (uns(Xmem) * uns(Cmem)))), ACy = M40(rnd(ACy + (uns(Ymem) * uns(Cmem))))	在一个指令周期内同时完成下列算术运算：累加器和两个操作数的乘积相减；累加器和两个操作数的乘积相加
AMAR Xmem ::MAC[R][40] [uns(]Ymem[]), [uns(]Cmem[]), ACx	mar(Xmem), ACx = M40(rnd(ACx + (uns(Ymem) * uns(Cmem))))	在一个指令周期内同时完成下列算术运算：修改操作数的值；累加器和两个操作数的乘积相加
MAS[R][40] [uns(]Xmem[]), [uns(]Cmem[]), ACx::MAS[R][40] [uns(]Ymem[]), [uns(]Cmem[]), ACy	ACx = M40(rnd(ACx – (uns(Xmem) * uns(Cmem)))), ACy = M40(rnd(ACy – (uns(Ymem) * uns(Cmem))))	在一个指令周期内同时完成下列算术运算：累加器和两个操作数的乘积相减

续表

助 记 符 指 令	代 数 指 令	功　　能
AMAR Xmem ::MAS[R][40] [uns(]Ymem[)], [uns(]Cmem[)]，ACx	mar(Xmem)， ACx ＝ M40(rnd(ACx － (uns (Ymem) * uns(Cmem))))	在一个指令周期内同时完成下列算术运算：修改操作数的值；累加器和两个操作数的乘积相减
MAC[R][40] [uns(]Xmem[)]， [uns(]Cmem[)]，ACx >>#16::MAC[R][40] [uns(]Ymem[)]， [uns(]Cmem[)]，ACy	ACx ＝ M40(rnd((ACx >> #16) ＋ (uns(Xmem) *uns(Cmem))))，ACy ＝ M40(rnd(ACy ＋ (uns(Ymem) * uns(Cmem))))	在一个指令周期内同时完成下列算术运算：累加器右移 16 位后和两个操作数的乘积相加；累加器和两个操作数的乘积相加
MPY[R][40] [uns()Xmem[]]， [uns(]Cmem[)]，ACx ::MAC[R][40] [uns()Ymem[]]， [uns()Cmem[]]，ACy >> #16	ACx ＝ M40(rnd(uns(Xmem) * uns(coef(Cmem)))， ACy ＝ M40(rnd((ACy >> #16) ＋ (uns(Ymem) *uns(coef(Cmem)))))	在一个指令周期内并行完成两次下列算术运算：两个操作数相乘，累加器右移 16 位后和两个操作数的乘积相加
MAC[R][40] [uns()Xmem[]]， [uns()Cmem[]]，ACx >>#16 ::MAC[R][40] [uns()Ymem[]]， [uns()Cmem[]]，ACy >>#16	ACx ＝ M40(rnd((ACx >> #16) ＋ (uns(Xmem) *uns(Cmem)))， ACy ＝ M40(rnd((ACy >> #16) ＋ (uns(Ymem) *uns(Cmem))))	在一个指令周期内同时完成下列算术运算：累加器右移 16 位后和两个操作数的乘积相加
MAS[R][40] [uns()Xmem[]]， [uns()Cmem[]]，ACx ::MAC[R][40] [uns()Ymem[]]， [uns()Cmem[]]，ACy >>#16	ACx ＝ M40(rnd(ACx － (uns (Xmem) * uns(Cmem)))，ACy ＝ M40(rnd((ACy >> #16) ＋ (uns(Ymem) *uns(Cmem))))	在一个指令周期内同时完成下列算术运算：累加器和两个操作数的乘积相减；累加器右移 16 位后和两个操作数的乘积相加
AMAR Xmem ::MAC[R][40] [uns()Ymem[]]， [uns(]Cmem[)]，ACx >>#16	mar(Xmem)， ACx ＝ M40(rnd((ACx >> #16) ＋ (uns(Ymem) *uns(Cmem))))	在一个指令周期内同时完成下列算术运算：修改操作数的值；累加器右移 16 位后和两个操作数的乘积相加
AMAR Xmem，Ymem，Cmem	mar(Xmem)，mar(Ymem)， mar(Cmem)	在一个指令周期内同时完成下列算术运算：修改操作数的值

9) 双 16 位算术指令

双 16 位算术指令利用 D 单元中的 ALU 在一个周期内完成两个并行的算术运算，包括一加一减、一减一加、两个加法或两个减法。

不同的双 16 位算术指令及其功能见表 3-26。

表 3-26　双 16 位算术指令

助记符指令	代 数 指 令	功 能
ADDSUB Tx，Smem，ACx	HI(ACx) = Smem + Tx，LO(ACx) = Smem − Tx	在一个指令周期内，在 D-ALU 中的高低位并行执行两个 16 位算术运算，在 ACx 的高 16 位保存两个操作数相加结果，在 ACx 的低 16 位保存两个操作数相减结果
SUBADD Tx，Smem，ACx	HI(ACx) = Smem − Tx，LO(ACx) = Smem + Tx	在一个指令周期内，在 D-ALU 中的高低位并行执行两个 16 位算术运算，在 ACx 的高 16 位保存两个操作数相减结果，在 ACx 的低 16 位保存两个操作数相加结果
ADD dual(Lmem)，[ACx，] ACy	HI(ACy) = HI(Lmem) + HI(ACx)，LO(ACy) = LO(Lmem) + LO(ACx)	在一个指令周期内，在 D-ALU 中的高低位并行执行两个 16 位算术运算，在 ACx 的高 16 位保存 32 位操作数和累加器高 16 位的相加结果，在 ACx 的低 16 位保存 32 位操作数和累加器低 16 位的相加结果
SUB dual(Lmem)，[ACx，] ACy	HI(ACy) = HI(Lmem) + HI(ACx)，LO(ACy) = LO(Lmem) + LO(ACx)	在一个指令周期内，在 D-ALU 中的高低位并行执行两个 16 位算术运算，在 ACx 的高 16 位保存累加器和 32 位操作数高 16 位的相减结果，在 ACx 的低 16 位保存累加器和 32 位操作数低 16 位的相减结果
SUB ACx，dual(Lmem)，ACy	HI(ACy) = HI(Lmem) − HI(ACx)，LO(ACy) = LO(Lmem) − LO(ACx)	
SUB dual(Lmem)，Tx，ACx	HI(ACx) = Tx − HI(Lmem)，LO(ACx) = Tx − LO(Lmem)	在一个指令周期内，在 D-ALU 中的高低位并行执行两个 16 位算术运算，在 ACx 的高 16 位保存 Tx 的内容和 32 位操作数高 16 位的相减、相加结果，在 ACx 的低 16 位保存 Tx 的内容和 32 位操作数低 16 位的相减、相加结果
ADD dual(Lmem)，Tx，ACx	HI(ACx) = HI(Lmem) + Tx，LO(ACx) = LO(Lmem) + Tx	
SUB Tx，dual(Lmem)，ACx	HI(ACx) = HI(Lmem) − Tx，LO(ACx) = LO(Lmem) − Tx	
ADDSUB Tx，dual(Lmem)，ACx	HI(ACx) = HI(Lmem) + Tx，LO(ACx) = LO(Lmem) − Tx	
SUBADD Tx，dual(Lmem)，ACx	HI(ACx) = HI(Lmem) − Tx，LO(ACx) = LO(Lmem) + Tx	

10) 带符号移位指令

不同的带符号移位指令及其功能见表 3-27。移位指令中的移位值由立即数、SHIFTW 或 Tx 内容确定。

表 3-27　不同的带符号移位指令及其功能

助记符指令	代 数 指 令	功　　能
SFTS dst，#–1	dst = dst >> #1	寄存器内容右移 1 位
SFTS dst，#1	dst = dst << #1	寄存器内容左移 1 位
SFTS ACx，Tx[，ACy]	ACy = ACx << Tx	累加器的内容根据 Tx 的内容左移
SFTSC ACx，Tx[，ACy]	ACy = ACx <<Tx	累加器的内容根据 Tx 的内容左移，移出位更新进位标示
SFTS ACx，#SHIFTW[，ACy]	ACy = ACx << #SHIFTW	累加器的内容左移
SFTSC ACx，#SHIFTW[，ACy]	ACy = ACx << #SHIFTW	累加器的内容左移，移出位更新进位标示

11）修改辅助寄存器(MAR)指令

不同的修改辅助寄存器(MAR)指令及其功能见表 3-28。

表 3-28　不同的修改辅助寄存器(MAR)指令及其功能

助记符指令	代 数 指 令	功　　能
AADD TAx，TAy	mar(TAy =TAy+TAx)	两个辅助寄存器或临时寄存器相加
AADD P8，TAx	mar(TAx + P8)	辅助寄存器或临时寄存器与程序地址相加
ASUB TAx，TAy	mar(TAy = TAy–TAx)	两个辅助寄存器或临时寄存器相减
AMOV TAx，TAy	mar(TAy = TAx)	用辅助寄存器或临时寄存器的内容给辅助寄存器或临时寄存器赋值
ASUB P8，TAx	mar(TAx = TAx–P8)	辅助寄存器或临时寄存器和程序地址相减
AMOV P8，TAx	mar(TAx = P8)	用 8 位有符号立即数给辅助寄存器或临时寄存器赋值
AMOV D16，TAx	mar(TAx = D16)	用 16 位数据地址给辅助寄存器或临时寄存器赋值
AMAR Smem	mar(Smem)	修改 Smem

12）修改堆栈指针指令

(1) 指令。

　　　　AADD k8，SP　　　　　；堆栈指针 SP 与 k8 相加，结果放入 SP 中

(2) 举例：

　　　　AADD #28，SP　　　　　；堆栈指针 SP 与 28 相加，结果放入 SP 中

13）隐含并行指令

隐含并行指令完成的操作包括：加—存储、乘加/乘减—存储、加/减—存储、装载—存储和乘加/乘减—装载。

不同的隐含并行指令及其功能见表 3-29。

表 3-29　不同的隐含并行指令及其功能

助 记 符 指 令	代 数 指 令	功　　　能
MPYM[R] [T3 =]Xmem，Tx，ACy:: MOV HI(ACx << T2)，Ymem	ACy = rnd(Tx * Xmem) [，T3 = Xmem]，Ymem = HI(ACx << T2)	并行执行以下运算：Tx 内容和操作数相乘，结果舍入后放入累加器 ACy；累加器 ACx 左移后高 16 位赋值给 Ymem
MACM[R] [T3 =]Xmem，Tx，ACy:: MOV HI(ACx << T2)，Ymem	ACy = rnd(ACy + (Tx * Xmem)) [，T3 = Xmem]，Ymem = HI(ACx << T2)	并行执行以下运算：Tx 内容和操作数相乘，再和累加器 ACy 相加，结果舍入后放入累加器 ACy；累加器 ACx 左移后高 16 位赋值给 Ymem
MASM[R] [T3 =]Xmem，Tx，ACy:: MOV HI(ACx << T2)，Ymem	ACy = rnd(ACy − (Tx * Xmem)) [，T3 = Xmem]，Ymem = HI(ACx << T2)	并行执行以下运算：Tx 内容和操作数相乘，再作为被减数和累加器 ACy 相减，结果舍入后放入累加器 ACy；累加器 ACx 左移后高 16 位赋值给 Ymem
ADD Xmem << #16，ACx，ACy:: MOV HI(ACy << T2)，Ymem	ACy = ACx + (Xmem << #16)，Ymem = HI(ACy << T2)	并行执行以下运算：操作数左移 16 位，再和累加器 ACx 相加，结果放入累加器 ACy；累加器 ACy 左移后高 16 位赋值给 Ymem
SUB Xmem << #16，ACx，ACy:: MOV HI(ACy << T2)，Ymem	ACy = (Xmem << #16) − ACx，Ymem = HI(ACy << T2)	并行执行以下运算：操作数左移 16 位，再减去累加器 ACx，结果放入累加器 ACy；累加器 ACy 左移后高 16 位赋值给 Ymem
MOV Xmem << #16，ACy:: MOV HI(ACx << T2)，Ymem	ACy = Xmem << #16，Ymem = HI(ACx << T2)	并行执行以下运算：操作数左移 16 位，结果放入累加器 ACy；累加器 ACx 左移后高 16 位赋值给 Ymem
MACM[R] [T3 =]Xmem，Tx，ACx:: MOV Ymem << #16，ACy	ACx = rnd(ACx + (Tx * Xmem)) [，T3 = Xmem]，ACy = Ymem << #16	并行执行以下运算：Tx 内容和操作数相乘，再和累加器 ACx 相加，结果舍入后放入累加器 ACx；操作数左移 16 位后，结果放入累加器 Acy
MASM[R] [T3 =]Xmem，Tx，ACx:: MOV Ymem << #16，ACy	ACx = rnd(ACx − (Tx * Xmem)) [，T3 = Xmem]，ACy = Ymem << #16	并行执行以下运算：Tx 内容和操作数相乘，再作为被减数和累加器 ACx 相减，结果舍入后放入累加器 ACx；操作数左移 16 位后，结果放入累加器 ACy

14) 绝对值指令

指令及其功能：

　　　ABS [src，] dst ;dst = |src|

15) FIR 滤波指令

不同的 FIR 滤波指令及其功能：

FIRSADD Xmem，Ymem，Cmem，ACx，ACy ;ACy = ACy + (ACx(32−16) * Cmem)

;ACx = (Xmem << #16) + (Ymem << #16)

FIRSSUB Xmem，Ymem，Cmem，ACx，ACy ;ACy = ACy + (ACx (32−16)* Cmem)

;ACx = (Xmem << #16) − (Ymem << #16)

16) 最小均方(LMS)指令

指令及其功能：

LMS Xmem，Ymem，ACx，ACy 　　　;ACy = ACy + (Xmem * Ymem)

;:: ACx = rnd(ACx + (Xmem << #16))

17) 平方差指令

指令及其功能：

SQDST Xmem，Ymem，ACx，ACy 　;ACy = ACy + (ACx(32−16) * ACx(32−16))

;ACx = (Xmem << #16) − (Ymem << #16)

2. 位操作指令

C55x 支持的位操作指令可以对操作数进行位比较、位计数、设置、扩展和抽取等操作。

1) 位域比较指令

指令及其功能：

BAND Smem，k16，TCx　;If(((Smem) AND k16) == 0)，TCx = 0

;else TCx = 1

2) 位计数

指令：

BCNT ACx，ACy，TCx，Tx　　;Tx = (ACx AND ACy)中 1 的个数

;若 Tx 为奇数，则 TCx=1；反之 TCx=0

3) 位域扩展和抽取指令

指令及其功能。

① 位域抽取：

BFXTR k16，ACx，dst　　　;从 LSB 到 MSB 将 k16 中非零位对应的 ACx 中的位抽取出来，

;依次放到 dst 的 LSB 中

② 位域扩展：

BFXPA k16，ACx，dst　　　;将 ACx 的 LSB 放到 k16 中非零位对应的 dst 中的位置上。

4) 存储器位操作指令

存储器位操作包括测试、清零、置位和取反。

不同的存储器位操作指令及其功能见表 3-30。

表 3-30　不同的存储器位操作指令及其功能

助记符指令	代 数 指 令	功　能
BTST src，Smem，TCx	TCx = bit(Smem，src)	以 src 的 4 个 LSB 为位地址，测试 Smem 的对应位
BNOT src，Smem	cbit(Smem，src)	以 src 的 4 个 LSB 为位地址，取反 Smem 的对应位
BCLR src，Smem	bit(Smem，src) = #0	以 src 的 4 个 LSB 为位地址，清零 Smem 的对应位
BSET src，Smem	bit(Smem，src) = #1	以 src 的 4 个 LSB 为位地址，置位 Smem 的对应位
BTSTSET k4，Smem，TCx	TCx = bit(Smem，k4)，bit(Smem，k4) = #1	以 k4 为位地址，测试并置位 Smem 的对应位
BTSTCLR k4，Smem，TCx	TCx = bit(Smem，k4)，bit(Smem，k4) = #0	以 k4 为位地址，测试并清零 Smem 的对应位
BTSTNOT k4，Smem，TCx	TCx = bit(Smem，k4)，cbit(Smem，k4)	以 k4 为位地址，测试并取反 Smem 的对应位
BTST k4，Smem，TCx	TCx = bit(Smem，k4)	以 k4 为位地址，测试 Smem 的对应位

5) 寄存器位操作指令

寄存器位操作包括测试、清零、置位和取反。

不同的寄存器位操作指令及其功能见表 3-31。

表 3-31　不同的寄存器位操作指令及其功能

助记符指令	代 数 指 令	功　能
BTST Baddr，src，TCx	TCx = bit(src，Baddr)	以 Baddr 的 6/4 个 LSB 为位地址，测试 src 的对应位(6 对应 src 是累加器，4 对应 src 是辅助或临时寄存器)
BNOT Baddr，src	cbit(src，Baddr)	以 Baddr 的 6/4 个 LSB 为位地址，取反 src 的对应位
BCLR Baddr，src	bit(src，Baddr) = #0	以 Baddr 的 6/4 个 LSB 为位地址，清零 src 的对应位
BSET Baddr，src	bit(src，Baddr) = #1	以 Baddr 的 6/4 个 LSB 为位地址，置位 src 的对应位
BTSTP Baddr，src	bit(src，pair(Baddr))	以 Baddr 的 6/4 个 LSB 为位地址，测试 Smem 连续的两个对应位

6) 状态位设置指令

状态位设置指令包括置位和清零。

不同的状态位设置指令及其功能见表 3-32。

表 3-32　不同的状态位设置指令及其功能

助记符指令	代数指令	功能
BCLR k4，STx_55	bit(STx，k4) = #0	以 k4 为位地址，清零 STx_55 中的对应位
BSET k4，STx_55	bit(STx，k4) = #1	以 k4 为位地址，置位 STx_55 中的对应位
BCLR f-name		按 f-name(状态标志名)寻址，清零 STx_55 中的对应位
BSET f-name		按 f-name(状态标志名)寻址，置位 STx_55 中的对应位

3. 扩展辅助寄存器操作指令

不同的扩展辅助寄存器操作指令及其功能见表 3-33。

表 3-33　不同的扩展辅助寄存器操作指令及其功能

助记符指令	代数指令	功能
MOV xsrc，xdst	xdst = xsrc	当 xdst 为累加器，xsrc 为 23 位时 xdst(31−23)=0，xdst(22−0)=xsrc 当 xdst 为 23 位，xsrc 为累加器时 xdst=xsrc(22−0)
AMAR Smem，XAdst	XAdst = (Smem)	把操作数载入寄存器 XAdst
AMOV k23，XAdst	XAdst = k23	把 23 位无符号立即数载入寄存器 XAdst
MOV dbl(Lmem)，XAdst	XAdst = dbl(Lmem)	把 32 位操作数的低 23 位载入寄存器 XAdst
MOV XAsrc，dbl(Lmem)	dbl(Lmem) = XAsrc	Lmem(22−0)=XAsrc，Lmem(31−23)=0 把 23 位寄存器 XAsrc 的内容载入 32 位操作数的低 23 位，其他位清零
POPBOTH xdst	xdst = popboth()	xdst(15−0)=(SP)，xdst(31−16)=(SSP) 当 xdst 为 23 位时，取 SSP 的低 7 位
PSHBOTH xsrc	pshboth(xsrc)	(SP)=xsrc(15−0)，(SSP)=xsrc(31−16) 当 xsrc 为 23 位时，(SSP)(6−0)= xsrc(22−16)，(SSP)(15−7)=0

4. 逻辑运算指令

C55x 的逻辑运算指令包括按位与/或/异或/取反、逻辑移位和循环移位。

1) 按位与/或/异或/取反指令

不同的按位与/或/异或/取反指令及其功能见表 3-34。

2) 逻辑移位

不同的逻辑移位指令及其功能见表 3-35。

表 3-34   不同的按位与/或/异或/取反指令及其功能

助 记 符 指 令	代 数 指 令	功　　能
NOT [src，] dst	dst = not(src)	寄存器按位取反
AND/OR/XOR src，dst	dst = dst AND/OR/XOR src	两个寄存器按位与/或/异或
AND/OR/XOR k8，src，dst	dst = k8 AND/OR/XOR src	8 位无符号立即数和寄存器按位与/或/异或
AND/OR/XOR k16，src，dst	dst = k16 AND/OR/XOR src	16 位无符号立即数和寄存器按位与/或/异或
AND/OR/XOR Smem，src，dst	dst = (Smem) AND/OR/XOR src	操作数和寄存器按位与/或/异或
AND/OR/XOR ACx << #SHIFTW[，ACy]	ACy = ACy AND/OR/XOR ACx << #SHIFTW	累加器 ACx 移位后和累加器 ACy 按位与/或/异或
AND/OR/XOR k16 << #16，[ACx，] ACy	ACy = ACx AND/OR/XOR k16 << #16	16 位无符号立即数左移 16 位后和累加器 ACx 按位与/或/异或
AND/OR/XOR k16 << #SHFT，[ACx，] ACy	ACy = ACx AND/OR/XOR k16 << #SHFT	16 位无符号立即数移位后和累加器 ACx 按位与/或/异或
AND/OR/XOR k16，Smem	(Smem) = (Smem) AND/OR/XOR k16	16 位无符号立即数和操作数按位与/或/异或

表 3-35   不同的逻辑移位指令及其功能

助 记 符 指 令	代 数 指 令	功　　能
SFTL dst，#1	dst = dst <<< #1	dst = dst << #1，CARRY＝移出的位
SFTL dst，#−1	dst = dst >>> #1	dst = dst >> #1，CARRY＝移出的位
SFTL ACx，Tx[，ACy]	ACy = ACx <<< Tx	若 Tx 超出了−32～31 的范围，则 Tx 被饱和为−32 或 31：ACy=ACx<<Tx
SFTL ACx，#SHIFTW[，ACy]	ACy = ACx <<< #SHIFTW	#SHIFTW 是 6 位值

3）循环移位

不同的循环移位指令及其功能如下：

ROL BitOut，src，BitIn，dst   ;将 BitIn 移进 src 的 LSB，src 被移出的位存放

;于 BitOut，此时的结果放到 dst 中

ROR BitIn，src，BitOut，dst   ;将 BitIn 移进 src 的 MSB，src 被移出的位存放

;于 BitOut，此时的结果放到 dst 中

5. 移动指令

C55x 的移动指令分为以下 4 种类型：累加器、辅助寄存器或临时寄存器装载、存储、移动和交换，存储单元间的移动及初始化，入栈和出栈以及 CPU 寄存器装载令、存储和移动。

1）累加器、辅助寄存器或临时寄存器装载、存储、移动和交换指令

不同的累加器、辅助寄存器或临时寄存器装载、存储、移动和交换指令及其功能见表 3-36。

表 3-36　不同的累加器、辅助寄存器或临时寄存器装载、存储、移动和交换指令及其功能

助记符指令	代 数 指 令	功　　能
MOV k4，dst	dst = K4	加载 4 位无符号立即数到目的寄存器
MOV –k4，dst	dst = –K4	4 位无符号立即数取反后加载到目的寄存器
MOV K16，dst	dst = K16	加载 16 位有符号立即数到目的寄存器
MOV Smem，dst	dst = Smem	操作数加载到目的寄存器
MOV[uns()high_byte(Smem)[]]，dst	dst = uns(high_byte(Smem))	16 位操作数的高位字节加载到目的寄存器
MOV [uns()low_byte(Smem)[]]，dst	dst = uns(low_byte(Smem))	16 位操作数的低位字节加载到目的寄存器
#16，ACx	ACx = K16 << #16	16 位有符号立即数移位后加载到累加器
MOV K16 << #SHFT，ACx	ACx = K16 << #SHFT	
MOV [rnd(]Smem << Tx[])，ACx	ACx = rnd(Smem << Tx)	16 位操作数根据 Tx 的内容移位，结果舍入后放入累加器
MOV low_byte(Smem) << #SHIFTW，ACx	ACx = low_byte(Smem) << #SHIFTW	16 位操作数高位字节移位后加载到累加器
MOV high_byte(Smem) << #SHIFTW，ACx	ACx = high_byte(Smem) << #SHIFTW	16 位操作数低位字节移位后加载到累加器
MOV Smem << #16，ACx	ACx = Smem << #16	16 位操作数左移 16 位后加载到累加器
MOV [uns()Smem[]]，ACx	ACx = uns(Smem)	16 位操作数加载到累加器
MOV [uns()Smem[]] << #SHIFTW，ACx	ACx = uns(Smem) << #SHIFTW	16 位操作数移位后加载到累加器
MOV[40] dbl(Lmem)，ACx	ACx = (Lmem)	32 位操作数加载到累加器
MOV Xmem，Ymem，ACx	LO(ACx) = Xmem，HI(ACx) = Ymem	ACx(15–0) = Xmem，ACx(39–16) = Ymem
MOV dbl(Lmem)，pair(HI(ACx))	pair(HI(ACx)) = Lmem	ACx(31–16)=HI(Lmem) AC (x+1)(31–16)=LO(Lmem)，x=0 or 2
MOV dbl(Lmem)，pair(LO (ACx))	pair(LO(ACx)) = Lmem	ACx(15–0)=HI(Lmem) AC (x+1)(15–0)=LO(Lmem)，x=0 or 2
MOV dbl(Lmem)，pair(TAx)	pair(TAx) = Lmem	TAx=HI(Lmem)TA(x+1)= LO(Lmem)，x=0 or 2
MOV src，Smem	pair(TAx) = Lmem	Smem = src(15–0)
MOV src，high_byte(Smem)	high_byte(Smem) = src	high_byte(Smem) = src(7–0)
MOV src，low_byte(Smem)	low_byte(Smem) = src	low_byte(Smem) = src(7–0)
MOV HI(ACx)，Smem	Smem = HI(ACx)	Smem = ACx(31–16)
MOV [rnd()HI(ACx)[]]，Smem	Smem = HI(rnd(ACx))	Smem = [rnd] ACx(31–16)
MOV ACx << Tx，Smem	Smem = LO(ACx << Tx)	Smem = (ACx << Tx)(15–0)
MOV [rnd()HI(ACx << Tx)[]]，Smem	Smem = HI(rnd(ACx << Tx))	Smem = [rnd](ACx << Tx)) (31–16)
MOV ACx << #SHIFTW，Smem	Smem = LO(ACx << #SHIFTW)	Smem = (ACx << #SHIFTW) (15–0)
MOV HI(ACx <<#SHIFTW)，Smem	Smem = HI(ACx << #SHIFTW)	Smem = (ACx << #SHIFTW) (31–16)

助记符指令	代数指令	功　　能
MOV [rnd()HI(ACx << #SHIFTW)[]], Smem	Smem = HI(rnd(ACx << #SHIFTW))	Smem = [rnd](ACx << #SHIFTW) (31−16)
MOV [uns() [rnd()HI(saturate (ACx)[]]], Smem	Smem = HI(saturate(uns(rnd(ACx))))	Smem = [uns]([rnd](sat (ACx(31−16))))
MOV [uns() [rnd()HI(saturate (ACx << Tx))[]]], Smem	Smem = HI(saturate(uns(rnd (ACx << Tx))))	累加器 ACx 根据 Tx 的内容移位,结果的高 16 位存储到 Smem
MOV [uns()(rnd()HI(saturate (ACx<<#SHIFTW))[])), Smem	Smem = [uns]([rnd](sat(HI(ACx << #SHIFTW))))	累加器 ACx 移位后,结果的高 16 位存储到 Smem
MOV ACx,dbl(Lmem)	dbl(Lmem) = ACx	Lmem = ACx(31−0)
MOV [uns()saturate(ACx)[]],dbl(Lmem)	dbl(Lmem) = saturate(uns (ACx))	Lmem = [uns](sat(ACx(31−0)))
MOV ACx >> #1,dual(Lmem)	HI(Lmem) =ACx(31−16) >> #1,LO(Lmem) = ACx(15−0) >> #1	累加器 ACx 的高 16 位右移一位后,结果储存到 Lmem 的高 16 位;累加器 ACx 的低 16 位右移一位后,结果存储到Lmem 的低 16 位
MOV pair(HI(ACx)),dbl(Lmem)	Lmem = pair(HI(ACx))	累加器 ACx 的高 16 位存储到 Lmem 的高 16 位;累加器 AC(x+1)的高 16 位存储到 Lmem 的低 16 位 HI(Lmem) = ACx(31−16) LO(Lmem) = AC(x+1)(31−16), x=0 or 2
MOV pair(LO(ACx)),dbl(Lmem)	Lmem = pair(LO(ACx))	累加器 ACx 的低 16 位存储到 Lmem 的高 16 位;累加器 AC(x+1)的低 16 位存储到 Lmem 的低 16 位 HI(Lmem) =ACx(15−0) LO(Lmem) = AC(x+1)(15−0), x=0 or 2
MOV pair(TAx),dbl(Lmem)	Lmem = pair(TAx)	HI(Lmem) = TAx LO(Lmem) = TA(x+1), x=0 or 2
MOV ACx,Xmem,Ymem	Xmem = LO(ACx),Ymem = HI(ACx)	累加器 ACx 的低 16 位存储到 Xmem;累加器 ACx 的高 16 位存储到 Ymem
MOV src,dst	dst = src	源寄存器的内容存储到目的寄存器
MOV HI(ACx),TAx	TAx = HI(ACx)	累加器 ACx 的高 16 位移动到 TAx
MOV TAx,HI(ACx)	HI(ACx) = TAx	TAx 的内容移动到累加器 ACx 的高 16 位
SWAP ARx,Tx	swap(ARx,Tx)	ARx <-> Tx
SWAP Tx,Ty	swap(Tx,Ty)	Tx <-> Ty
SWAP ARx,ARy	swap(ARx,ARy)	ARx <-> ARy
SWAP ACx,ACy	swap(ACx,ACy)	ACx <-> ACy
SWAPP ARx,Tx	swap(pair(ARx),pair(Tx))	ARx <-> Tx,AR(x+1) <-> Tx(x+1)
SWAPP T0,T2	swap(pair(T0),pair(T2))	T0 <-> T2,T1 <-> T3
SWAPP AR0,AR2	swap(pair(AR0),pair(AR2))	AR0<->AR2,AR1<->AR3
SWAPP AC0,AC2	swap(pair(AC0),pair(AC2))	AC0<->AC2,AC1<->AC3
SWAP4 AR4,T0	swap(block(AR4),block(T0))	AR4<->T0,AR5<->T1,AR6<->T2,AR7<->T3

2）存储单元间的移动及初始化

不同的存储单元间的移动及初始化指令及其功能见表 3-37。

表 3-37　不同的存储单元间的移动及初始化指令及其功能

助 记 符 指 令	代 数 指 令	功　　　能
DELAY Smem	delay(Smem)	(Smem+1)=(Smem) 将 Smem 的内容复制到下一个地址单元中，原单元的内容保持不变。常用于实现 Z 延迟
MOV Cmem，Smem	(Smem) = (Cmem)	将 Cmem 的内容复制到 Smem 指示的数据存储单元
MOV Smem，Cmem	(Cmem) = (Smem)	将 Smem 的内容复制到 Cmem 指示的数据存储单元
MOV K8，Smem	(Smem) = K8	将立即数加载到 Smem 指示的数据存储单元
MOV K16，Smem	(Smem) = K16	
MOV Cmem，dbl(Lmem)	Lmem = dbl(Cmem)	HI(Lmem) = (Cmem)， LO(Lmem) = (Cmem+1)
MOV dbl(Lmem)，Cmem	dbl(Cmem) = Lmem	(Cmem) = HI(Lmem)， (Cmem+1) = LO(Lmem)
MOV dbl(Xmem)，dbl(Ymem)	dbl(Ymem) = dbl(Xmem)	(Ymem) = (Xmem)， (Ymem+1) = (Xmem+1)
MOV Xmem，Ymem	(Ymem) = (Xmem)	Xmem 的内容复制到 Ymem

3）入栈和出栈指令

不同的入栈和出栈指令及其功能见表 3-38。

表 3-38　不同的入栈和出栈指令及其功能

助 记 符 指 令	代 数 指 令	功　　　能
POP dst1，dst2	dst1，dst2 = pop()	Dst1=(SP)，dst2=(SP+1)，SP=SP+2
POP dst	dst = pop()	dst=(SP)，SP=SP+1，若 dst 为累加器，则 dst(15-0)=(SP)，dst(39-16)不变
POP dst，Smem	dst，Smem = pop()	dst=(SP)，(Smem)=(SP+1)，SP=SP+2 若 dst 为累加器，则 dst(15-0)=(SP)，dst(39-16)不变
POP dbl(ACx)	ACx = dbl(pop())	ACx(31-16)=(SP)，ACx(15-0)=(SP+1)，SP=SP+2
POP Smem	Smem = pop()	(Smem)=(SP)，SP=SP+1
POP dbl(Lmem)	dbl(Lmem) = pop()	HI(Lmem)=(SP)，LO(Lmem)=(SP+1)，SP=SP+2
PSH src1，src2	push(src1，src2)	SP=SP−2，(SP)=src1，(SP+1)=src2 若 src1，src2 为累加器，则将 src(15-0)压入堆栈
PSH src	push(src)	SP=SP−1，(SP)=src 若 src 为累加器，则取 src(15−0)
PSH src，Smem	push(src，Smem)	SP=SP−2，(SP)=src，(SP+1)=Smem 若 src 为累加器，则取 src(15−0)
PSH dbl(ACx)	dbl(push(ACx))	SP=SP−2，(SP)=ACx(31−16)，(SP+1)=ACx(15−0)
PSH Smem	push(Smem)	SP=SP−1，(SP)=Smem
PSH dbl(Lmem)	push(dbl(Lmem))	SP=SP−2，(SP)=HI(Lmem)，(SP+1)=LO(Lmem)

4) CPU 寄存器装载、存储和移动指令

不同的 CPU 寄存器装载、存储和移动指令及其功能见表 3-39。

表 3-39　不同的 CPU 寄存器装载、存储和移动指令及其功能

助 记 符 指 令	代 数 指 令	功　　能
MOV k12，BK03	BK03 = k12	装载立即数到指定的 CPU 寄存器单元
MOV k12，BK47	BK47 = k12	
MOV k12，BKC	BKC = k12	
MOV k12，BRC0	BRC0 = k12	
MOV k12，BRC1	BRC1 = k12，BRS1 = k12	
MOV k12，CSR	CSR = k12	
MOV k7，DPH	DPH = k7	
MOV k9，PDP	PDP = k9	
MOV k16，BSA01	BSA01 = k16	
MOV k16，BSA23	BSA23 = k16	
MOV k16，BSA45	BSA45 = k16	
MOV k16，BSA67	BSA67 = k16	
MOV k16，BSAC	BSAC = k16	
MOV k16，CDP	CDP = k16	
MOV k16，DP	DP = k16	
MOV k16，SP	SP = k16	
MOV k16，SSP	SSP = k16	
MOV Smem，BK03	BK03 = Smem	把 Smem 指示的数据存储单元的内容装载到指定的 CPU 寄存器单元
MOV Smem，BK47	BK47 = Smem	
MOV Smem，BKC	BKC = Smem	
MOV Smem，BSA01	BOF01 = Smem	
MOV Smem，BSA23	BOF23 = Smem	
MOV Smem，BSA45	BOF45 = Smem	
MOV Smem，BSA67	BOF67 = Smem	
MOV Smem，BSAC	BOFC = Smem	
MOV Smem，BRC0	BRC0 = Smem	
MOV Smem，BRC1	BRC1 = Smem	
MOV Smem，CDP	CDP = Smem	
MOV Smem，CSR	CSR = Smem	
MOV Smem，DP	DP = Smem	
MOV Smem，DPH	DPH = Smem	
MOV Smem，PDP	PDP = Smem	
MOV Smem，SP	SP = Smem	
MOV Smem，SSP	SSP = Smem	
MOV Smem，TRN0	TRN0 = Smem	
MOV Smem，TRN1	TRN1 = Smem	

助 记 符 指 令	代 数 指 令	功　　能
MOV dbl(Lmem)，RETA	RETA = dbl(Lmem)	把 Lmem 指示的数据存储单元的内容装载到指定的 CPU 寄存器单元 CFCT=Lmem(31−24)，RETA=Lmem(23−0)
MOV BK03，Smem	Smem = BK03	把指定的 CPU 寄存器单元的内容存储到 Smem 指示的数据存储单元
MOV BK47，Smem	Smem = BK47	
MOV BKC，Smem	Smem = BKC	
MOV BSA01，Smem	Smem = BOF01	
MOV BSA23，Smem	Smem = BOF23	
MOV BSA45，Smem	Smem = BOF45	
MOV BSA67，Smem	Smem = BOF67	
MOV BSAC，Smem	Smem = BOFC	
MOV BRC0，Smem	Smem = BRC0	
MOV BRC1，Smem	Smem = BRC1	
MOV CDP，Smem	Smem = CDP	
MOV CSR，Smem	Smem = CSR	
MOV DP，Smem	Smem = DP	把指定的 CPU 寄存器单元的内容存储到 Smem 指示的数据存储单元
MOV DPH，Smem	Smem = DPH	
MOV PDP，Smem	Smem = PDP	
MOV SP，Smem	Smem = SP	
MOV SSP，Smem	Smem = SSP	
MOV TRN0，Smem	Smem = TRN0	
MOV TRN1，Smem	Smem = TRN1	
MOV RETA，dbl(Lmem)	dbl(Lmem) = RETA	把指定的 CPU 寄存器单元的内容存储到 Lmem 指示的数据存储单元 Lmem(31−24)= CFCT，Lmem(23−0) = RETA
MOV TAx，BRC0	BRC0 = TAx	把 TAx 的内容移动到指定的 CPU 寄存器单元
MOV TAx，BRC1	BRC1 = TAx，BRS1 = TAx	
MOV TAx，CDP	CDP = TAx	
MOV TAx，CSR	CSR = TAx	
MOV TAx，SP	SP = TAx	
MOV TAx，SSP	SSP = TAx	
MOV BRC0，TAx	TAx = BRC0	把指定的 CPU 寄存器单元的内容移动到 TAx
MOV BRC1，TAx	TAx = BRC1	
MOV CDP，TAx	TAx = CDP	
MOV RPTC，TAx	TAx = RPTC	
MOV SP，TAx	TAx = SP	
MOV SSP，TAx	TAx = SSP	

6. 程序控制指令

程序控制指令用于控制程序的流程，包括跳转指令、调用与返回指令、中断与返回指令、重复指令等。

1) 跳转指令

不同的跳转指令及其功能见表 3-40。

表 3-40　不同的跳转指令及其功能

助记符指令	代数指令	功　　能
B ACx	goto ACx	跳转到由累加器 ACx(23～0)指定的地址，即 PC=ACx(23～0)
B L7	goto L7	跳转到标号 L7，L7 为 7 位长的相对 PC 的有符号偏移
B L16	goto L16	跳转到标号 L16，L16 为 16 位长的相对 PC 的有符号偏移
B P24	goto P24	跳转到由标号 P24 指定的地址，P24 为绝对程序地址
BCC l4，cond	if (cond) goto l4	条件为真时，跳转到标号 I4 处，I4 为 4 位长的相对 PC 的无符号偏移
BCC L8，cond	if (cond) goto L8	条件为真时，跳转到标号 L8 处，L8 为 8 位长的相对 PC 的有符号偏移
BCC L16，cond	if (cond) goto L16	条件为真时，跳转到标号 L16 处，L16 为 16 位长的相对 PC 的有符号偏移
BCC P24，cond	if (cond) goto P24	条件为真时，跳转到标号 P24 处，P24 为 24 位长的绝对程序地址
BCC L16，ARn_mod != #0	if (ARn_mod != #0) goto L16	当指定的辅助寄存器不等于 0 时，跳转到标号 L16 处，L16 为 16 位长的相对 PC 的有符号偏移
BCC[U] L8，src RELOP K8	compare (uns(src RELOP K8)) goto L8	当 src 与 K8 的关系满足指定的关系时，跳转到标号 L8 处，L8 为 8 位长的相对 PC 的有符号偏移

注：周期 x/y 中 x 表示条件为真时的周期数，y 表示条件为假时的周期数。

2) 调用与返回指令

不同的调用与返回指令及其功能见表 3-41。

表 3-41　不同的调用与返回指令及其功能

助记符指令	代 数 指 令	功 能
CALL Acx	call ACx	调用地址等于累加器 ACx(23～0)、L16 或 P24 的子程序，过程如下：(1) 将 RETA(15～0)压入 SP，CFCT 与 RETA(23～16)压入 SSP；(2) 将返回地址写入 RETA，将激活的控制流程环境参数写入 CFCT；(3) 将子程序地址装入 PC，并设置相应的激活标志
CALL L16	call L16	
CALL P24	call P24	
CALLCC L16，cond	if (cond) call L16	当条件为真时，执行调用。调用过程同无条件调用
CALLCC P24，cond	if (cond) call P24	
RET	return	从子程序返回，过程如下： (1) 将 RETA 的值写入 PC，更新 CFCT； (2) 从 SP 和 SSP 弹出 RETA 和 CFCT 的值
RETCC cond	if (cond) return	当条件为真时，执行返回，过程同无条件返回

3) 调用与返回指令

INTR k5　　;程序执行中断服务子程序，中断向量地址由中断向量指针(IVPD)和 5 比

TRAP k5　　;特无符号数确定

RETI　　　　;PC=中断任务的返回地址

4) 重复指令

不同的重复指令及其功能见表 3-42。

表 3-42　不同的重复指令及其功能

助记符指令	代 数 指 令	功 能
RPT CSR	repeat(CSR)	重复执行下一条指令(CSR)+1 次
RPT k8	repeat(k8)	重复执行下一条指令 k8+1 次
RPT k16	repeat(k16)	重复执行下一条指令 k16+1 次
RPTADD CSR，TAx	repeat(CSR)，CSR += TAx	重复执行下一条指令(CSR)+1 次，CSR=CSR+TAx
RPTADD CSR，k4	repeat(CSR)，CSR += k4	重复执行下一条指令(CSR)+1 次，CSR=CSR+k4
RPTSUB CSR，k4	repeat(CSR)，CSR –= k4	重复执行下一条指令(CSR)+1 次，CSR=CSR–k4
RPTCC k8，cond	while (cond && (RPTC < k8)) repeat	当条件满足时，重复执行下一条指令 k8+1 次
RPTB pmad	blockrepeat{ }	重复执行一段指令，次数=(BRC0/1)+1。指令块最长为 64 KB
RPTBLOCAL pmad	bocalrepeat{ }	重复执行一段指令，次数=(BRC0/1)+1。指令块最长为 64 KB，仅限于 IBQ 内的指令

5) 其他程序控制指令

程序控制指令还包括条件执行、空闲(IDLE)、空操作(NOP)和软件复位，指令及功能如下：

XCC [label，]cond	;当条件满足时，执行下面一条指令
XCCPART [label，]cond	;当条件满足时，执行下面两条并行指令
IDLE	;空闲
NOP	;空操作，PC=PC+1
NOP_16	;空操作，PC=PC+2
RESET	;软件复位

3.4 C 语言程序规则

3.4.1 面向 DSP 的 C/C++ 程序设计原则

1. 面向 DSP 的 C/C++ 程序设计与通用计算机上的 C/C++ 程序设计的比较

面向 DSP 的 C/C++ 程序设计与通用计算机上的 C/C++ 程序设计有很多不同之处，这也正是面向 DSP 的 C/C++ 程序设计的特色所在。在通用计算机上开发 C/C++ 语言程序，程序运行界面受到了高度的重视，目前已经出现了专门设计人机界面的程序开发人员。在 DSP 上编写 C/C++ 程序，是没有任何界面可言的，这时的人机接口是来自受 DSP 控制的终端，C/C++ 程序起到管理和控制的作用，类似于操作系统软件的作用，但是，面向 DSP 的 C/C++ 程序应属于应用程序的范畴。

通用计算机上的 C/C++ 语言程序与面向 DSP 的 C/C++ 语言程序最本质的区别在于：前者是大量数据的集中式处理过程，而后者是针对极少数据点的实时处理过程。计算机是将全部数据作为一个输入向量，进行足够长时间的处理，得出所需要的高精度的结果。在这个过程中，尽可能采用快速算法以节约时间，但是并不要求计算机仿真的时间与现实的时间相等，即不要求具有实时性。所谓实时性，主要是针对离散系统来讲的，即要求在采样时间间隔内，DSP 完成所有需要处理的数据处理任务，并处于空闲状态(或进程)，等待下一个采样点的数据到来。数据到达后，根据信号处理算法的需要，可能会与前面到达的数据联合处理，也可能单独处理。不论采用哪一种处理方式，下一点数据到达之前的瞬间，该点数据所属的所有处理进程必须处理完毕，下一点的数据一旦到达，DSP 将开始下一点的数据处理。

另一种情况例外，就是并行处理。根据并行处理方式的不同，着眼点不同，实时性的含义略有差异。但就并行处理的一般含义而言，通常并不一定要求逐个数据点连续的进程的实时性，但要求多个并行进程必须是实时的。也就是说，面向 DSP 的 C/C++ 程序设计不像通用计算机那样单纯对数据流进行处理，它兼顾了数据流和时序机制的处理。时序机制是定义 DSP 工作能力的一个重要指标，包括了 DSP 的内部工作频率和 DSP 与所有外设进行通信的时钟频率，以及在时序驱动下的数据流格式定义等。时序机制决定了 DSP 的实时处理能力，目前的一些 DSP 器件的时序机制能完成基带内的几乎全部数字信号处理。

　　通用计算机上的 C/C++ 程序设计有直观的输入和输出设备,可以直接观察运行的结果,无需借助一些示波器等的仪器。而面向 DSP 的 C/C++ 程序设计是没有直观的输入、输出设备的,它的输入和输出均为映射存储空间的某个或某些地址及其这个地址中的数据。实际上,DSP 也只能访问(包括读和写)它的映射存储空间,虽然这个空间不一定是实在的东西,对这个空间的访问可以在 DSP 的外设上反映出来,这个反映必须借助于如数字示波器、逻辑分析仪等观测设备进行辅助分析。

　　通用计算机的 C/C++ 程序设计的数据来源可以由计算机的信号处理软件仿真产生,也可以通过计算机接口接收外部的实时数据。如果时序机制允许的话,计算机也会实现一些实时运算,因此计算机可以对数据流进行集中处理,也可以完成一些低速实时处理。但是面向 DSP 的 C/C++ 程序设计的数据来源只能是外部 A/D 送来的。DSP 的数据存储区是相对有限的,它不可能完成大量数据流的集中处理,即使是运算的中间结果,也不可能太多。

　　通用计算机上的 C/C++ 语言程序设计是要杜绝出现死循环的,而面向 DSP 的 C/C++ 程序设计却是必然出现死循环才行,这也是两者程序设计的又一个明显区别。

　　由于计算机的 CPU 和 DSP 的 CPU 在本质上和工作原理上是一致的,所以,面向 DSP 的 C/C++ 程序设计与通用计算机上的 C/C++ 程序设计又具有本质上的一致性,即有类似的编程风格、类似的程序框架、类似的编译执行过程,以及基本类似的设计思想。

　　2. 设计原则

　　面向 DSP 的 C/C++ 程序设计,有一条基本原则,即 C/C++ 程序不但需要对数据流进程进行编程,也要对时序机制进行编程,两者是同样重要的。在编程风格上,要求程序简练、高效。

　　在面向对象的 C/C++ 程序设计过程中,利用其数据的封装性等一些 C++ 的特性,对于通用计算机的程序设计是一种有效的方法。但是,在目前 DSP 运行速度不够高的情况下,C++ 的这些特性不一定有优势,原因在于:其一,DSP 强调实时处理,容许的数据量小;其二,C++ 的编译执行效率可能没有 C 语言成熟。CCStudio 几乎支持标准 C++ 的所有语法,所有能在 Borland C++ 3.1 上调试通过的标准 C++程序(流库除外),可以不加修改地在 CCStudio 上运行。

　　特别需要指出的是,CCStudio 不支持 C++ 的流库。CCStudio 对一些 C++ 库函数的支持,都仅仅是对 C 语言函数的少量扩充。不提倡完全采用 C++ 的方法来设计程序。但是,使用 DSP/BIOS 进行程序设计时,具有明显的 C++ 特性。对于 C++ 的程序,应使用.cpp 的扩展名,也可在编译选项中进行设置。对于 C 程序,采用.c 的扩展名。凡是 C 程序均可采用 C++ 编译器编译通过。在 CCStudio 中,C 语言依然是 C++ 的一个真子集。

　　TMS320C55x C/C++ 编译器支持由 ISO 委员会制定的 C/C++ 语言标准来使 C 编程语言标准化。

　　C55x 支持的 C++ 语言在 ISO/IEC14882—1998 C++ 标准中定义,并在 The Annotated C++ Reference Manual(ARM)中有详细描述。另外,许多来自 ISO/IEC14882—1998 C++ 标准也得到扩展。

3.4.2　TMS320C55x C/C++ 语言的特性

1. TMS320C55x C 的特性

ISOC 标准确定了受目标处理器、运行时间环境或主机环境特性影响的 C 语言的某些特征。由于效率或实用性的原因，这一特征的设置在标准编译器间是不同的。本节描述了如何使用 C55x C/C++ 编译器实现这些特性。

1) 标示符和常量

(1) 所有标识符的所有特性都是很重要的。标识符是区分大小写的。这些特性适用于所有标识符，包括内部的和外部的。

(2) 源(主体)和执行(目标)字符设置假设为 ASCII。这里没有多字节字符。

(3) 字符或字符串常量的十六进制或八进制溢出序列可能有 32 比特。

(4) 多字符的字符常量编码为序列中的最后一个字符。例如，'abc'=='c'。

2) 数据类型

(1) size_t 类型是 sizeof 操作数的结果，属于无符号整型。

(2) ptrdiff_t 类型是指针减的结果，属于整型。

3) 变换

(1) 浮点到整型变换向 0 截断。

(2) 指针和整型可以自由变换，只要结果类型足够长以保持初始值。

4) 表达式

(1) 当两个有符号整数相除且其中一个是负的，则商是负的。余数的符号和分子的符号相同。斜线(/)标志用来查找商，而百分号(%)用来查找余数。例如，10/-3==-3，-10/3==-3，10%-3==1，-10%3==-1，有符号取模操作取被除数的符号。

(2) 有符号数的右移是一个算数移位，也就是要保留符号。

5) 声明

(1) 寄存器储存种类对所有字符、短整型、整型和指针类型都有效。

(2) 结构体成员被打包成字。

(3) 被定义为整数的一个位字段是有符号的。位字段打包成字且不跨越字边界。

(4) 中断关键字只适用于没有参数的 void 函数。

2. TMS320C55x C++ 的特征

C55x 编译器支持在 ISO/IEC 14882—1998 C++ 标准中定义的 C++，以下内容除外：

(1) 不包含完全 C++ 标准库支持，尤其是输入输出流库。包含 C 子集和基本语言支持。

(2) 不支持异常处理。

(3) 默认情况下禁止运行时间类型信息(RTTI)。RTTI 允许在运行时间决定一个目标类型。它可以通过 -rtti shell 选项使能。

(4) 包含的 C++ 标准库头文件只有<typeinfo>和<new>。而在 typeinfo 头文件中，不包含对 bad_cast 或 bad_type_id 的支持。

(5) C 库工具的 C++ 头文件不包含<clocale>、<csignal>、<cwchar>和<cwctype>。

(6) 如果类不相关，那么 reinterpret_cast 类型不允许两个类指针成员互相转换。

(7) 如在[temp.res]和[temp.dep]标准中描述的一样，在模板中绑定的双状态名是不被执行的。

(8) 模板参数不被执行。

(9) 模板的 export 关键字不被执行。

(10) 一个类成员模板的局部特殊化不能加在类定义的外部。

3.5　C 语言与汇编混合编程

3.5.1　混合编程中的参数传递和寄存器使用

在很多 DSP 应用中都使用 C 语言和汇编语言进行混合编程。C 语言具有可读性高、便于维护和可移植性好等优点，然而汇编语言具有实时运行效率高和代码效率高的优点。使用汇编语言可以更充分地利用 DSP 的硬件资源，例如乘累加单元、单指令重复、块重复和块移动等。

某些程序使用汇编语言编写时，实时运行效率是 C 语言的几十倍或更多，运算量越大，汇编语言编写的程序实时运行效率越明显。用 C 语言函数调用汇编子程序和 C 语言函数一样有参数传递和返回问题，下面介绍用 C 语言函数调用 C55x 汇编子程序的方法。

1. C 语言和汇编语言之间名称转换

C 语言函数调用汇编子程序时，汇编程序所有变量名和子函数名需加前缀下划线"_"，例如使用_sum 作为汇编语言程序子函数名。如果汇编程序中定义了变量，必须加前缀下划线，C 语言函数才能使用该变量。前缀"_"只在 C 编译时使用，当我们用 C 语言函数调用汇编子程序和变量时，不需要加前缀"_"。以下是 C 语言函数调用汇编子程序的例子。

```
//C 源程序:
    extern int sum(int *);                    //参考一个汇编函数
    int x[4]={0x1223，0x345，0x2345，0x3444};   //定义全局变量并初始化
    int s;                                    //定义全局变量
    void main()
    {
    s=sum(x);
        while(1);
        }
//汇编子程序:
    .global _sum
     _sum
         rptz ac0，#3
         add *ar0+，ac0
```

```
        mov ac0，t0
        ret
```

以下程序为在 C 语言程序中调用汇编语句的例子：

```
    void INTR_init( void )
    {
        IVPD=0xd0;
        IVPH=0xd0;
        IER0=0x10;
        DBIER0 =0x10;
        IFR0=0xffff;
        asm(" BCLR INTM");     //在线汇编


    }
```

2. 变量定义及编译模式

1) 变量定义

当 C 语言函数和汇编子程序使用同一变量时，在汇编子程序中，这些变量名必须使用 .global、.def 或 .ref 定义成全局变量。

2) 编译模式

使用 C 编译器，在进入汇编程序时，C55x 的 CPL(编译模式位)自动被置"1"，相对寻址模式使用堆栈指针 SP。如果在汇编程序中需要使用相对直接寻址模式访问数据存储器，则必须改成数据页 DP 直接寻址模式，这可以通过清 CPL 位实现。在返回 C 语言调用程序前，CPL 位必须重新置"1"。

3. 参数传递及返回值

1) 参数传递

从 C 语言函数传递参数到汇编子程序，必须严格遵守 C 语言调用转换规则。传递一个参数，C 编译器安排它一个特定的数据类型，并把它放到相应数据类型的寄存器里，C55x 的 C 编译器使用以下三种典型的数据类型：

(1) 数据指针：int *或 long *；

(2) 16 位数据：char、short 或 int；

(3) 32 位数据：long、float、double 或函数入口。

如果参数指向数据内存，则它们作为数据指针；如果参数能放到一个 16 位的寄存器里，则它作为 16 位数据，例如数据类型为 int 和 char，否则作为 32 位数据。参数也可以是结构体，一个结构体是两个字(32 位)，或少于两个字，将作为 32 位参数，并使用 32 位寄存器传递；超过两个字的结构体，使用参考点传递参数，C 编译器将使用指针来传递结构体的地址，这个指针作为一数据参数。

在子程序调用中，函数中的参数按一定顺序安排到寄存器中，参数存放寄存器和其数据类型相对应，表 3-43 所示为参数类型和寄存器安排顺序表。

表 3-43　参数类型和寄存器安排顺序表

参数类型	寄存器安排顺序
16 位数据指针	AR0，AR1，AR2，AR3，AR4
32 位数据指针	XAR0，XAR1，XAR2，XAR3，XAR4
16 位数据	T0，T1，AR0，AR1，AR2，AR3，AR4
32 位数据	AC0，AC1，AC2

由表 3-43 可见，辅助寄存器既可作为数据指针又可以作为 16 位数据寄存器，例如 T0
和 T1 保存了 16 位数据参数，并且 AR0 已经保存了一个数据指针参数，那么第三个 16 位
参数数据将放到 AR1。

2）参数返回值

对于被调用的子程序的返回值，不同类型的参数使用的寄存器也有所不同。例如：当
返回一个 16 位数据时使用 T0；当返回一个 32 位数据时使用 AC0；当返回一个数据指针时
使用 XAR0；当返回一个结构体时，这个结构体保存在当前的堆栈里。

3）应用实例

以下是几个参数传递和返回值使用寄存器的例子。

(1) 返回值存放于 T0，参数传递时，16 位数据 i 使用 T0，16 位数据指针*k 使用 AR0，
32 位数据 p 使用 AC0。函数定义及使用寄存器关系表示如下：

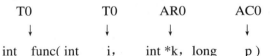

(2) 返回值存放于 AC0，参数传递时，16 位数据 i 使用 T0，16 位数据指针*k 使用 AR0，
16 位数据 p 使用 T1，16 位数据 n 使用 AR1。函数定义及使用寄存器关系表示如下：

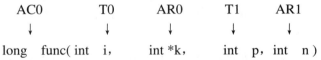

(3) 返回值存放于 AC0，参数传递时，16 位数据 i 使用 T0，16 位数据指针*k 使用 AR0，
32 位数据 p 使用 AC0，16 位数据 n 使用 T1。函数定义及使用寄存器关系表示如下：

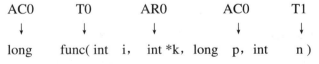

4. 寄存器的使用和保存

当使用一个函数调用时，调用函数和被调用函数之间寄存器的安排和保存已经被严格
定义。当被调用函数需使用 T2、T3、AR5、AR6、AR7 和 AC3 这些寄存器时，在使用之
前必须先将其内容保存。使用压栈来保存这些寄存器的内容，在返回前按照先入后出顺序
弹栈将其内容恢复。被调用函数可以自由使用 AC0～AC2、T0、T1、AR0～AR4 这些寄存
器，不需要预先保存再恢复。如果调用函数需要使用 AC0～AC2、T0、T1、AR0～AR4 这
些寄存器的内容，在进入被调用函数之前，需要先将其内容压栈保存。

3.5.2　C 语言和汇编语言混合编程实例

本实例内容是使用 C 语言和汇编语言进行混合编程。具体方法是先用汇编语言编写一个 "两个数组乘累加运算" 的子程序，再编写一个 "调用汇编子程序的 C 主函数"，两者之间的关系是：C 主函数将两个数组的首地址和长度传递给汇编子程序，汇编子程序将运算结果返回给 C 主函数。乘累加公式如下：

$$y = \sum_{i=0}^{i=n-1} x_i \times a_i$$

首先新建一个工程文件，然后再新建一个 .c 源文件、一个 .asm 汇编源文件和一个 .cmd 命令文件，分别把下面的程序清单输入到这些文件当中，保存并将其添加到工程之中。

1. C 语言程序

```
extern int mac1(int *, int *, int );
extern long mac2(int *, int *, int );
extern int mac3(int *, int *, int );
int x[4]={0x1223, 0x345, 0x2345, 0x3444};
int a[4]={0x4567, 0x345, 0x786, 0x4332};
int n=4;    int s1;    long s2;    int s3;
int sum();
void main()
{    int s4;
     s4=sum();
     s1=mac1(x, a, n);            //*ar0=x[0], *ar1=a[0], t0=n, 返回值存储在 t0 中
     s2=mac2(x, a, n);            //*ar0=x[0], *ar1=a[0], t0=n, 返回值存储在 ac0 中
     s3=mac3(x, a, n);
                                  //*ar0=x[0], *ar1=a[0], t0=n, 返回值存储在 t0 中
     while(1);
}
int sum()
{    int s;int k=3;    int l=9; s=k+l;
     return(s);
}
```

2. 汇编程序

```
.global _mac1, _mac2, _mac3
_mac1      ;int mac1(int *,  int *,   int )
           ;first data  second data    window length
           ;返回值是 16 位, 存入 t0
     sub        #1, t0
```

```
            mov         t0，mmap(csr)
            mov         #0，ac0
            rpt         csr
            mac         *ar0+，*ar1+，ac0
            mov         ac0，t0
            ret
_mac2       ;long mac2(int *，    int *，          int )
            ;first data   second data    window length
            ;返回值是 32 位，存入 ac0
            sub         #1，t0
            mov         t0，mmap(csr)
            mov         #0，ac0
            rpt         csr
            mac         *ar0+，*ar1+，ac0
            ret
_mac3       ;int mac3(int *，int *，int )
            ;First data   second data   window length
            ;All data is Q15
            ;返回值是 16 位，存入 ac0
            bset        frct
            sub         #1，t0
            mov         t0，mmap(csr)
            mov         #0，ac0
            rpt         csr
mac     *ar0+，*ar1+，ac0
            mov         hi(ac0)，t0
            bclr        frct
            ret
            .end
```

3. 命令文件

```
-stack       0x500          /*   主堆栈大小     */
-sysstack 0x500             /*    次堆栈大小    */
-c                          /* 使用 C 链接规则：运行时自动初始化变量 */
-u _Reset                   /*    Force load of reset interrupt
                                        handler                    */
/* SPECIFY THE SYSTEM MEMORY MAP 指定系统内存映射*/
MEMORY
{
```

```
    PAGE 0:                        /* Unified Program/Data Address Space 数据地址空间  */
    RAM   (RWIX):      origin = 0x000100，length = 0x01ff00
                                   /* 128Kb page of RAM      */
    ROM   (RIX) :      origin = 0x020100，length = 0x01ff00
                                   /* 128Kb page of ROM      */
    VECS (RIX) :      origin = 0xffff00，length = 0x000100
                                   /* 256-byte int vector256 字节整型向量 */
    PAGE 2:                    /*      64K-word I/O Address Space 64K 字 I/O 地址空间    */
    IOPORT (RWI): origin = 0x000000，length = 0x020000
}
/* SPECIFY THE SECTIONS ALLOCATION INTO MEMORY */
SECTIONS
{
    .text  >    ROM       PAGE 0   /* Code 代码    */
    /* These sections must be on same physical memory page
            when small memory model is used */
    .data       >    RAM     PAGE 0
                                /* Initialized vars    初始化变量 */
    .bss        >    RAM     PAGE 0
                                /* Global & static vars 全局静态变量   */
    .const      >    RAM     PAGE 0
                                /* Constant data 常量        */
    .sysmem  >    RAM     PAGE 0
    .stack >     RAM       PAGE 0   /* Primary system stack 主系统堆栈   */
    .sysstack   >    RAM      PAGE 0 /* Secondary system stack 次系统堆栈*/
    .cio        >    RAM       PAGE 0 /* C I/O buffers   C I/O 缓冲*/
    /* These sections may be on any physical memory page
        when small memory model is used              */
    .switch     >    RAM     PAGE 0
                                /* Switch statement tables      switch 语句列表*/
    .cinit      >    RAM     PAGE 0
                                /* Auto-initialization tables 自动初始化列表   */
    .pinit      >    RAM     PAGE 0
                                /* Initialization fn tables 初始化 fn 列表   */
    .vectors    >    VECS    PAGE 0
                                /*     中断向量      */
    .ioport     >    IOPORT  PAGE 2
                                /*      全局静态 IO 变量      */
}
```

本 章 小 结

　　本章主要介绍汇编语言、C 语言以及混合编程的编程方法。C 语言编程是当前 DSP 应用开发的主流，需要深入掌握。设计良好的混合编程软件既能有效地满足嵌入式系统对功能与性能的需求，同时也可以为程序的扩展和移植预留足够的空间。混合编程是编制复杂软件的有效方法，同时也是嵌入式系统软件最优化的重要途径。

思 考 题

1. 汇编语句格式包含哪几个部分？
2. C55x 处理器的汇编指令系统可以分为哪几类？
3. 用汇编语言实现加减法计算 $z = x + y - w$。
4. C 语言和汇编语言的混合编程方法主要有几种？各有什么特点？
5. 为什么通常需要采用 C 语言和汇编语言的混合编程方法？
6. C 语言和汇编语言的混合编程的方法有哪些？

第 4 章　DSP 芯片结构与基本例程

可编程 DSP 芯片是一种具有特殊的硬件结构和设计的微处理器，可以实现快速的数字信号处理运算。由于其结构的特殊性，使它区别于通常的 CPU 或 MCU(微控制器)，具有高速的数据运算能力。与传统单片机相比，DSP 集成度更高，中央处理单元(CPU)速度更快，存储容量更大，一般 DSP 器件单指令执行时间比 16 位单片机快 8～10 倍，完成一次乘加运算快 16～30 倍。TMS320C55x 数字信号处理器是在 TMS320C54x 的基础上发展起来的新一代低功耗、高性能数字信号处理器。本章以 TMS320C55x 系列为例，详细介绍 DSP 芯片的 CPU、总线、存储空间和片内外设等硬件结构和资源。其他类型 DSP 芯片的设计思想与此大同小异，只是针对不同的应用领域，各有特点和侧重而已。

4.1　TMS320C55x 芯片的基本性能

TMS320C55x 芯片的内部硬件组成框图如图 4-1 所示。

TMS320 系列 DSP 芯片的主要硬件特点包括：哈佛结构、流水线操作、多总线、多处理单元、硬件配置强、耗电省。这些特点配合以特殊的 DSP 指令和快速的指令周期，使得 TMS320 系列 DSP 芯片可以实现快速的数字信号处理的运算与控制，并使大部分运算能够在一个指令周期内完成。由于 TMS320 系列 DSP 芯片是软件可编程的器件，因此具有通用微处理器具有的方便灵活的特点。

4.1.1　TMS320C55x DSP 的特性和基本配置

TMS320C55x 采用了新的半导体工艺，时钟和功耗都比 TMS320C5C54x 系列都有很大的提高，CPU 内部增加了大量的功能单元，从而增强了 DSP 的运算能力，相比较 TMS320C5C54x 系列，具有更高的性能和更低的功耗。这些特点使之在无线通信领域、电子消费领域、便携式个人数字系统领域以及数字语音压缩电话系统和图像编解码系统中得到更加广泛的应用。TMS320C55x 的主要特征表现在以下方面。

1. 内核

TMS320C55x 是高性能、低功耗定点数字信号处理器，指令周期为 20 ns 或 10 ns，时钟频率为 50 MHz 或 100 MHz，每个周期执行一条或两条指令，具有双乘法器(每秒高达 2 亿次乘加运算 MMACS)，两个算数/逻辑单元(ALU)，三根内部数据/操作度数总线和两根内部数据/操作数写总线；具有 320K 字节零等待状态偏上 RAM，包括 64K 字节双存取 RAM(DARAM)，8 个 4K × 16 位数据块，256K 字节单存取 RAM(SARAM)，32 个 4K × 16 位数据块，且具有 128K 字节零等待状态片上 ROM。

TMS320C55x 内核的主要特性如表 4-1 所示。

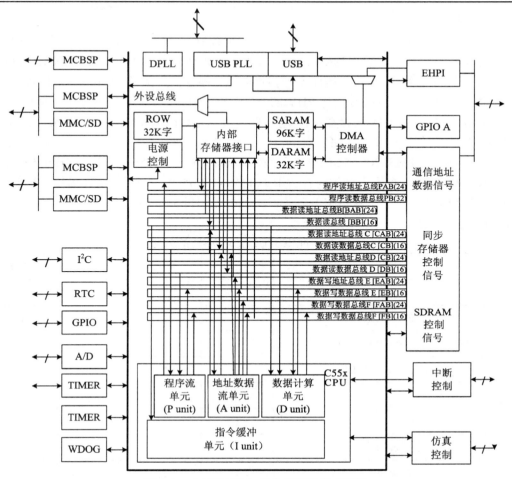

图 4-1　TMS320C55x 的内部硬件组成框图

表 4-1　TMS320C55x DSP 的内核特性

配　置	特　性
一个 32 位 × 16 bit 指令缓冲队列(IBQ)	缓冲可变长的指令，实现高效的块循环操作
两个 17 位 × 17 bit 的乘法累加器(MACs)	可以在单周期实现双乘法累加操作
一个 40 bit 算数逻辑单元(ALU)	实现高精度算数和逻辑操作
一个 40 bit 桶形移位寄存器	可将一个 40 位的计算结果最高向左移 31 为或右移 32 位
一个 16 bit 算数逻辑单元(ALU)	与主 ALU 并行，完成简单的算数操作
4 个 40 bit 的累加器(AC0，AC1，AC2，AC3)	保留计算结果，减少对存储单元的访问
12 条独立总线，其中包括 1 条读程序数据总线(PB)，条读数据地址总线(PAB)，3 条读数据数据总线(BB，CB，DB)，2 条写数据数据总线(EB，FB)，5 条数据地址总线(BAB，CAB，DAB，EAB，FAB)	12 条总线并行的为各种计算单元提供将要处理的指令和操作数，这充分的发挥 TMS320C55x 的并行机制的优点
用户可配置 IDLE 域	改善低功耗电源管理的灵活性

2. 外设

外设包括 4 个四通道的直接存储器存取(DMA)控制器(共 16 个通道)；3 个 32 位通用定时器，其中一个可被选为看门狗/GP；两个嵌入式多媒体卡/安全数字(eMMC/SD)接口；通用异步接收器/发送器(UART)；具有 4 种芯片选择的串行端口接口(SPI)；主/从内置集成电路(I²C BUS)；具有集成型 2.0 高速 PHY 的器件 USB 端口，可支持 USB 2.0 全速及高速器件；具有异步接口的 LCD 桥接器；10 位 4 输入逐次逼近(SAR) ADC；多达 20 个通用 I/O (GPIO)引脚(与其他器件功能多路复用)。

表 4-2 列出了 TMS320C55x DSP 的外设，以及每个特定的 c55x 芯片上同样的外设的数目，标有 5509 的那一列所表示的内容适用于 TMS320C5509，不适用于 TMS320VC5509 和 TMS320VC5509A。对于一款特定的芯片，一些外设可能会复用引脚，具体细节请参看指定器件的数据手册。

表 4-2　TMS320C55x DSP 的外设

外设	5501	5502	5509	5510
ADC			1	
带 PLL 的时钟发生器	1	1	1	1
直接存储器访问(DMA)控制器	1	1	1	1
外部存储器接口(EMIF)	1	1	1	1
主机接口(HPI)				1
	1	1	1	
指令 cache	1	1		1
I²C 模块	1	1	1	1
多通道缓冲串口(McBSP)	2	3	3	3
多媒体卡(MMC)控制器			2	
电源管理/idle 控制	1	1	1	1
实时时钟(RTC)			1	
通用定时器	2	2	2	2
看门狗定时器				
通用异步接收/发送器(UART)	1	1		
通用串行总线(USB)模块			1	

3. 电源

TMS320C55x 具有 4 个内核隔离式电源域：模拟、实时时钟(RTC)、CPU 和外设、USB；2 个 I/O 隔离式电源域：RTC I/O、USB PHY 和 DVDDIO；3 个集成型 LDO(DSP_LDO、ANA_LDO 和 USB_LDO)用于为隔离式电源域供电：分别是 DSP 内核、模拟和 USB 内核；

1.05 V 内核(50 MHz)、1.8 V、2.5 V、2.75 V 或 3.3 V I/O；1.3 V 内核(100 MHz)、1.8 V、2.5 V、2.75 V 或 3.3 V I/O。

4. 时钟

TMS320C55x 具有晶体输入、单独时钟域、单独电源的实时时钟(RTC)；低功耗 S/W 可编程锁相环(PLL)时钟发生器。

5. 启动加载程序

片上 ROM 启动加载程序(RBL)，利用 SPI EEPROM、SPI 串行闪存或 I^{2}C EEPROM eMMC/SD/SDHC、UART 和 USB 实现启动。

6. 封装

TMS320C55x 的各个芯片封装各有不同，即使同一种芯片，为了满足不同用途，也会采用不同封装的结构。

4.1.2　C54x 与 C55x 的区别

C54x 系列是针对低功耗、高性能的高速实时信号处理而专门设计的定点 DSP，广泛应用于无线通信系统中，它的 CPU 具有下列特征：

(1) 采用改进的哈佛结构，一条程序总线(PB)、三条数据总线(CB、DB、EB)和四条地址总线(PAB、CAB、DAB、EAB)。

(2) 40 bit 的算术逻辑单元(ALU)以及一个 40 bit 的移位器和两个 40 bit 的累加器(A、B)，支持 32 bit 或双 16 bit 的运算。

(3) 17 bit × 17 bit 的硬件乘法器和一个 40 bit 专用加法器的组合(MAC)，可以在一个周期内完成乘加运算。

(4) 比较、选择和存储等单元能够加速维特比译码的执行。

(5) 专用的指数编码器(EXP encoder)能够在一个周期内完成累加器中 40 bit 数值的指数运算。

(6) 单独的数据地址产生单元(DAGEN)和程序地址(PAGEN)产生单元，能够同时进行三个读操作和一个写操作。

C55x 通过增加功能单元，与 C54x 相比，其综合性能提高了 5 倍，而功耗仅为 C54x 的 1/6。C55x 采用变长指令以提高代码效率，增强并行机制以提高循环效率，不仅仅增加了硬件资源，也优化了资源的管理，所以性能得到了大大的提高，其处理能力可达 400 MIPS～800 MIPS。C55x 在 CPU 的功能单元方面作了如下扩展：

(1) 总线增加了两条，一条读操作线(BB)，一条写操作线(FB)。

(2) 乘加单元(MAC)增加了一个。

(3) 增加了一个 16 bit 的 ALU。

(4) 将累加器增至 4 个，即 AC0、AC1、AC2 和 AC3。

(5) 临时寄存器增至 4 个，即 T0、T2、T2 和 T3。

由于结构上的变化，在系统设计中必须注意 C55x 和 C54x 寄存器的变化关系，尤其是当在 C55x 设计中采用与 C54x 的兼容模式，而不是增强模式，这更为重要。C55x 与 C54x 相比，C55x 在性能方面做了许多扩展，具体见表 4-3。

表 4-3　C55x 与 C54x 的比较

比较内容	C54x 系列	C55x 系列
乘法累加器(MAC)	1 个	2 个
累加器(ACC)	2 个(A，B)	4 个(AC0，AC1，AC2，AC3)
读数据总线	2 条(CB，DB)	3 条(BB，CB，DB)
写数据总线	1 条(EB)	2 条(EB，FB)
地址总线	4 条(PAB，CAB，DAB，EAB)	6 条(PAB，BAB，CAB，DAB，EAB，FAB)
指令字长	16 位	8\16\24\32\40\48 位可变长
数据字长	16 位	16 位
算数逻辑单元(ALU)	1 个(40 位)ALU	1 个(16 位)ALU 1 个(40 位)ALU
辅助寄存器字长	2 字节(16 位)	3 字节(24 位)
辅助寄存器	8 个(AR0~AR7)	8 个(XAR0~XAR7)
临时寄存器	1 个(T)	4 个(T0~T3)
存储空间	独立的程序/数据空间	统一的程序/数据空间

　　C55x 的一系列性能特征使得它比 C54x 具有更高效率、更低功耗以及使用更加方便灵活的特点与优势。如 300 MHz、0.9 V 的 C55x 和 120 MHz、1.08 V 的 C54x 相比较，其内核功耗降低 1/6，代码减少 30%，性能提高 5 倍。

　　在指令方面，C55x 虽然也能兼容 C54x，在 C55x DSP 上也能运行 C54x 的指令，但 C55x 与 C54x 又是不同的，C55x 在指令上作了较大的简化。比如，相对 C54x 的装载(LD)与存储(ST)，C55x 用更加灵活易用的 MOVE 操作指令来实现装载和存储，将 MOVE 操作的范围扩大到数据交换、堆栈操作等。另外，在兼容模式中，我们要注意 XC、SACCD 和 ARx+0 等情况的使用。

4.2　TMS320C55x 芯片的 CPU 结构

　　CPU 是 DSP 芯片中的核心部分，是用来实现数字信号处理运算和高速控制功能的部件。CPU 内的硬件构成决定了其指令系统的性能。TMS320c55x 的 CPU 包括：

- 一个 16 位、一个 40 位的算术逻辑单元(ALU)；
- 四个 40 位的累加器 AC0，AC1，AC2，AC3；
- 桶型移位寄存器(Barrel Shifter)；
- 乘法器/加法器单元(Multiplier/Adder)；
- 比较、选择和存储单元(CCSU)；
- 指数编码器(EXP Encoder)；
- CPU 状态和控制寄存器(ST0_55~ST3_55)；
- 寻址单元(Addressing Unit)。

下面从应用角度分别介绍各部分的功能。

4.2.1　算数逻辑运算单元

使用算术逻辑单元(ALU)和四个累加器(AC0，AC1，AC2，AC3)能够完成十进制的补码运算，同时还能够完成布尔运算。算术逻辑单元的输入操作数可以来自:

- 16 位的立即数;
- 数据存储器中的 16 位字;
- 暂存器 T 中的 16 位字;
- 数据存储器中读出的 2 个 16 位字
- 累加器 AC0，AC1，AC2，AC3 中的 40 位数;
- 移位寄存器的输出。

ALU 的输出为 40 位，被送往累加器 AC0\AC1\AC2\AC3。它还能当做两个 16 位的 ALU，并在状态寄存器 ST1 中的 C16 位置 1 时，可同时完成两次 16 位操作。ALU 的进位位受大多数算术 ALU 指令的影响，硬件复位时，进位位 C 置 1。当算术逻辑单元发生溢出，且状态寄存器 ST1 中的 OVM = 1 时，若是正向溢出，则用 32 位最大正数 00 7FFF FFFFH 加载累加器;若是负向溢出，则用 32 位最大负数 FF 8000 0000H 加载累加器。溢出发生后，累加器相应的溢出标志位 OVA 或 OVB 置 1，直到复位或执行溢出条件指令。

4.2.2　累加器

累加器 AC0，AC1，AC2，AC3 可作为 ALU 和乘法器/加法器单元的目的寄存器，累加器也能输出数据到 ALU 或乘法器/加法器中。累加器可分为三部分;保护位、高位字和低位字。累加器 AC0，AC1，AC2，AC3 的示意图如图 4-3 所示。

保护位用于保存计算时产生的位余量，防止在迭代运算中产生溢出，例如自相关运算。

AGx、AHx、ALx 都是存储器映像寄存器(在存储空间中占有地址)，由特定的指令将其内容放到 16 位数据存储器中，并从数据存储器中读出或写入 32 位累加器值。同时，任何一个累加器也都可以用来作为数据暂存器使用。

其中，保护位用作计算时的数据位余量，以防止诸如自相关那样的迭代运算时溢出。

39～32	31～16	15～0
AC0G	AC0H	AC0L
保护位	高阶位	低阶位

39～32	31～16	15～0
AC1G	AC1H	AC1L
保护位	高阶位	低阶位

39～32	31～16	15～0
AC2G	AC2H	AC2L
保护位	高阶位	低阶位

39～32	31～16	15～0
AC3G	AC3H	AC3L
保护位	高阶位	低阶位

图 4-3　累加器 ACx

AGx、AHx、ALx 都是存储器映像寄存器(地址为 8～D 单元)。在保存或恢复文本时，可以用 PSHM 或 POPM 指令将它们压入堆栈或从堆栈弹出。用户可以通过其他的指令，寻址 0 页数据存储器(存储器映像寄存器)，访问累加器的这些寄存器。

存储器映像寄存器:指用 0 页数据存储器来当做寄存器用，而不专门设计制作寄存器，从而可简化设计，并增加数据存储器的使用灵活性，这是 TMS320c55xDSP 芯片的一个特点。

保存累加器的内容：用户可以利用 STH、STL、STLM 和 SACCD 等指令或者用并行存储指令，将累加器的内容存放到数据存储器中。在存储前，有时需要对累加器的内容进行移位操作。右移时，AGx 中的各数据位分别移至 AHx；左移时，ALx 中的各数据分别移至 AHx，低位添 0。

4.2.3　桶形移位器

桶形移位器能把输入的数据进行 0～31 位的左移和 0～15 位的右移。40 位桶形移位器的输入来自数据总线 DB 和 CB 总线的 16 位或 32 位输入数据，或者接收 p20，经过 MSW/LSW(最高有效字/最低有效字)写选择单元至 EB 总线。它所移的位数就是指令小的移位数。移位数都是用二进制补码表示，正值表示左移，负值表示右移。移位数可由立即数、状态寄存器 ST1_55 中的累加器移位方式(ASM 位域)和被指定为移位数值寄存器的暂存器 T 来决定。

桶形移位器可以执行以下定标操作：

(1) 在执行 ALU 操作前预定好一个数据存储器操作数或累加器内容。

(2) 对累加器的值进行算术或逻辑移位。

(3) 归一化累加器。

(4) 在保存累加器到数据存储器之前定标累加器。

桶形移位器和指数编码器可把累加器中的值在一个周期内进行归一化。移位输出的最低位 LSB 填 0，最高位 MSB 则由 ST1 中的 SXM 位决定是符号扩展还是填 0。

4.2.4　乘加器

TMS320C55x 的乘加器单元能够在一个周期内完成一次 17×17 bit 的乘法和一次 40 位的加法。乘法器和 ALU 并行工作可在一个单指令周期内完成一次乘累加(MAC)运算。该单元能够快速高效地完成如卷积、相关和滤波等运算。乘法器/加法器单元由 17×17 bit 的硬件乘法器、40 位专用加法器、符号位控制逻辑、小数控制逻辑、0 检测器、溢出/饱和逻辑和 16 位的暂存器(T)等部分组成，可支持有/无符号的整数、小数乘法运算，并可对结果进行舍入处理。

乘加器单元的一个输入操作数来自 T 寄存器、数据存储器或累加器 ACx(31～16 位)，另一个则来自于程序存储器、数据存储器、累加器 ACx(31～16 位)或立即数。乘法器的输出加到加法器的输入端，累加器 ACx 则是加法器的另一个输入端，最后结果送往累加器 ACx。

4.2.5　CPU 状态和控制寄存器

C55x 含有 4 个 16 位的状态寄存器(ST0_55～ST3_55)(见图 4-4)，其控制位影响 C55x DSP 的工作，状态位反映了 C55xDSP 当前工作状态或运行结果。

ST0_55、ST1_55 和 ST3_55 都有两个访问地址。所有位都可以由第一个地址访问，而另一个地址(保护地址)里，即图 4-4 中的阴影部分不能修改。保护地址的作用是为了把 C54x 的代码写入 ST0、ST1 和 PMST。

注意：ST3_55 的第 11～8 位总是写作 1100b(Ch)。

15	14	13	12	11	10	9	8~0
ST0_55 ACOV2	ACOV3	TC1	TC2	CARRY	ACOV0	ACOV1	DP
R/W-0	R/W-0	R/W-1	R/W-0	R/W-1	R/W-0	R/W-0	R/W-000000000

15	14	13	12	11	10	9	8
ST1_55 BRAF	CPL	XF	HM	INTM	M40	SATD	SXMD
R/W-0	R/W-0	R/W-1	R/W-0	R/W-1	R/W-0	R/W-0	R/W-1

7	6	5	4~0
C16	FRCT	C54CM	ASM
R/W-0	R/W-0	R/W-1	R/W-00000

15	14~13	12	11	10	9	8
ST2_55 ARMS	保留	DBGM	EALLOW	RDM	保留	CDPLC

7	6	5	4	3	2	1	0
AR7LC	AR6LC	AR5LC	AR4LC	AR3LC	AR2LC	AR1LC	AR0LC
R/W-0	R/W-0	R/W-0	R/W-0	R/W-0	R/W-0	R/W-0	R/W-0

15	14	13	12	11~8
ST3_55 CAFRZ	CAEN	CACLR	HINT	保留（写1100b）
R/W-0	R/W-0	R/W-0	R/W-1	

7	6	5	4~3	2	1	0
CBERR	MPNMC	SATA	保留	CLKOFF	SMUL	SST
R/W-0	R/W-pin	R/W-0		R/W-0	R/W-0	R/W-0

图 4-4　状态寄存器图

1. 状态寄存器 ST0_55

1) 累加溢出标志

当累加器 AC0～AC3 有数据溢出时，相应的 ACOV0～ACOV3 被置 1，直到发生以下任一事件：

(1) 复位。

(2) CPU 执行条件跳转、调用、返回，或执行一条测试 ACOVx 状态的指令。

(3) 被指令清零。

溢出方式受 M40 位的影响，当 M40=0 时，溢出检测在第 31 位，与 C54x 兼容。当 M40=1 时，溢出检测在第 39 位。

2) 进位位(CARRY)

CARRY 位使用的要点：

(1) 进位/借位的检测取决于 M40 位。当 M40=0 时，由第 31 位检测进位/借位；当 M40=1 时，由第 39 位检测进位/借位。

(2) 当 D 单元 ALU 做加法运算时，若产生进位，则置位 CARRY；如果不产生进位，则将 CARRY 清零。但有一个例外，当使用以下语句(将 Smem 移动 16 位)，有进位时置位 CARRY，无进位时不清零。

      ADD Smem<<#16，[ACx，]ACy

(3) 当 D 单元 ALU 做减法运算时，若产生借位，将 CARRY 清零；如果不产生借位，则置位 CARRY。但有一个例外，当使用以下语句(将 Smem 移动 16 位)，有借位时 CARRY 清零，无借位时 CARRY 不变。

      SUB Smem < < #16，[ACx，]ACy

(4) CARRY 位可以被逻辑移位指令修改。对带符号移位指令和循环移位指令，可以选择 CARRY 位是否需要修改。

(5) 目的寄存器是累加器时，用以下指令修改 CARRY 位，以指示计算结果。

      MIN [src，]dst

      MAX [src，]dst

      ABS [src，]dst

      NEG [src，]dst

(6) 可以通过下面两条指令对 CARRY 清零和置位：

      BCLR CARRY ；清零

      BSET CARRY ；置位

3) DP 位域

DP 位域占据 ST0_55 的第 8～0 位，提供与 C54x 兼容的数据页指针。C55x 有一个独立的数据页指针 DP，DP(15～7)的任何变化都会反映在 ST0_55 的 DP 位域上。基于 DP 的直接寻址方式，C55x 使用完整的数据页指针 DP(15～0)，因此不需要使用 ST0_55 的 DP 位域。如果想装入 ST0_55，但不想改变 DP 位域的值，可以用 OR 或 AND 指令。

4) 测试/控制位(TC1、TC2)

测试/控制位用于保存一些特殊指令的测试结果，使用要点如下：

(1) 所有能影响一个测试/控制位的指令，都可以选择影响 TC1 或 TC2。

(2) TCx 或关于 TCx 的布尔表达式，都可以在任何条件指令里用作触发器。

(3) 可以通过下面指令对 TCx 置位和清零：

      BCLR TC1   ；TC1 清零

      BSET TC1   ；TC1 置位

      BCLR TC2   ；TC2 清零

      BSET TC2   ；TC2 置位

2. 状态寄存器 ST1_55

1) ASM 位域

如果 C54CM=0，C55x 忽略 ASM，C55x 移位指令在暂存寄存器(T0～T3)里指定累加器的移位值，或者直接在指令里用常数指定移位值。

如果 C54CM=1，C55x 以兼容方式运行 C54x 代码，ASM 用于给出某些 C54x 移位指令的移位值，移位范围是−16～15。

2) BARF 位

如果 C54CM=0，C55x 不使用 BRAF。

如果 C54CM=1，C55x 以兼容方式运行 C54x 代码，BRAF 用于指定或控制一个块循环操作的状态。在由调用、中断或返回所引起的代码切换过程中，都要保存和恢复 BRAF 的值。读 BRAF，判断是否有块循环操作处于激活状态。要停止一个处于激活状态的块循环操作，则要清零 BRAF。当执行远程跳转(FB)或远程调用(FCALL)指令时，BRAF 自动清零。

3) C16 位

如果 C54CM=0，C55x 忽略 C16。指令本身决定是用单 32 位操作还是双 16 位操作。

如果 C54CM=1，C55x 以兼容方式运行 C54x 代码，C16 会影响某些指令的执行。当 C16=0 时，关闭双 16 位模式，在 D 单元 ALU 执行一条指令是单 32 位操作(双精度运算)形式；当 C16=1 时，打开双 16 位模式，在 D 单元 ALU 执行一条指令是 2 个并行的 16 位操作(双 16 位运算)形式。

可用以下指令清零和置位 C16：

        BCLR C16   ；清零 C16
        BSET C16   ；置位 C16

4) C54CM 位

如果 C54CM=0，C55x 的 CPU 不支持 C54x 编写的代码。

如果 C54CM=1，C55x 的 CPU 支持 C54x 编写的代码。在使用 C54x 代码时就必须置位该模式，所有 C55xCPU 的资源都可以使用。因此，在移植代码时，可以利用 C55x 增加的特性优化代码。

可用以下指令和伪指令来改变模式：

        BCLR C54CM   ；清零 C54CM(运行时)
        .C54CM_off   ；告知汇编器 C54CM=0
        BSET C54CM   ；置位 C54CM(运行时)
        .C54CM_on   ；告知汇编器 C54CM=1

5) CPL 位

如果 CPL=0，选择 DP 直接寻址模式。该模式对数据空间直接访问，并与数据页寄存器(DP)相关。

如果 CPL=1，选择 SP 直接寻址模式。该模式对数据空间直接访问，并与数据堆栈指针(SP)相关。

注意：对 I/O 空间的直接寻址，总是与外设数据页寄存器(PDP)相关。

可用以下指令和伪指令来改变寻址模式：

        BCLR CPL   ；清零 CPL(运行时)
        .CPL_off   ；告知汇编器 CPL=0
        BSET CPL   ；置位 CPL(运行时)
        .CPL_on   ；告知汇编器 CPL=1

6) FRCT 位

如果 FRCT=0，C55x 打开小数模式，乘法运算的结果左移一位进行小数点调整。2 个带符号的 Q15 制数相乘，得到一个 Q31 制数时，就要进行小数点调整。

如果 FRCT=1，C55x 关闭小数模式，乘法运算的结果不移位。

可用下面的指令清零和置位 FRCT：

BCLR FRCT　　　　　；清零 FRCT

BSET FRCT　　　　　；置位 FRCT

7) HM 位

当 DSP 得到 HOLD 信号时，会将外部接口总线置于高阻态。根据 HM 的值，DSP 也可以停止执行内部程序。

如果 HM=0，C55x 继续执行内部程序存储器的指令。

如果 HM=1，C55x 停止执行内部程序存储器的指令。

可用下面的指令清零和置位 HM：

BCLR HM　　　　　　；清零 HM

BSET HM　　　　　　；置位 HM

8) INTM 位

INTM 位能够全局使能或禁止可屏蔽中断，但是它对不可屏蔽中断无效。

如果 INTM=0，C55x 使能所有可屏蔽中断。

如果 INTM=1，C55x 禁止所有可屏蔽中断。

使用 INTM 位需要注意以下几点：

(1) 在使用 INTM 位时，要使用状态位清零和置位指令来修改 INTM 位。其他能影响 INTM 位的，只有软件中断指令和软件置位指令，当程序跳到中断服务子程序之前，置位 INTM。

BCLR INTM　　　　　；清零 INTM

BSET INTM　　　　　；置位 INTM

(2) CPU 响应中断请求时，自动保存 INTM 位。特别注意，CPU 把 ST1_55 保存到数据堆栈时，INTM 位也被保存起来。

(3) 执行中断服务子程序(ISR)之前，CPU 自动置位 INTM 位，禁止所有的可屏蔽中断。ISR 可以通过清零 INTM 位来重新开放可屏蔽中断。

(4) 中断返回指令，从数据堆栈恢复 INTM 位的值。

(5) 在调试器实时仿真模式下，CPU 暂停时，忽略 INTM 位，CPU 只处理临界时间中断。

9) M40 位

如果 M40=0，D 单元的计算模式选择 32 位模式。在该模式下：

(1) 第 31 位是符号位。

(2) 计算过程中的进位取决于第 31 位。

(3) 由第 31 位判断是否溢出。

(4) 饱和过程，饱和值为 007FFFFFFFh(正溢出)或 FF80000000h(负溢出)。

(5) 累加器和 0 的比较，用第 31~0 位来进行。

(6) 可对整个 32 位进行移位和循环操作。

(7) 累加器左移或循环移位时，从第 31 位移出。

(8) 累加器右移或循环移位时，移入的位插入到第 31 位上。

(9) 对于累加器带符号位的移位，如果 SXMD=0，则累加器的保护位的值要设为 0；如果 SXMD=1，累加器的保护位要设为第 31 位的值。对于累加器的任何循环移位或逻辑移位，都要清零目的累加器的保护位。

在 C54x 兼容模式下(C54CM=1)，有一些不同，累加器的第 39 位不再是符号位，累加器和 0 作比较时，用第 39～0 位来比较。

如果 M40=1，D 单元的计算模式选择 40 位的带符号移位模式。在该模式下：

(1) 第 39 位是符号位。

(2) 计算过程中的进位取决于第 39 位。

(3) 由第 39 位判断是否溢出。

(4) 饱和过程，饱和值为 7FFFFFFFFFh(正溢出)或 8000000000h(负溢出)。

(5) 累加器和 0 的比较，用第 39～0 位来进行。

(6) 可对整个 40 位进行移位和循环操作。

(7) 累加器左移或循环移位时，从第 39 位移出。

(8) 累加器右移或循环移位时，移入的位插入到第 39 位上。

可用下面的指令清零和置位 M40 位：

　　　　BCLR M40　　　；清零 M40

　　　　BSET M40　　　；置位 M40

10) SATD 位

如果 SATD=0，关闭 D 单元的饱和模式，不执行饱和模式。

如果 SATD=1，打开 D 单元的饱和模式。如果 D 单元内的运算产生溢出，则结果值饱和。

饱和值取决于 M40 位：M40=0，CPU 的饱和值为 007FFFFFFFh(正溢出)或 FF80000000h(负溢出)；M40=1，CPU 的饱和值为 7FFFFFFFFFh(正溢出)或 8000000000h(负溢出)。

要与 C54x 代码兼容，就必须保证 M40=0。

可用下面的指令清零和置位 SATD 位：

　　　　BCLR SATD　　；清零 SATD

　　　　BSET SATD　　；置位 SATD

11) SXMD 位

如果 SXMD=0，关闭 D 单元的符号扩展模式。

(1) 对于 40 位的运算，16 位或更小的操作数都要补 0，扩展至 40 位。

(2) 对于条件减法指令，任何 16 位的除数都可以得到理想的结果。

(3) 当 D 单元的 ALU 被局部配置为双 16 位模式时，D 单元 ALU 的高 16 位补零扩展至 24 位。累加器值右移时，高段和低段的 16 位补零扩展。

(4) 累加器带符号移位时，如果是一个 32 位操作(M40=0)，累加器的保护位(第 39～32 位)填零。

(5) 累加器带符号右移时，移位值补零扩展。

如果 SXMD=1 时，打开符号扩展模式。

(1) 对于 40 位的运算，16 位或更小的操作数都要符号扩展至 40 位。

(2) 对于条件减法指令，16 位的除数必须是正数，其最高位(MSB)必须是 0。

(3) 当 D 单元的 ALU 局部配置为双 16 位模式时，D 单元 ALU 的高 16 位值带符号扩展至 24 位。累加器右移时，高段和低段的 16 位都要带符号扩展。

(4) 累加器带符号移位时，其值带符号扩展，如果是一个 32 位操作(M40=0)，则将第 31 位的值复制到累加器的保护位(第 39～32 位)。

(5) 累加器带符号右移时，除非有限定符 uns()表明它是无符号的，否则移位值都要被带符号扩展。对于无符号运算(布尔逻辑运算、循环移位和逻辑移位运算)，不管 SXMD 的值是什么，输入的操作数都要被补零扩展至 40 位。对于乘加单元 MAC 里的运算，不管 SXMD 值是多少，输入的操作数都要带符号扩展至 17 位。如果指令里的操作数是在限定符 uns()里，则不管 SXMD 值是多少，都视为无符号的。

用下面的指令清零和置位 SXMD：

```
BCLR SXMD        ；清零 SXMD
BSET SXMD        ；置位 SXMD
```

12) XF 位

XF 是通用的输出位，能用软件处理且可输出至 DSP 引脚。

用下面的指令清零和置位 XF：

```
BCLR XF          ；清零 XF
BSET XF          ；置位 XF
```

3. 状态寄存器 ST2_55

1) AR0LC～AR7LC 位域

CPU 有 8 个辅助寄存器 AR0～AR7。每个辅助寄存器 ARn(n=0、1、2、3、4、5、6、7)在 ST2_55 中都有自己的线性或循环配置位。

每个 ARnLC 位决定了 ARn 用作线性寻址还是循环寻址。

ARnLC=0：线性寻址。

ARnLC=1：循环寻址。

例如，如果 AR3LC=0，AR3 就用作线性寻址；AR3LC=1，AR3 就用作循环寻址。

用状态位清零/置位指令来清零/置位 ARnLC。例如，下面的指令分别清零和置位 AR3LC，要修改其他的 ARnLC 位，只需要将 3 改为其他相应值即可。

```
BCLR AR3LC       ；清零 AR3LC
BSET AR3LC       ；置位 AR3LC
```

2) ARMS 位

如果 ARMS=0，辅助寄存器(AR)间接寻址的 CPU 模式采用 DSP 模式操作数，该操作数能有效执行 DSP 专用程序。这些操作数里，有的在指针加/减时使用反向操作数。短偏移操作数不可用。

如果 ARMS=1，辅助寄存器(AR)间接寻址的 CPU 模式采用控制模式操作数，该操作数能为控制系统的应用优化代码的大小。短偏移操作数*ARn(short(#k3))可用。其他偏移需要在指令里进行 2 字节扩展，而这些有扩展的指令不能和其他指令并行执行。

用下面的指令和伪指令来改变模式：

```
BCLR ARMS        ; 清零 ARMS(运行时)
.ARMS_off        ; 告知编译器 ARMS=0
BSET ARMS        ; 置位 ARMS(运行时)
.ARMS_on         ; 编译器 ARMS=1
```

3) CDPLC 位

CDPLC 位决定了系数数据指针(CDP)是用线性寻址(CDPLC=0)，还是用循环寻址(CDPLC=1)。

用下面的指令清零和置位 CDPLC：

```
BCLR CDPLC       ; 清零 CDPLC
BSET CDPLC       ; 置位 CDPLC
```

4) DBGM 位

DBGM 位用于调试程序中有严格时间要求的部分，如果 DBGM=0，使能该位；如果 DBGM=1，禁止该位。

仿真器不能访问存储器和寄存器。软件断点仍然可以使 CPU 暂停，但不会影响硬件断点或暂停请求。

以下是关于 DBGM 的使用要点：

(1) 为了保护流水，只能由状态位清零/置位指令修改 DBGM(见下面的例子)，其他指令都不会影响 DBGM 位。

```
BCLR DBGM        ; 清零 DBGM
BSET DBGM        ; 置位 DBGM
```

(2) 当 CPU 响应一个中断请求时，会自动保护 DBGM 位的状态。确切地说，当 CPU 把 ST2_55 保存到数据堆栈时，DGBM 位就被保存起来。

(3) 执行一个中断服务子程序(ISR)前，CPU 自动置位 DBGM，禁止调试。ISR 可以通过清零 DBGM 位，重新使能调试。

5) EALLOW 位

EALLOW 使能(EALLOW=1)或禁止(EALLOW=0)对非 CPU 仿真寄存器的写访问。

以下是关于 EALLOW 位的要点：

(1) 当 CPU 响应一个中断请求时，自动保存 EALLOW 位的状态。确切地说，当 CPU 把 ST2_55 保存到数据堆栈时，也就是保存了 EALLOW 位。

(2) 执行一个中断服务子程序(ISR)前，CPU 自动清零 EALLOW 位，禁止访问仿真寄存器。ISR 通过置位 EALLOW 位，可以重新开放对寄存器的访问。

(3) 中断返回指令，从数据堆栈恢复 EALLOW 位。

6) RDM 位

在 D 单元执行的一些指令里，CPU 将 rnd()括号里的操作数取整。取整操作的类型取决于 RDM 的值。

如果 RDM=0，取整至无穷大。CPU 给 40 位的操作数加上 8000h(即 215)，然后 CPU 清零第 15~0 位，产生一个 24 位或 16 位的取整结果。如果结果是 24 位的整数，只有第 39~16 位是有意义的；如果结果是 16 位的整数，只有第 31~16 位是有意义的。

如果 RDM=1，取整至最接近的整数。取整结果取决于 40 位操作数的第 15~0 位，见下面的 if 语句：

if(0=<(位 15-0)<8000h)　　　　　　　；CPU 清零第 15~0 位

if(8000h<(位 15-0)<10000h)　　　　　；CPU 给该操作数加上 8000h，再清零第 15~0 位

if((位 15-0)= =8000h)

if(位 31-16)是奇数　　　　　　　　　；CPU 给该操作数加上 8000h，再清零第 15~0 位

用下面的指令清零和置位 RDM：

BCLR RDM　　　　；清零 RDM

BSET RDM　　　　；置位 RDM

4. 状态寄存器 ST3_55

1) CACLR 位

使用 CACLR 来检查是否已完成程序 Cache 清零。如果 CACLR=0，表示已经完成。清零过程完成时，Cache 硬件清零 CACLR 位；如果 CACLR=1，表示未完成。所有的 Cache 块无效。清零 Cache 所需的时间周期数取决于存储器的结构。

当 Cache 清零后，指令缓冲器单元里的预取指令队列的内容会自动清零。

如果要在流水里保护写 CACLR 位，就必须用清零/置位状态位的指令来执行写操作。

BCLR CACLR　　　　；清零 CACLR

BSET CACLR　　　　；置位 CACLR

2) CAEN 位

CAEN 使能或禁止程序 Cache。如果 CAEN=0，禁止。Cache 控制器不接收任何程序要求。所有的程序要求都由片内存储器或片外存储器(根据解码的地址而定)来处理；如果 CAEN=1，使能。依据解码的地址，可以从 Cache、片内存储器或片外存储器提取程序代码。

有两点要特别注意：

(1) 当清零 CAEN 位禁止 Cache 时，I 单元的指令缓冲队列的内容会自动清零。

(2) 如果要在流水里保护写 CAEN 位，就必须用状态位清零/置位的指令来执行写 CAEN 位，参见以下的例子：

BCLR CAEN　　　　；清零 CAEN

BSET CAEN　　　　；置位 CAEN

3) CAFRZ 位

CAFRZ 能锁定程序 Cache，这样没有访问该 Cache 时，它的内容不会更改，但被访问时仍然可用。Cache 内容一直保持不变，直到 CAFRZ 位清零。

如果 CAFRZ=0，Cache 工作在默认操作模式；如果 CAFRZ=1，Cache 被冻结(其内容被锁定)。

在流水中保护写 CAFRZ 位，就必须用以下指令来写：

BCLR CAFRZ　　　　　；清零 CAFRZ

```
        BSET CAFRZ              ；置位 CAFRZ
```

4) CBERR 位

检测到一个内部总线错误时，置位 CBERR。该错误使 CPU 在中断标志寄存器 1(IFR1) 里置位总线错误中断标志 BERRINTF。以下两点要特别注意：

(1) 对 CBERR 位写 1 无效。该位只在发生内部总线错误时才为 1。

(2) 总线错误的中断服务子程序，返回控制中断程序的代码以前必须清零 CBERR。

```
        BCLR CBERR             ；清零 CBERR
        BSET CBERR             ；置位 CBERR
```

CBERR 位归纳总结如下：

(1) CBERR=0 CPU 总线错误标志位已经由程序或复位清零。

(2) CBERR=1 检测到一个内部总线错误。

5) CLKOFF 位

当 CLKOFF=1，CLKOUT 引脚的输出被禁止，且保持高电平。用下面的指令清零和置位 CLKOFF：

```
        BCLR CLKOFF            ；清零 CLKOFF
        BSET CLKOFF            ；置位 CLKOFF
```

6) HINT 位

用 HINT 位通过主机接口发送一个中断请求给主机处理器。先清零，然后再给 HINT 置位，产生一个低电平有效的中断脉冲，见下例：

```
        BCLR HINT     ；清零 HINT
        BSET HINT     ；置位 HINT
```

7) MPNMC 位

MPNMC 位使能或禁止片上 ROM。如果 MPNMC=0，微计算机模式，使能片上 ROM，可以在程序空间寻址；如果 MPNMC=1，微处理器模式，禁止片上 ROM，不映射在程序空间里。

注意的要点：MPNMC 位的改变反映复位过程中 MP/MC 引脚的逻辑电平(高电平为 1，低电平为 0)。

(1) 仅在复位时才对 MP/MC 引脚采样。

(2) 软件中断指令不影响 MPNMC。

(3) 如果要在流水中保护写 MPNMC 位，用状态清零/置位指令来写，见下例：

```
        BCLR MPNMC            ；清零 MPNMC
        BSET MPNMC            ；置位 MPNMC
```

(4) TMS320VC5509A 无此引脚。

8) SATA 位

SATA 位决定 A 单元 ALU 的溢出结果是否饱和。如果 SATA=0，关闭，不执行饱和；如果 SATA=1，打开。如果 A 单元的 ALU 里的计算产生溢出，则结果饱和至 7FFFh(正向饱和)或 8000h(负向饱和)。

用下面的指令清零和置位 SATA：

```
BCLR SATA        ; 清零 SATA
BSET SATA        ; 置位 SATA
```

9) SMUL 位

SMUL 位打开或关闭乘法的饱和模式。

如果 SMUL=0，关闭。

如果 SMUL=1，打开。在 SMUL=1、FRCT=1 且 SATD=1 的情况下，18000h 与 18000h 相乘的结果饱和至 7FFFFFFFh(不受 M40 位的影响)。这样，两个负数的乘积就是一个正数。

对于乘加/减指令，在乘法之后、加法/减法以前，执行饱和运算。

用下面的指令清零和置位 SMUL：

```
BCLR SMUL        ; 清零 SMUL
BSET SMUL        ; 置位 SMUL
```

10) SST 位

如果 C54CM=0，CPU 忽略 SST，仅用指令判断是否产生饱和。

如果 C54CM=1，在 C54x 兼容模式下，SST 打开或关闭饱和存储模式。SST 将影响一些累加器存储指令的执行。SST=1 时，在存储之前，40 位的累加器值要饱和为一个 32 位的值。如果累加器值要移位，则 CPU 执行移位后饱和。

SST=0，关闭。

SST=1，打开。

对于受 SST 位影响的指令，CPU 在存储一个移位后或未移位的累积器值以前，对其进行饱和运算。是否饱和取决于符号扩展模式位(SXMD)。

SXMD=0，一个 40 位的数看做无符号数。如果该数值大于 007FFFFFFFh，则 CPU 对其进行饱和运算，结果为 7FFFFFFFh。

SXMD=1，一个 40 位的数看做有符号数。如果该数值小于 0080000000h，则 CPU 产生一个 32 位的结果 80000000h。如果该数大于 007FFFFFFFh，则 CPU 产生的结果为 7FFFFFFFh。

用下面的指令清零和置位 SST：

```
BCLR SST         ; 清零 SST
BSET SST         ; 置位 SST
```

4.3　TMS320C55x 的内部总线结构

从图 4-1 中可以看到，在 DSP 内部采用了多总线结构，这样可以保证在一个机器周期内，多次访问程序空间和数据空间。在 TMS320C55x 内部有 P、C、D、E 四种 16 位总线，每种总线又包括地址总线和数据总线，可以在一个机器周期内从程序存储器取 1 条指令、从数据存储器读 2 个操作数或向数据存储器写 1 个操作数，这种并行处理大大提高了 DSP 的运行速度。因此，对 DSP 来说，内部总线是个十分重要的资源，总线越多，可以同时完成的任务就越复杂。此外，C55x 还有一组与外设接口的程序/数据总线和地址总线。下面将介绍这些总线的作用，外部接口总线在后面章节中介绍。

(1) 程序数据总线(PB)：C55x 用 1 条 32 位的程序总线传送取自程序存储器的指令代码和立即操作数。

(2) 数据总线(BB、CB、DB、EB 和 FB)：C55x 用 5 条 16 位数据总线将内部各单元(如 CPU、数据地址生成电路、程序地址产生逻辑、在片外围电路以及数据存储器)连接在一起。

(3) 数据地址总线(BAB、CAB、DAB、EAB 和 FAB)：C55x 用 5 条地址总线传送执行指令所需的地址。

3 条读数据地址总线(BAB、CAB、DAB)与 3 条读数据数据总线(BB、CB、DB)配合使用，即 BAB 对应 BB、CAB 对应 CB 和 DAB 对应 DB。地址总线指定数据空间或 I/O 空间地址，通过数据总线将 16 位数据传送到 CPU 的各个功能单元。其中，BB 只与 D 单元相连，用于实现从存储器到 D 单元乘法累加器(MAC)的数据传送。特殊的指令也可以同时使用 BB、DB 和 CB 来读取三个操作数。

2 条写数据地址总线(EAB、FAB)与 2 条写数据数据总线(EB、FB)配合使用，即 EAB 对应 EB、FAB 对应 FB。地址总线指定数据空间或 I/O 空间地址，通过数据总线，将数据从 CPU 的功能单元传送到数据空间或 I/O 空间。所有数据空间地址由 A 单元产生。EB 和 FB 从 P 单元、A 单元和 D 单元接收数据，对于同时向存储器写两个 16 位数据的指令要使用 EB 和 FB，而对于完成单写操作的指令只使用 EB。

C55x 的这些总线分别与 CPU 相连。总线通过存储器接口单元(M)与外部程序总线和数据总线相连，实现 CPU 对外部存储器的访问。这种并行的多总线结构，使 CPU 能在一个 CPU 周期内完成 1 次 32 位程序代码读、3 次 16 位数据读和两次 16 位数据写操作。C55x 根据功能的不同将 CPU 分为 4 个单元，即指令缓冲单元(I)、程序流程单元(P)、地址流程单元(A)和数据计算单元(D)。其 CPU 结构图如图 4-5 所示。

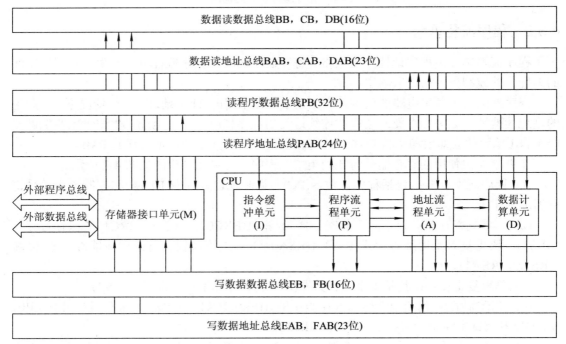

图 4-5　C55xCPU 结构图

4.3.1 指令缓冲单元

C55x 的指令缓冲单元由指令缓冲队列 IBQ(Instruction Buffer Queue)和指令译码器组成。在每个 CPU 周期内，I 单元将从读程序数据总线接收的 64 Bytes 程序代码放入指令缓冲队列，指令译码器从队列中取 6 Bytes 程序代码，根据指令的长度可对 8 位、16 位、24 位、32 位和 48 位的变长指令进行译码，然后把译码数据送入 P 单元、A 单元和 D 单元去执行。指令缓冲单元结构图如图 4-6 所示。

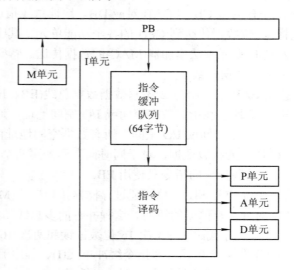

图 4-6   指令缓冲单元结构图

4.3.2 程序流程单元

程序流程单元由程序地址产生电路和寄存器构成。程序流程单元产生所有程序空间的地址，并控制指令的读取顺序。

程序地址产生逻辑电路的任务是产生读取程序空间的 24 位地址。一般情况下，它产生的是连续地址，如果指令要求读取非连续地址的程序代码，程序地址产生逻辑电路能够接收来自 I 单元的立即数和来自 D 单元的寄存器值，并将产生的地址传送到 PAB。

在 P 单元中使用的寄存器分为 5 种类型。程序流程单元结构图如图 4-7 所示。

(1) 程序流寄存器：包括程序计数器(PC)、返回地址寄存器(RETA)和控制流程关系寄存器(CFCT)。

(2) 块重复寄存器：包括块重复寄存器 0 和 1(BRC0，BRC1)、BRC1 的保存寄存器(BRS1)、块重复起始地址寄存器 0 和 1(RSA0，RSA1)以及块重复结束地址寄存器 0 和 1(REA0，REA1)。

(3) 单重复寄存器：包括单重复计数器(RPTC)和计算单重复寄存器(CSR)。

(4) 中断寄存器：包括中断标志寄存器 0 和 1(IFR0，IFR1)、中断使能寄存器 0 和 1(IER0，IER1)以及调试中断使能寄存器 0 和 1(DBIER0，DBIER1)。

(5) 状态寄存器：包括状态寄存器 0，1，2 和 3(ST0-55，ST1-55，ST2-55 和 ST3-55)。

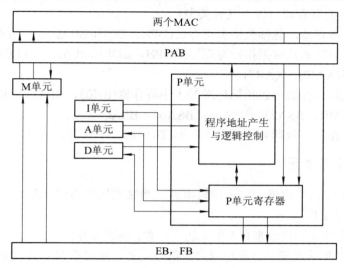

图 4-7　程序流程单元结构图

4.3.3　地址流程单元

地址流程单元包括数据地址产生电路、算术逻辑电路和寄存器组。

数据地址产生电路(DAGEN)能够接收来自 I 单元的立即数和来自 A 单元的寄存器产生读取数据空间的地址。对于使用间接寻址模式的指令，由 P 单元向 DAGEN 说明采用的寻址模式。

A 单元包括一个 16 位的算术逻辑电路(ALU)，它既可以接收来自 I 单元的立即数，也可以与存储器、I/O 空间、A 单元寄存器、D 单元寄存器和 P 单元寄存器进行双向通信。ALU 可以完成算术运算、逻辑运算、位操作、移位、测试等操作。地址流程单元结构图如图 4-8 所示。

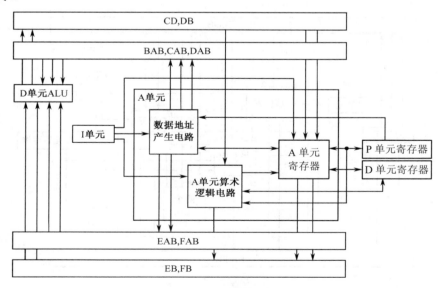

图 4-8　地址流程单元结构图

A 单元包括的寄存器有以下几种类型：

(1) 数据页寄存器：包括数据页寄存器(DPH，DP)和接口数据页寄存器(PDP)。

(2) 指针：包括系数数据指针寄存器(CDPH，CDP)、栈指针寄存器(SPH，SP，SSP)和 8 个辅助寄存器(XAR0~XAR7)。

(3) 循环缓冲寄存器：包括循环缓冲大小寄存器(BK03，BK47，BKC)、循环缓冲起始地址寄存器(BSA01，BSA23，BSA45，BSA67，BSAC)。

(4) 临时寄存器：包括 4 个临时寄存器(T0~T3)。

4.3.4　数据计算单元

数据计算单元由移位器、算术逻辑电路、乘法累加器和寄存器组构成。D 单元包含了 CPU 的主要运算部件。

D 单元移位器能够接收来自 I 单元的立即数，能够与存储器、I/O 空间、A 单元寄存器、D 单元寄存器和 P 单元寄存器进行双向通信，此外，还可以向 D 单元的 ALU 和 A 单元的 ALU 提供移位后的数据。移位器可完成以下操作：

(1) 对 40 位的累加器可完成向左最多 31 位和向右最多 32 位的移位操作，移位数可从临时寄存器(T0~T3)读取或由指令中的常数提供。

(2) 对于 16 位寄存器、存储器或 I/O 空间数据可完成左移 31 位或右移 32 位的移位操作。

(3) 对于 16 位立即数可完成向左最多 15 位的移位操作。

D 单元的 40 位算术逻辑电路可完成以下操作：

(1) 完成加、减、比较、布尔逻辑运算和绝对值运算等操作。

(2) 能够在执行一个双 16 位算术指令时同时完成两个算术操作。

(3) 能够对 D 单元的寄存器进行设置、清除等位操作。

数据计算单元结构图如图 4-9 所示。

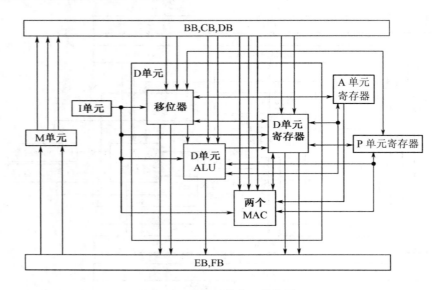

图 4-9　数据计算单元结构图

4.4　TMS320C55x 芯片的存储器结构

为了提高 DSP 的运行速度，DSP 在许多地方采用了并行工作方式。为了支持这种工作方式，在存储器结构上采用了两种特殊方法，即改进的哈佛结构和存储器分区。

4.4.1　改进的哈佛结构

哈佛结构是不同于传统的冯·诺依曼结构的并行体系结构，其主要特点是将程序和数据存储在不同的存储空间，即程序存储器和数据存储器是两个相互独立的存储器，每个存储器独立编址，独立访问。与两个存储器相对应的是系统中设置了程序总线和数据总线，从而使数据的吞吐率提高了一倍。而冯·诺依曼结构则是将指令、数据、地址存储在同一存储器中，统一编址，依靠指令计数器提供的地址来区分是指令、数据还是地址，取指令和取数据都访问同一存储器，数据吞吐率低。在哈佛结构中，由于程序和数据存储器在两个分开的空间中，因此取指令和执行能力完全重叠运行。为了能进一步提高运行速度和灵活性，TMS320 系列 DSP 芯片在基本哈佛结构的基础上又作了改进：一是允许数据存放在程序存储器中，并被算术运算指令直接使用，从而增强了芯片的灵活性；二是指令存储在高速缓冲器(Cache)中，当执行此指令时，不需要再从存储器中读取指令，节约了一个指令周期的时间。如 TMS320C6000 具有两层 Cache，其中第一层的程序和数据 Cache 各有 16 KB。为了区别不同的存储器与总线间的结构关系，我们可以有如下定义：

(1) 冯·诺依曼结构(如图 4-10 所示)：指通用微处理器的程序代码和数据共用一个公共的存储空间和单一的地址与数据总线，程序存储区与数据存储区是通过识别不同的地址区间来实现的。

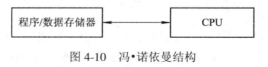

图 4-10　冯·诺依曼结构

(2) 哈佛结构(如图 4-11 所示)：指 DSP 处理器毫无例外地将程序代码和数据的存储空间分开，各有自己的地址与数据总线。

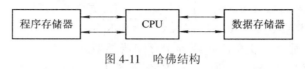

图 4-11　哈佛结构

(3) 改进的哈佛结构：指在哈佛结构的基础上，使程序代码空间和数据存储空间可以进行一定的空间互用，即可以将部分数据放在程序空间和将部分程序放在数据空间。

4.4.2　存储空间分配

C55x 的总存储空间为 512K 字，它们由 3 个可选择的存储空间构成，即 128K 字的程序存储空间、320K 字的数据存储空间和 64K 字的 I/O 空间。表 4-4 列出了 TMS320C55x 的片内程序和数据存储器空间。

表 4-4　TMS320C55x 片内程序和数据存储器空间

存储器形式	C5504	C5505	C5514	C5532	C5533	C5534	C5535
ROM	128K	128K	128K	128K	128K	128K	128K
DARAM	64K	64K	64K	64K	64K	64K	64K
SARAM	192K	256K	192K	256K	256K	256K	256K

存储器形式	VC5501	VC5502	VC5503	VC5506	VC5507	VC5509A	
ROM	16K	16K	32K	32K	32K	32K	
DARAM	16K	32K	32K	32K	32K	32K	
SARAM	0K	0K	0K	32K	32K	96K	

程序存储器空间：包括程序指令和程序中所需的常数表格。

数据存储器空间：用于存储需要程序处理的数据或程序处理后的结果。

I/O 空间：用于与外部存储器映射的外设接口，也可用于扩展外部数据存储空间。

通常我们在设计一个 DSP 系统时，需存储大量的信息(程序、数据、外部设备配置等)，而 TMS320C55x DSP 片内资源非常丰富，具有较大的存储空间，我们应尽可能有效地利用片内资源，当 DSP 片内存储器不能满足系统设计要求时，再进行存储器扩展。片内存储器与片外存储器相比具有不需插入等待状态，成本和功耗低等优点。当然，片外存储器能寻址很大的存储空间，是片内存储器所无法比拟的。以下将详细介绍 TMS320VC5509 的内存。

1. 存储器编址方法

C55x 的存储(数据/程序)空间采用统一编址的访问方法，如图 4-12 所示。当 CPU 读取程序代码时，使用 24 位的地址访问相关的字节；而 CPU 读/写数据时，使用 23 位的地址访问相关的 16 位字。这两种情况下，地址总线上均为 24 位值，只是数据寻址时，地址总线上的最低位强制填充 0。

全部 16M 字节或 8M 字的存储空间被分成 128 个主页面(0~127)，每个主页面为 64K字。主页面 0 的前 192 个字节(000000H~0000BFH)或 96 个字(000000H~00005FH)被存储器映射寄存器(MMR)所占用。

表 4-5 给出了 VC5509A PGE 的存储器空间组织情况。图 4-13 是 VC5509A PGE 的存储空间分配图。VC5509A 拥有 160K 字的片内存储器资源，其中有 128K 字 RAM 和 32K 字 ROM，128K 字 RAM 中 DARAM 为 32K 字，SARAM 为 96K 字。外部扩展存储空间由 CE[3：0]分为 4 个部分，每部分都可以支持同步或异步存储器类型。

DARAM 为双存取 RAM，分为 8 个 8K 字节或 4K 字的块(见表 4-6)，每个 8K 字节的块每周期可以访问两次(两次读或一次读、一次写)。DARAM 可被内部程序总线、数据总线或 DMA 访问。前 4 块 DARAM 可以被 HPI 访问。

SARAM 为单存取 RAM(见表 4-7)，分为 24 个 8K 字节或 4K 字的块，每个 8K 字节的块每周期只能访问一次(一次读或一次写)。DARAM 可被内部程序总线、数据总线或 DMA 访问。

ROM 共有 2 个 32K 字节或 16K 字的块，每个块每次访问占用 2 个时钟周期。VC5509A 有 78 个存储器映射寄存器(MMR)，占用存储器空间的 0H~4FH。

	数据空间地址(十六进制)	数据/程序存储器	程序空间地址(十六进制)
主数据页0	MMRs 000000～00005F		000000～0000BF
	000060～00FFFF		0000C0～01FFFF
主数据页1	010000～01FFFF		020000～03FFFF
主数据页2	020000～02FFFF		040000～05FFFF
	⋮		⋮
主数据页127	7F0000～7FFFFF		FE0000～FFFFFF

图 4-12　C55x 存储器映射

表 4-5　TMS320C5509A PGE 存储器结构映射

块大小\字节	首字节地址	存储器资源		首字节地址
192	00 0000H	存储器映射寄存器(MMR)(保留)		00 0000H
32K～192	00 00C0H	DARAM/HPI 访问		
32K	00 8000H	DARAM		00 4000H
192K	01 0000H	SARAM		00 8000H
	04 0000H	外部扩展存储空间(CE0)		00 2000H
	40 0000H	外部扩展存储空间(CE1)		20 0000H
	80 0000H	外部扩展存储空间(CE2)		40 0000H
	C0 0000H	外部扩展存储空间(CE3)		60 0000H
32K	FF 0000H	ROM，当 MPNMC=0 时有效	外部扩展存储空间(CE3)，当 MPNMC=1 时有效	
16K	FF 8000H	ROM，当 MPNMC=0 时有效	外部扩展存储空间(CE3)，当 MPNMC=1 时有效	
16K	FF C000H FF FFFFH	外部扩展存储空间(CE3)，当 MPNMC=1 时有效		

表 4-6　TMS320C5509A 的 DARAM 块

字节地址范围	存储器块	说明	字节地址范围	存储器块
000000H～001FFFH	DARAM0	可HPI寻址	008000H～009FFFH	DARAM4
002000H～003FFFH	DARAM1	可HPI寻址	00A000H～00BFFFH	DARAM5
004000H～005FFFH	DARAM2	可HPI寻址	00C000H～00DFFFH	DARAM6
006000H～007FFFH	DARAM3	可HPI寻址	00E000H～00FFFFH	DARAM7

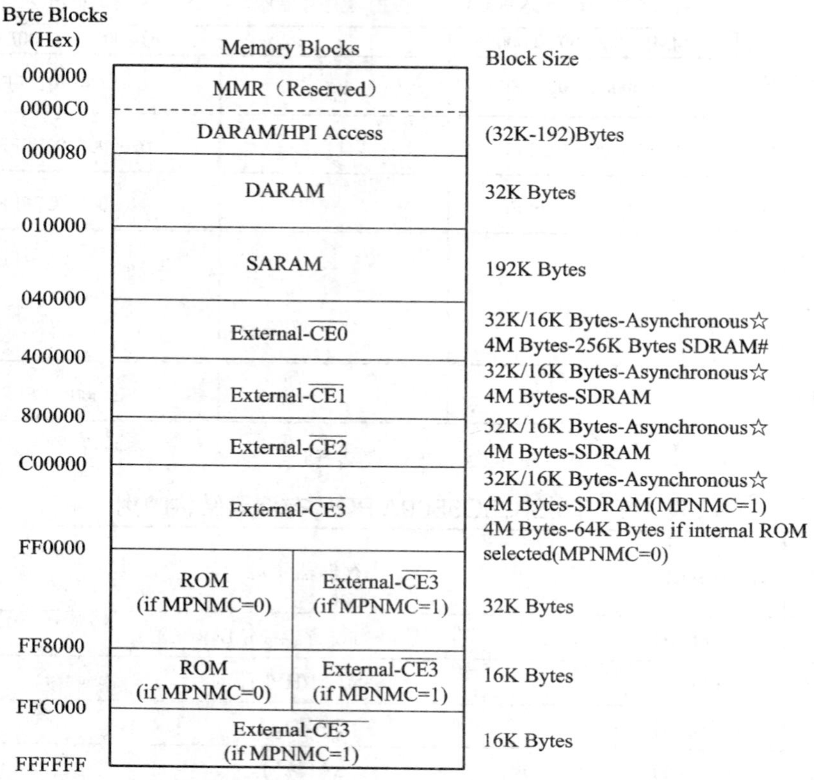

图 4-13　VC5509A PGE 的存储空间分配图

表 4-7　TMS320C5509A 的 SARAM 块

字节地址范围	存储器块	字节地址范围	存储器块
010000H～011FFFH	SARAM0	028000H～029FFFH	SARAM12
012000H～013FFFH	SARAM1	02A000H～02BFFFH	SARAM13
014000H～015FFFH	SARAM2	02C000H～02DFFFH	SARAM14
016000H～017FFFH	SARAM3	02E000H～02FFFFH	SARAM15
018000H～019FFFH	SARAM4	030000H～031FFFH	SARAM16
01A000H～01BFFFH	SARAM5	032000H～033FFFH	SARAM17
01C000H～01DFFFH	SARAM6	034000H～035FFFH	SARAM18
01E000H～01FFFFH	SARAM7	036000H～037FFFH	SARAM19
020000H～021FFFH	SARAM8	038000H～039FFFH	SARAM20
022000H～023FFFH	SARAM9	03A000H～03BFFFH	SARAM21
024000H～025FFFH	SARAM10	03C000H～03DFFFH	SARAM22
026000H～027FFFH	SARAM11	03E000H～03FFFFH	SARAM23

2. 程序存储器

只有当读取指令时，CPU 才会访问程序空间。CPU 采用字节寻址来读取变长的指令。

指令的读取要和 32 位的偶地址边界对齐(地址的低两位为零)。

1) 字节寻址

当 CPU 从程序空间读取指令时，采用字节寻址，即程序空间 24 位地址被分成 3 个独立的字节。图 4-14 所示为一个 32 位宽程序存储器的字节寻址图，每个字节分配一个地址。例如，字节 0 的地址是 00 0200H，字节 2 的地址是 000202H。

字节地址 000200h~000203h	字节0	字节1	字节2	字节3

图 4-14　32 位宽程序存储器的字节寻址图

2) 程序空间的指令结构

DSP 支持 8 位、16 位、24 位、32 位和 48 位长度的指令。表 4-8 和表 4-9 说明了指令在程序空间如何存放。5 条不同长度的指令存放在 32 位宽的程序存储器中，每一条指令的地址是操作码最高有效字节的地址，阴影部分表示不存放任何代码。

表 4-8　不同长度指令及地址分配表

指令	长度\位	地址
A	24	00 0101H
B	16	00 0104H
C	32	00 0106H
D	8	00 010AH
E	24	00 010BH

表 4-9　不同长度指令在程序空间的存放位置表

字节地址	字节 0	字节 1	字节 2	字节 3
00 0100H~00 0103H		A(23~16)	A(15~8)	A(7~0)
00 0104H~00 0107H	B(15~8)	B(7~0)	C(31~24)	C(23~16)
00 0108H~00 010BH	C(15~8)	C(7~0)	D(7~0)	E(23~16)
00 010CH~00 010FH	E(15~8)	E(7~0)		

3) 程序空间的边界对齐

在向程序空间存放指令时不需要边界对齐，但是从程序空间读取指令时要和 32 位的偶地址对齐。在读取一条指令时，CPU 要从最低两位是 0 的地址读取 32 位的代码，即读取地址的十六进制最低位应该总是 0H、4H、8H 和 CH 见表 4-9。

在 CPU 不连续执行时，写入程序计数器(PC)中的地址值和程序空间的读取地址可能不一致。例如，执行一个调用子程序指令：

　　　CALL #SubsoutineB

假设子程序的第一条指令是 C，字节地址是 00 0106H 见表 4-9。PC 的值是 00 0106H，但是读程序地址总线(PAB)上的值是 32 位边界字节地址 00 0104H，CPU 提取从 00 0104H 地址开始的 4 字节的代码包，而第一个被执行的指令是 C 指令。

3. 数据存储器

当程序读、写存储器或者寄存器时，需要访问数据空间。CPU 采用字寻址读、写数据空间的 8 位、16 位或 32 位的数据值。对于某个特定值所需要生成的地址取决于它在数据空间存放时与字边界的位置关系。

1) 字寻址(23 位)

CPU 访问数据空间采用字寻址，即为每个 16 位的字分配一个 23 位宽的字地址，如图 4-15 所示为一行 32 位宽的存储器的地址分配。其中，字 0 的地址为 00 0100H，字 1 的地址为 00 0101H。

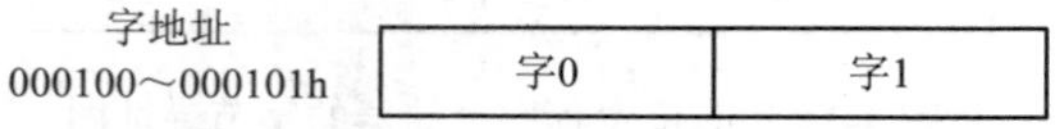

字地址
000100~000101h

字0	字1

图 4-15　32 位宽存储器地址分配图

由于地址总线是 24 位宽，当 CPU 在数据空间进行读/写操作时，23 位的地址要左移一位。最低位补 0。例如，一条指令在 23 位地址 00 0102H 上读一个字，24 位读数据地址总线上传送的也是 00 0204H，如下所示：

字地址：　　　　　　　000 0000 0000 0001 0000 0010
读数据地址总线：0000 0000 0000 0010 0000 0100

2) 数据类型

C55x DSP 指令处理的数据类型有 8 位、16 位和 32 位。

数据空间采用字寻址，但 C55x 采用专门的指令可以选择特定字的高字节或低字节进行 8 位数据的处理。字节装载指令将从数据空间读取的字节进行零扩展或符号扩展，然后装入寄存器中；字节存储指可将寄存器中的低 8 位数据存储到数据空间特的字书地址见表 4-10。

表 4-10　字节装载和存储指令

操作	指　　令	存取的字节
字节装载	MOV.high_byte(Smen).dst	Smem(15~8)
	MOV.low_byte(Smen).dst	Smem(7~0)
	MOV.high_byte(Smen)<<#SHIFTW.ACx	Smem(15~8)
	MOV. low _byte(Smen)<<#SHIFTW.ACx	Smem(7~0)
字节存储	MOV src.high_byte(Smen)	Smem(15~8)
	MOV src.low_byte(Smen)	Smem(7~0)

注意：因为 CPU 在数据空间是用 32 位地址来访问字的，若果要访问一个字节，CPU 必须访问包含该字节的字。

当 CPU 访问长字时，访问地址是指 32 位数据的高 16 位(MSW)的地址，而低 16 位(LSW)的地址取决于 MSW 的地址。具体说明如下：

(1) 如果 MSW 的地址是偶地址，则 LSW 在下一个地址访问，如图 4-16 所示。

字地址
000100~000101h

MSW	LSW

图 4-16　MSW 的地址为偶地址

(2) 如果 MSW 的地址是奇地址，则 LSW 在前一个地址访问，如图 4-17 所示。

字地址
000100～000101h

LSW	MSW

图 4-17　MSW 的地址为奇地址

因此，对于已给定了 MSW(LSW)的地址，将其地址的最低有效位 2 取反，可得到 LSW(MSW)的地址。

3) 数据空间的数据结构

表 4-11 和图 4-16 提供了一个如何在数据空间里组织数据的例子，32 位宽的存储器里存放 1 个不同长度的数据。在地址 00 0100H 不存放任何数据处用阴影表示。

表 4-11　不同宽度数据及其地址分配表

数据值	数据类型	地　　址
A	字节(8 位)	00 0100H(低字节)
B	字(16 位)	00 0101H
C	长字(32 位)	00 0102H
D	长字(32 位)	00 0105H
E	字(16 位)	00 0106H
F	字节(8 位)	00 0107H(高字节)
G	字节(8 位)	00 0107H(低字节)

要访问一个长字，必须指向它的最高字(MSW)。在地址 00 0102H 处访问 C，在地址 00 0105H 处访问 D。

字地址也可以用来访问数据空间的字节地址。例如，地址 00 0101H 既可访问 F(高字节)和也可访问 G(低字节)。专用的字节指令指明要访问的是高字节还是低字节。

字地址	字 0		字 1	
000100h～000101h		A	B	
000102h～000103h	C 的 MSW，即 C(31～16)		C 的 LSW，即 C(15～0)	
000104h～000105h	D 的 LSW，即 D(15～0)		D 的 MSW，即 D(31～16)	
000106h～000107h	E		F	G

图 4-18　数据在数据空间存放位置图

TMS320C55x 可以寻址 64K 字的数据存储空间，其片内 ROM、片内双口 RAM(DARAM)和片内单口 RAM(SARAM)可以通过软件配置到数据存储空间。如果片内存储器配置到数据存储空间，则芯片在访问程序存储器时会自动访问这些存储单元。当 DAGEN 产生的地址不在片内存储器的范围内时，处理器会自动地对外部数据存储器寻址。

4. 存储器映像寄存器

在数据存储器的 64K 字空间中，包含存储器映像寄存器 MMR，它们都放在存储空间的第 0 页(0000H～007FFH)。第 0 页包含如下内容：

(1) 存储器映像 CPU 寄存器(0000H～001FH)(共 26 个)，当寻址这些寄存器时，不需插入等待状态。

(2) 外围电路寄存器(0020H～005FH)，访问它们需使用专门的外设总线结构。

(3) 32 字的暂存器 SPRAM(0060H～007FH)。

表 4-12 列出了 TMS320C55xCPU 存储器映像寄存器的地址及名称。

表 4-12　存储器映像 CPU 寄存器

缩　　写	名　　称	大小/位
AC0～AC3	累加器 0～3	40
AR0～AR7	辅助寄存器 0～7	16
BK03，BK47，BKC	循环缓冲区大小寄存器	16
BRC0，BRC1	块循环计数器 0 和 1	16
BRS1	BRS1 保存寄存器	16
BSA01，BSA23，BSA45，BSA67，BSAC	循环缓冲区起始地址寄存器	16
CDP	系统数据指针(XCDP 的低位部分)	16
CDPH	XCDP 的高位部分	7
CFCT	控制流关系寄存器	8
CSR	计算单循环寄存器	16
DBIER0，DBIER1	调试中断使能寄存器 0 和 1	16
DP	数据页寄存器(XDP 的低位部分)	16
DPH	XDP 的高位部分	7
IER0，IER1	中断使能寄存器 0 和 1	16
IFR0，IFR1	中断标志寄存器 0 和 1	16
IVPD，IVPH	中断向量指针	16
PC	程序计数器	24
PDP	外设数据页寄存器	9
REA0，REA1	块循环结束地址寄存器 0 和 1	24
RETA	返回地址寄存器	24
RPTC	单循环计数器	16
RSA0，RSA1	块循环起始地址寄存器 0 和 1	24
SP	数据堆栈指针	16
SPH	XSP 和 XSSP 的高位	7
SSP	系统堆栈指针	16
ST0_55～ST3_55	状态寄存器 0～3	16
T0～T3	暂时寄存器	16
TRN0～TRN1	变换寄存器 0 和 1	16
XAR0～XAR7	扩展辅助寄存器 0～7	23
XCDP	扩展系数数据指针	23
XDP	扩展数据页寄存器	23
XSP	扩展数据堆栈指针	23
XSSP	扩展系统堆栈指针	23

4.4.3　实验案例 1

1. 程序设计

通过编程实现地址为 0x02000 的数据存储器的值由 0 更换为 0x0007。程序清单如下：

```
#include "myapp.h"
#include "scancode.h"
main()
{
    int x，y，z；
    int * pX；
    int * pY；
    int * pZ；
    CLK_init()；
    SDRAM_init()；
    x=1，y=2；
    pX= &x；
    pY= &y；
    z=x+y；
    pZ=(int *) 0x1000；
    * pZ=z；
    while(1)
    {
    }
}
void CLK_init()
{
    ioport unsigned int *clkmd；
    clkmd=(unsigned int *)0x1c00；
    *clkmd =0x2033；  // 0x2033；//0x2413；// 144MHz=0x2613
//   *clkmd =0x2413；       // 0x2033；//0x2413；// 144MHz=0x2613
}
void SDRAM_init( void )
{
    ioport unsigned int *ebsr   =(unsigned int *)0x6c00；
    ioport unsigned int *egcr   =(unsigned int *)0x800；
    ioport unsigned int *emirst=(unsigned int *)0x801；
    //ioport unsigned int *emibe =(unsigned int *)0x802；
    ioport unsigned int *ce01   =(unsigned int *)0x803；
    //ioport unsigned int *ce02   =(unsigned int *)0x804；
    //ioport unsigned int *ce03   =(unsigned int *)0x805；
    ioport unsigned int *ce11   =(unsigned int *)0x806；
    //ioport unsigned int *ce12   =(unsigned int *)0x807；
    //ioport unsigned int *ce13   =(unsigned int *)0x808；
    ioport unsigned int *ce21   =(unsigned int *)0x809；
    //ioport unsigned int *ce22   =(unsigned int *)0x80A；
```

```
//ioport unsigned int *ce23   =(unsigned int *)0x80B；
ioport unsigned int *ce31    =(unsigned int *)0x80C；
//ioport unsigned int *ce32   =(unsigned int *)0x80D；
//ioport unsigned int *ce33   =(unsigned int *)0x80E；
ioport unsigned int *sdc1    =(unsigned int *)0x80F；
//ioport unsigned int *sdper  =(unsigned int *)0x810；
//ioport unsigned int *sdcnt  =(unsigned int *)0x811；
ioport unsigned int *init    =(unsigned int *)0x812；
ioport unsigned int *sdc2    =(unsigned int *)0x813；
//*ebsr    = 0x221；  //0xa01
*ebsr    = 0xa01；
*egcr    = 0x220；
*egcr    = 0X220；
*ce01    = 0X3000；
*ce11    = 0X1fff；
*ce21    = 0x1fff；
*ce31    = 0x1fff；
*emirst = 0；
*sdc1    = 0X5958；
*sdc2    = 0X38F；
*init    = 0；
}
```

2. 实验结果分析

图 4-19 所示为程序运行前存储器的值，图 4-20 所示为程序运行后存储器的值，从 0x02000 开始的 1 个地址被赋值为 0x0007。

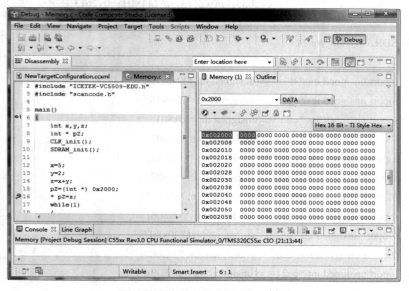

图 4-19　程序运行前存储器的值

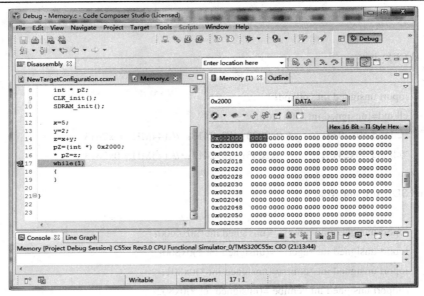

图 4-20　程序运行后存储器的值

4.4.4　实验案例 2

1. 程序设计

将从 0x01000 开始的 16 个地址的数据存储器赋值为 0xbbbb，再将从 0x01000 开始的前 8 个地址赋值为 0xaaaa，最后将后 8 个地址赋值为 0xaaaa。

程序清单如下：

```c
#include "myapp.h"
#include "scancode.h"
main()
{
    unsigned int i=0;
    int * souraddr;
    CLK_init();
    SDRAM_init();
    souraddr =   (int *)0x01000;
    for(i=0; i<16; i++)
    *souraddr++ = 0xbbbb;
    souraddr =   (int *)0x01000;
    for(i=0; i<8; i++)
    *souraddr++ = 0xaaaa;
    for(i=0; i<8; i++)
    *souraddr++ = *(souraddr-8);
    while(1)
    {
```

```
        }
    }
    void CLK_init()
    {
        ioport unsigned int *clkmd;
        clkmd=(unsigned int *)0x1c00;
        *clkmd =0x2033;        // 0x2033; //0x2413; // 144MHz=0x2613
//      *clkmd =0x2413;        // 0x2033; //0x2413; // 144MHz=0x2613
    }
    void SDRAM_init( void )
    {
        ioport unsigned int *ebsr  =(unsigned int *)0x6c00;
        ioport unsigned int *egcr  =(unsigned int *)0x800;
        ioport unsigned int *emirst=(unsigned int *)0x801;
        //ioport unsigned int *emibe =(unsigned int *)0x802;
        ioport unsigned int *ce01  =(unsigned int *)0x803;
        //ioport unsigned int *ce02   =(unsigned int *)0x804;
        //ioport unsigned int *ce03   =(unsigned int *)0x805;
        ioport unsigned int *ce11  =(unsigned int *)0x806;
        //ioport unsigned int *ce12   =(unsigned int *)0x807;
        //ioport unsigned int *ce13   =(unsigned int *)0x808;
        ioport unsigned int *ce21  =(unsigned int *)0x809;
        //ioport unsigned int *ce22   =(unsigned int *)0x80A;
        //ioport unsigned int *ce23   =(unsigned int *)0x80B;
        ioport unsigned int *ce31  =(unsigned int *)0x80C;
        //ioport unsigned int *ce32   =(unsigned int *)0x80D;
        //ioport unsigned int *ce33   =(unsigned int *)0x80E;
        ioport unsigned int *sdc1  =(unsigned int *)0x80F;
        //ioport unsigned int *sdper =(unsigned int *)0x810;
        //ioport unsigned int *sdcnt =(unsigned int *)0x811;
        ioport unsigned int *init   =(unsigned int *)0x812;
        ioport unsigned int *sdc2  =(unsigned int *)0x813;
        //*ebsr    = 0x221; //0xa01
        *ebsr    = 0xa01;
        *egcr    = 0x220;
        *egcr    = 0X220;
        *ce01    = 0X3000;
        *ce11    = 0X1fff;
        *ce21    = 0x1fff;
        *ce31    = 0x1fff;
```

```
        *emirst = 0;
        *sdc1    = 0X5958;
        *sdc2    = 0X38F;
        *init    = 0;
    }
```

2. 实验结果分析

图 4-21 所示为程序运行前存储器的值，图 4-22 所示为程序运行到从 0x01000 开始的 16 个地址被赋值为 0xbbbb，图 4-23 所示为程序运行到从 0x01000 开始的前 8 个地址被赋值为 0xaaaa，图 4-24 所示为程序最后的运行结果，从 0x01000 开始的 16 个地址被赋值为 0xaaaa。

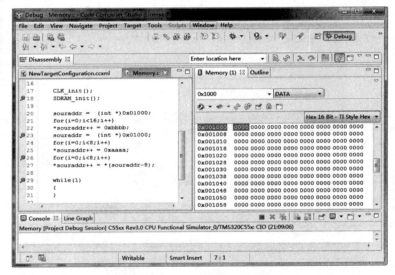

图 4-21　程序运行前存储器的值

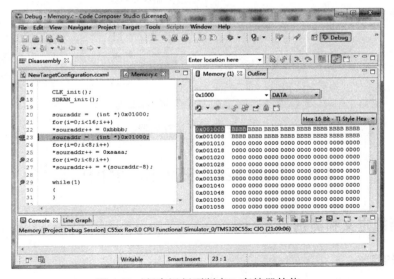

图 4-22　程序运行至断点 1 存储器的值

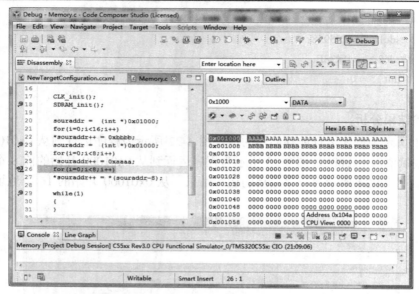

图 4-23　程序运行至断点 2 存储器的值

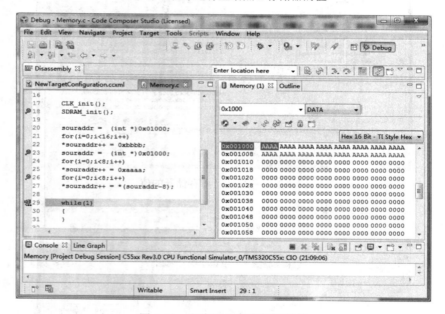

图 4-24　程序运行后存储器的值

4.5　TMS320C55x 芯片的中断

4.5.1　中断的定义和类别

1. 中断的定义

由软件或硬件驱动导致 C55xDSP 暂停当前的主程序操作，转而执行中断服务子程序

ISR 的过程称为中断。C55xDSP 支持硬件和软件中断。

(1) 由程序指令 INTR、TRAP、RESET 引起的为软件中断。

(2) 由外部硬件中断引起的触发外部中断端口或由片内外设触发内部硬件中断的为硬件中断。

当多个中断同时被触发时，C55xDSP 将根据它们的优先级进行处理。

2. 中断分类

C55x 的中断可以分为以下两大类。

1) 非屏蔽中断

这种中断不能被屏蔽，C55x 对这一类中断总是响应的，并从主程序转移到中断服务程序。C55x 的非屏蔽中断包括所有的软件中断以及两个外部硬件中断：复位和 NMIV(也可以用软件进行和设置)。NMIV 是对 C55x 所有操作方式都产生影响的非屏蔽中断，而中断不会对 C55x 的任何操作方式发生影响，但中断响应时，所有其他中断将被禁止。

2) 可屏蔽中断

可屏蔽中断可以通过软件来允许或禁止，C55x 的所有可屏蔽中断都是硬件中断。

4.5.2　中断向量及其优先级

CPU 接收和响应中断请求后产生一个中断向量地址，地址指向相关中断服务程序的中断矢量。多个中断同时发生时，CPU 按照事先定义的优先级进行处理。优先级为 1 的优先权最高，随着优先级数的逐步增加，优先权逐步降低，可以用 INTR #K5(ISR 序号)的方式来执行响应的中断服务子程序。如表 4-13 所示。

表 4-13　中断向量及其优先级

ISR 序号	硬件中断 优先级	向量名	向量地址	ISR 功能
0	1(最高)	RESETIV(IV0)	IVPD：0h	复位(硬件或软件)
1	2	NMIV(IV1)	IVPD：8h	硬件不可屏蔽中断(NMI)或软件中断 1
2	4	IV2	IVPD：10h	硬件或软件中断
3	6	IV3	IVPD：18h	硬件或软件中断
4	7	IV4	IVPD：20h	硬件或软件中断
5	8	IV5	IVPD：28h	硬件或软件中断
6	10	IV6	IVPD：30h	硬件或软件中断
7	11	IV7	IVPD：38h	硬件或软件中断
8	12	IV8	IVPD：40h	硬件或软件中断
9	14	IV9	IVPD：48h	硬件或软件中断
10	15	IV10	IVPD：50h	硬件或软件中断
11	16	IV11	IVPD：58h	硬件或软件中断
12	18	IV12	IVPD：60h	硬件或软件中断
13	19	IV13	IVPD：68h	硬件或软件中断

续表

ISR序号	硬件中断优先级	向量名	向量地址	ISR 功能
14	22	IV14	IVPD：70h	硬件或软件中断
15	23	IV15	IVPD：78h	硬件或软件中断
16	5	IV16	IVPH：80h	硬件或软件中断
17	9	IV17	IVPH：88h	硬件或软件中断
18	13	IV18	IVPH：90h	硬件或软件中断
19	17	IV19	IVPH：98h	硬件或软件中断
20	20	IV20	IVPH：A0h	硬件或软件中断
21	21	IV21	IVPH：A8h	硬件或软件中断
22	24	IV22	IVPH：B0h	硬件或软件中断
23	25	IV23	IVPH：B8h	硬件或软件中断
24	3	BERRIV(IV24)	IVPD：C0h	总线错误中断或软件中断
25	26	DLOGIV(IV25)	IVPD：C8h	Data Log 中断或软件中断
26	27(最低)	RTOSIV(IV26)	IVPD：D0h	实时操作系统中断或软件中断
27	—	SIV27	IVPD：D8h	软件中断
28	—	SIV28	IVPD：E0h	软件中断
29	—	SIV29	IVPD：E8h	软件中断
30	—	SIV30	IVPD：F0h	软件中断
31	—	SIV31	IVPD：F8h	软件中断 31

用户也可以参考 C55x 的数据手册，查看各个向量所对应的中断。5509 的中断向量表如表 4-14 所示。

表 4-14　5509 中断向量表

中断名称	向量名	向量地址(十六进制)	优先级	功能描述
RESET	SINT0	0	0	复位(硬件和软件)
NMI	SINT1	8	1	不可屏蔽中断
BERR	SINT24	C0	2	总线错误中断
INT0	SINT2	10	3	外部中断 0
INT1	SINT16	80	4	外部中断 1
INT2	SINT3	18	5	外部中断 2
TINT0	SINT4	20	6	定时器 0 中断
RINT0	SINT5	28	7	McBSP0 接收中断
XINT0	SINT17	88	8	McBSP0 发送中断
RINT1	SINT6	30	9	McBSP1 接收中断
XINT1/MMCSD1	SINT7	38	10	McBSP1 发送中断，MMC/SD1 中断
USB	SINT8	40	11	USB 中断

中断名称	向量名	向量地址(十六进制)	优先级	功能描述
DMAC0	SINT18	90	12	DMA 通道 0 中断
DMAC1	SINT9	48	13	DMA 通道 1 中断
DSPINT	SINT10	50	14	主机接口中断
INT3/WDTINT	SINT11	58	15	外部中断 3 或看门狗定时器中断
INT4/RTC	SINT19	98	16	外部中断 4 或 RTC 中断
RINT2	SINT12	60	17	McBSP2 接收中断
XINT2/MMCSD2	SINT13	68	18	McBSP2 发送中断，MMC/SD2 中断
DMAC2	SINT20	A0	19	DMA 通道 2 中断
DMAC3	SINT21	A8	20	DMA 通道 3 中断
DMAC4	SINT14	70	21	DMA 通道 4 中断
DMAC5	SINT15	78	22	DMA 通道 5 中断
TINT1	SINT22	B0	23	定时器 1 中断
IIC	SINT23	B8	24	I^2C 总线中断
DLOG	SINT25	C8	25	DataLog 中断
RTOS	SINT26	D0	26	实时操作系统中断
—	SINT27	D8	27	软件中断 27
—	SINT28	E0	28	软件中断 28
—	SINT29	E8	29	软件中断 29
—	SINT30	F0	30	软件中断 30
—	SINT31	F8	31	软件中断 31

4.5.3　中断寄存器

1. 指向 DSP 的中断矢量指针(IVPD、IVPH)

IVPD 和 IVPH 这两个 16 位的中断向量指针均指向程序空间的中断向量表。DSP 中断向量指针(IVPD)指向 256 字节大小的程序空间中的中断向量表(IV0～IV15 和 IV24～IV31)，这些中断向量供 DSP 专用。主机中断向量指针(IVPH)指向 256 字节大小的程序空间中的中断向量表(IV16～IV23)，这些中断向量供 DSP 和主机共享使用。

如果 IVPD 和 IVPH 的值相同，所有中断向量可能占有相同的 256 字节大小的程序空间。DSP 硬件复位时，IVPD 和 IVPH 都被装入到 FFFFH 地址处，IVPD 和 IVPH 均不受软复位的影响。

一般在程序初始化时设定中断矢量指针的值，防止取非法指令代码，在修改中断矢量指针(IVPD、IVPH)前应当确定如下两点：

(1) INTM=1，即所有可屏蔽中断不能响应。

(2) 每个硬件不可屏蔽中断对于原来的 IVPD 和修改后的 IVPD 都有一个中断向量和中断服务程序。

CPU 将 16 位的中断矢量指针与 5 位的中断矢量序号级联，然后左移 3 位形成中断矢量地址。表 4-15 给出了不同的中断矢量的地址形式。

表 4-15　中断矢量及地址形式

序号	中断名称	中断矢量地址		
		位 23～8	位 7～3	位 2～0
0	复位	IVPD	00000	000
1	非屏蔽硬件中断	IVPD	00001	000
2～15	可屏蔽中断	IVPD	00010～01111	000
16～23	可屏蔽中断	IVPH	10000～10111	000
24	总线错误中断	IVPD	11000	000
25	数据记录中断	IVPD	11001	000
26	实时操作系统中断	IVPD	11010	000
27～31	软件中断	IVPD	11011～11111	000

2. 中断标志寄存器(IFR0、IFR1)

中断标志寄存器(IFR)和中断使能寄存器(IER)包含所有的可屏蔽中断的标志位和使能位。当一个可屏蔽中断向 CPU 提出申请时，IFR 中相应的标志位置 1，等待 CPU 应答中断。可以通过读 IFR 标志识别已发送申请的中断，或写 0 到 IFR 相应的位撤销中断申请。中断被响应后将相应位清零，器件复位将所有位清零。

通过设置中断使能寄存器 IER0、IER1 的位为 1 打开相应的可屏蔽中断，通过对其中的位清零关闭相应的可屏蔽。上电复位时，所有 IER 位清零。IER0、IER1 不受软件复位指令和 DSP 热复位的影响，在全局可屏蔽中断使能(INTM=1)之前应初始化它们。

IFR0 和 IER0 寄存器的格式如下所示：

15	14	13	12	11	10	9	8
DMAC5	DMAC4	XINT2/ MMCSD2	RINT2	INT3/ WDTINT	DSPINT	DMAC1	USB

7	6	5	4	3	2	1	0
XINT1/ MMCSD1	RINT1	RINT0	TINT0	INT2	INT0	Reserved	

IFR1 与 IER1 寄存器格式如下所示：

15～11			10	9	8
Reserved			RTOS	DLOG	BERR

7	6	5	4	3	2	1	0
I2C	TINT1	DMAC3	DMAC2	INT4/RTC	DMA0	XINT0	INT1

3. 调试中断使能寄存器(DBIER0、DBIER1)

仅当 CPU 工作在实时仿真模式调试暂停时，这两个 16 位的调试中断使能寄存器才会使用。如果 CPU 工作在实时方式下，DBIER0、DBIER1 将被忽略。

　　DBIER0、DBIER1 不受软件和硬件 RESET 的影响，在使用实时仿真模式之前应该对其进行初始化。

4.5.4　可屏蔽中断

　　可屏蔽中断能用软件来关闭或开放。所有的可屏蔽中断都是硬件中断。无论硬件何时请求一个可屏蔽中断，都可以在一个中断标志寄存器里找到相应的中断标志置位。该标志一旦置位，相应的中断还必须使能，否则不会得到处理。

1. TMS320C55x 的可屏蔽中断

　　序号 2～23 的中断都是由 DSP 的引脚或 DSP 外设触发的。

　　BERRINT：总线错误中断。当一个系统总线错误中断传给 CPU，或当 CPU 里发生总线错误时触发。

　　DLOGINT：数据插入中断。当一个数据插入传送结束时，由 DSP 触发。可用其 ISR 来启动下一个数据插入传送。

　　RTOSINT：实时操作系统中断。由硬件断点或观察点触发。可以使用其 ISR 来启动对于仿真条件相应的数据插入传送。

2. 可屏蔽中断的标准处理流程

　　无论硬件何时请求可屏蔽中断，都要设置中断标志寄存器中响应的中断标志位。一旦中断标志位被设置后，就不能响应优先权低的中断请求。在下列寄存器中定义允许或禁止可屏蔽中断：状态寄存器 ST1_55、中断标志寄存器(IFR)、中断使能寄存器(IER)和调试中断使能寄存器(DBIER)。其中状态寄存器 ST1_55 中的 INTM(中断模式位)可允许(INTM=0)或禁止(INTM=1)所有的可屏蔽中断。

　　可屏蔽中断的标准处理流程中的步骤：

　　(1) 向 CPU 发送中断请求。

　　(2) 设置相应的 IFR 标志。当 CPU 检测到一个有效的可屏蔽中断请求时，它设置并锁定某个中断标志寄存器(IFR0 或 IFR1)的相应的标志位。这个标志位保持锁定，直到该中断得到响应或者由一个软件复位或 CPU 硬件复位，才得以清除。

　　(3) IER 中断使能。如果中断使能寄存器(IER0 或 IER1)里相应的使能位是 1，CPU 响应中断；否则，CPU 不响应中断。

　　(4) INTM=0。如果中断模式位(INTM)是 0(也就是，必须全局开放中断)，CPU 响应中断；否则，CPU 不响应中断。

　　(5) 跳转到中断服务程序。CPU 根据中断向量跳转至中断服务程序。跳转时 CPU 做以下事情：

　　① 完成流水线里那些已经达解码阶段的指令的执行，其他指令被冲掉；

　　② 清除 IFR0 或 IFR1 里的相应标志，表明中断已得到响应；

　　③ 自动保存某些寄存器数据，以便记录被中断的程序的重要模式和状态信息；

　　④ 强制设置 INTM=1(全局中断关闭)，DBUG=1(关闭调试事件)和 EALLOW=0(禁止访问非 CPU 仿真寄存器)，为此 ISR 建立新的现场变量。

　　(6) 执行中断服务程序。CPU 响应中断，执行用户为此中断编写的中断服务程序 ISR，跳转到 ISR 的过程中会自动保存某些寄存器数据。在 ISR 末尾的一条中断返回指令自动恢复这些寄存器数据。如果该 ISR 与被中断的程序共用某些寄存器，那么它必须在它的起始处保存那些寄存器的数据，并在返回以前恢复这些数据。

(7) 程序继续运行。如果没有正确地开放中断请求，CPU 忽略请求，程序不中断，继续运行。如果开放了中断，那么继续执行完中断服务程序以后，程序从中断的点继续执行。

在调试中断使能寄存器中被使能的可屏蔽中断被定义为时限中断(时间要求严格的中断)。当 CPU 在实时模式中被异常终止时，只有时限中断可以在中断使能寄存器中被使能。也只能处理时间临时中断。

时间临时中断处理流程中的步骤：

(1) 向 CPU 发送中断请求。

(2) 设置相应的 IFR 标志。当 CPU 检测到一个有效的可屏蔽中断请求时，它设置并锁定某个中断标志寄存器(IFR0 或 IFR1)的相应的标志位。这个标志位保持锁定，直到该中断得到响应或者由一个软件复位或 CPU 硬件复位，才得以清除。

(3) IER 中断使能。如果中断使能寄存器(IER0 或 IER1)里相应的使能位是 1，CPU 响应中断；否则，CPU 不响应中断。

(4) DBIER 中断使能。如果调试中断使能寄存器(DBIER0 或 DBIER1)里相应的使能位是 1，CPU 响应中断；否则，CPU 不响应中断。

(5) 跳转到中断服务程序。CPU 根据中断向量跳转至中断服务程序。跳转时 CPU 做以下事情：

① 完成流水线里那些已经达解码阶段的指令的执行，其他指令被冲掉；

② 清除 IFR0 或 IFR1 里的相应标志，表明中断已得到响应；

③ 自动保存某些寄存器数据，以便记录被中断的程序的重要模式和状态信息；

④ 强制设置 INTM=1(全局中断关闭)，DBUG=1(关闭调试事件)和 EALLOW=0(禁止访问非 CPU 仿真寄存器)，为此 ISR 建立新的现场变量。

(6) 执行中断服务程序。CPU 响应中断，执行用户为此中断编写的中断服务程序 ISR，跳转到 ISR 的过程中会自动保存某些寄存器数据。在 ISR 末尾的一条中断返回指令自动恢复这些寄存器数据。如果该 ISR 与被中断的程序共用某些寄存器，那么它必须在它的起始处保存那些寄存器的数据，并在返回以前恢复这些数据。

(7) 程序继续运行。如果没有正确地开放中断请求，CPU 忽略请求，程序不中断，继续运行。如果开放了中断，那么继续执行完中断服务程序以后，程序从中断的点继续执行。

4.5.5 非屏蔽中断

CPU 接收到非屏蔽中断请求时，无条件响应并跳转到相应的中断服务程序(ISR)。非屏蔽中断的标准处理流程是：

(1) 中断请求送到 CPU。

(2) 跳转到中断服务程序(ISR)执行，跳转时：

① 执行自动现场保护；

② 全局禁止可屏蔽中断(INTM=1)；

③ 禁止调试事件(DGBM=1)；

④ 禁止访问非 CPU 仿真寄存器(FALLOW=0)。

(3) 执行中断服务程序。

(4) 程序继续执行。

非屏蔽中断分类在上面已经讲过，表 4-16 列出了产生软件中断的方式。

表 4-16　产生软中断的方式

指令	描　　述
INTR #k5	可用这条指令初始化 32 个 ISR 中的任意一个，变量 k5 是一个值从 0～31 的 5 位数。执行 ISR 之前，CPU 自动保存现场(保存重要的寄存器数据)，并设置 INTM 位(全局关闭可屏蔽中断)
TRAP #k5	与 INTR #k5 不同的是不置位 INTM
RESET	软件复位，是硬件复位操作的一个子集，强制 CPU 执行复位 ISR

4.5.6　DSP 复位

DSP 复位是一种非屏蔽中断，任何时候都可以对 DSP 进行复位。它有两种方式。

(1) 硬件复位。CPU 放弃所有操作，清空指令流水线，复位 CPU 的寄存器，然后按照非屏蔽中断的标准处理流程执行复位 ISR。硬件复位对 CPU 寄存器的影响如表 4-17 所示。

表 4-17　硬件复位对 CPU 寄存器的影响

寄存器	位	复位值	说　　明
BSA01	全部	0	清除所有循环缓冲起始地址
BSA23	全部	0	
BSA45	全部	0	
BSA67	全部	0	
BSAC	全部	0	
IFR0	全部	0	清除所有未响应的中断
IFR1	全部	0	
IVPD	全部	FFFFh	从程序地址 FF FF00h 提取复位向量主机向量
IVPH	全部	FFFFh	在与 DSP 向量相同的 256 字节程序页里
STO_55	0～8：DP	0	选择数据页 0，清除标志
	9：ACOV1	0	
	10：ACOV0	0	
	11：C	1	
	12：TC2	1	
	13：TC1	1	
	14：ACOV3	0	
	15：ACOV2	0	

寄存器	位	复位值	说　明
ST1_55	0～4：ASM	0	受 ASM 影响的指令使用移位计数为 0(即不移位)
	5：C54CM	1	开启 TMS320C54 兼容模式
	6：FRCT	0	乘法操作的结果不移位
	7：C16	0	关闭双 16 位模式。对于受 C16 影响的指令，D 单元的 ALU 进行 32 位操作而不是 2 个并行的 16 位操作
	8：SXMD	1	开启符号扩展模式
	9：SATD	0	CPU 对 D 单元的溢出结果不作饱和运算
	10：M40	0	D 单元选择 32 位(而不是 40 位)计算模式
	11：INTM	1	全局关闭可屏蔽中断
	12：HM	0	当一个激活的 HOLD 信号迫使 DSP 将它的外部接口置于高阻状态时，DSP 仍继续执行取自内存的代码
	13：XF	1	置位外部标志
	14：CPL	0	选择 DP(不是 SP)直接寻址模式。直接访问数据空间与数据页寄存器(DP)关联
	15：BRAF	0	清除此标志
ST2_55	0：AR0LC	0	AR0 用作线性寻址(而不是循环寻址)
	1：AR1LC	0	AR1 用作线性寻址
	2：AR2LC	0	AR2 用作线性寻址
	3：AR3LC	0	AR3 用作线性寻址
	4：AR4LC	0	AR4 用作线性寻址
	5：AR5LC	0	AR5 用作线性寻址
	6：AR6LC	0	AR6 用作线性寻址
	7：AR7LC	0	AR7 用作线性寻址
	8：AR8LC	0	CDP 用作线性寻址
	9：保留	0	
	10：RDM	0	当一条指令指明一个操作数需要取整时，CPU 采用取整向极大方向取整(不是向最近的整数取整)
	11：EALLOW	0	程序不能写非 CPU 仿真寄存器
	12：DBGM	1	关闭调试事件
	13～14：保留	11b	
	15：ARMS	0	当使用 AR 间接寻址模式时，可使用 DSP 模式操作数(不是控制模式)

寄存器	位	复位值	说　　明
ST3_55	0：SST	0	在 TMS320C54x 兼容模式下(C54CM=1)，某些累加器存储指令的执行受 SST 影响。当 SST=0 时，40 位的累加器值在存储以前并不做饱和运算
	1：SMULL	0	乘法运算的结果不作饱和运算
	2：CLKOFF	0	使能 CLKOUT 输出引脚。反映 CLKOUT 的时钟信号
	3~4：保留	0	
	5：SATA	0	CPU 不会对 A 单元里的溢出结果做饱和运算
	6：MPNMC	引脚	MPNMC 的值反映复位时 MP/引脚上的逻辑电平(1—高，0—低)，该引脚只在复位时采样
	7：CBEER	0	清除该标志
	11~8：保留	1100b	
	12：HINT	1	此信号用于中断主机处理器，处于高电平
	13：CACLR	0	清除该标志
	14：CAEN	0	程序 Cache 禁止
	15：CAFRZ	0	Cache 不冻结
XAR0	所有(AR0H：AR0)	0	扩展辅助寄存器清零
XAR1	所有(AR1H：AR1)	0	
XAR2	所有(AR2H：AR2)	0	
XAR3	所有(AR3H：AR3)	0	
XAR4	所有(AR4H：AR4)	0	
XAR5	所有(AR5H：AR5)	0	
XAR6	所有(AR6H：AR6)	0	
XAR7	所有(AR7H：AR7)	0	
XDP	所有(DPH：DP)	0	扩展数据页寄存器清零
XSP	所有(SPH：SP)	0	扩展数据堆栈指针清零 注意：SPH 清零只影响扩展系统堆栈指针(XSSP)的高 7 位，低 16 位(SSP)必须用软件初始化

(2) 软件复位。由软件指令触发，复位时仅影响中断标志寄存器(IFR0、IFR1)和三个状态寄存器(ST0_55、ST1_55、ST2_55)。软件复位对 CPU 寄存器的影响如表 4-18 所示。

DSP 的硬件复位使中断矢量指针(IVPD、IVPH)的值为 FFFFh，即指向 0xFF FF00 的地址，软件复位对它们没有影响，CPU 用当前 IVPD 值取复位矢量。

表 4-18　软件复位对 CPU 寄存器的影响

寄存器	复位值	说　明
IFR0	0	清除所有未响应的中断
IFR1	0	
ST0_55	DP=0	选择数据页 0，清除标志
	ACOV1=0	
	ACOV0=0	
	C=1	
	TC2=1	
	TC1=1	
	ACOV3=0	
	ACOV2=0	
ST1_55	ASM=0	受 ASM 影响的指令使用移位计数器为 0(即不移位)
	C54CM=1	开启 TMS320C54 兼容模式
	FRCT=0	乘法操作的结果不移位
	C16=0	关闭双 16 位模式
	SXMD=1	开启符号扩展模式
	SATD=0	CPU 对 D 单元的溢出结果不作饱和运算
	M40=0	D 单元选择 32 位(而不是 40 位)计算模式
	INTM=1	全局关闭可屏蔽中断
	HM=0	当一个激活的信号迫使 DSP 将它的外部接口置于高阻态时，DSP 仍继续执行取自内存的代码
	XF=1	置位外部标志
	CPL=0	选择 DP 直接寻址模式。直接访问数据空间与数据页寄存器(DP)关联
	BRAF=0	清除此标志
ST2_55	AR0LC=0	AR0 用作线性寻址(而不是循环寻址)
	AR1LC=0	AR1 用作线性寻址
	AR2LC=0	AR2 用作线性寻址
	AR3LC=0	AR3 用作线性寻址
	AR4LC=0	AR4 用作线性寻址
	AR5LC=0	AR5 用作线性寻址
	AR6LC=0	AR6 用作线性寻址
	AR7LC=0	AR7 用作线性寻址
	CDPLC=0	CDP 用作线性寻址
	RDM=0	当一条指令指明一个操作数需要取整时，CPU 采用取整极大方向取整
	EALLOW=0	程序不能写非 CPU 仿真寄存器
	DBGM=1	关闭调试事件
	ARMS=0	当使用 AR 间接寻址模式时，可使用 DSP 模式操作数(不是控制模式)

4.5.7　实验案例

程序主要功能是通过触发外部中断，实现打印输出："EXINT"。程序清单如下。

1. 中断程序设置

```
/***************5509A 中断设置，使能 INT1 中断*********************/
/*参考资料：  TMS320C55x Chip Support Library API Reference Guide (Rev. J)
              TMS320VC5509A Data Sheet                              */
void INTconfig()
{
    /* Temporarily disable all maskable interrupts */
    IRQ_setVecs((Uint32)(&VECSTART));
    /* Temporarily disable all maskable interrupts */
    old_intm = IRQ_globalDisable();

    /* Get Event Id associated with External INT1(8019)，for use with */
    eventId0 = IRQ_EVT_INT1；
    /* Clear any pending INT1 interrupts */
    IRQ_clear(eventId0)；
    /* Place interrupt service routine address at */
    /* associated vector location */
    IRQ_plug(eventId0，&int1);
    /* Enable INT1(8019) interrupt */
    IRQ_enable(eventId0)；
    /* Enable all maskable interrupts */
    IRQ_globalEnable();
}
```

2. 中断服务程序

```
interrupt void int1()
{
    printf("EXINT \n");
}
```

4.6　TMS320C55x 芯片的在片外围电路

4.6.1　通用 I/O 引脚

1. GPIO 口

C5509 DSP 配有一个专门的通用输入/输出口 GPIO。它由 8 个相互独立的可编程管脚

(IO0～IO7)构成。GPIO 口各个管脚的输入或输出由方向寄存器 IODIR 设定，各个管脚上的输入/输出电平由寄存器 IODATA 控制。表 4-19 和表 4-20 分别列出了 GPIO 方向寄存器 IODIR 和数据寄存器 IODATA 的说明。

表 4-19　GPIO 方向寄存器 IODIR

位	字段	说　　明
15～8	Reserved	保留
7～0	IOxDIR	IOx 方向控制位 0：IOx 配置为输入；1：IOx 配置为输出

表 4-20　GPIO 数据寄存器 IODATA

位	字段	说　　明
15～8	Reserved	保留
7～0	IOxDATA	IOx 逻辑状态位 0：IOx 信号为低；1：IOx 信号为高

2. 通过 GPIO 进行自举模式设定

在 C5509 复位时，GPIO 口的 IO[3：1]还作为 DSP 自举模式的设定，DSP 在复位信号的上升沿采样这三个管脚上的电平，并将它们锁存到自举模式寄存器 BOOT_MOD 里。在采样以后，这三个管脚就可用作通用输入/输出了。

3. GPIO 的使用举例

```
MOV #0x0001，port(#IODIR)      ；配置 GPIO0 为输出
MOV #0x0001，port(#IODATA)     ；GPIO0 输出高电平
```

4.6.2　通用定时器

1. 结构框图

C5509 DSP 片内有两个定时器：Timer0 和 Timer1，具有定时或计数功能。计数器在每个时钟周期减 1，当减到 0 就产生一个输出信号。该输出信号可用于中断 CPU 或触发 DMA 传输(称为定时器事件)。定时器由时钟、控制寄存器、计数器和定时器事件等部分构成。C5509 DSP 的定时器结构如图 4-25 所示。

(1) 时钟部分，可采用内部 CPU 时钟，也可采用来自 TIN/TOUT 管脚的外部输入时钟。

(2) 两个定时器，一个用于定时器工作(递减方式)，一个用于 CPU 读写(设置定时长度)。

(3) 定时器事件，产生三个输出信号：CPU 中断、DMA 同步事件、TIN/TOUT 管脚输出信号。

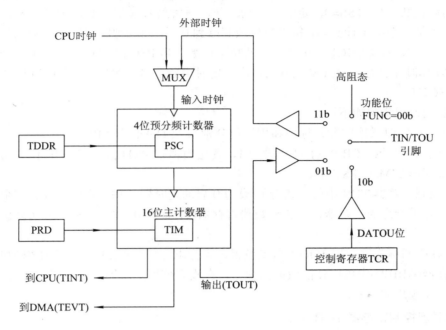

图 4-25　TMS320VC5509 的定时器结构框图

2. 时钟部分

定时器的工作时钟可来自 DSP 内部的 CPU 时钟，也可来自 TIN/TOUT 管脚输入的外部时钟。具体时钟源的选择和 TIN/OUT 管脚的功能由控制寄存器 TCR 中的 FUNC 字段确定。

FUNC＝00 时，TIN/TOUT 为高阻态，时钟源为 CPU 时钟。该模式为复位后的缺省模式。

FUNC=01 时，TIN/TOUT 为定时器输出，时钟源为 CPU 时钟，可以输出时钟信号或脉冲信号。

FUNC=10 时，TIN/TOUT 为通用输出，时钟源为 CPU 时钟。此时，TIN/OUT 作为通用输出，其电平由控制寄存器 TCR 中的 DATOUT 字段确定。

FUNC=11 时，TIN/TOUT 为时钟源输入，定时计数器将在其上升沿递减。

3. 计数器部分

(1) C5509 定时器的计数器分为两个：一个用于定时器工作，一个用于 CPU 设置定时长度。定时长度为 20 比特：4 比特的预定标器和 16 比特的主计数器。其中，4 比特的预定标值由预定标寄存器 PRSC 定义；16 比特主定时器的值由定时周期寄存器 PRD 定义。

(2) 定时器的工作方式。设定时器的工作时钟周期为 TCLOCK，则定时长度 T 可用下式计算：

$$T = TCLOCK \times (PRD + 1) \times (TDDR + 1)$$

式中，PRD 和 TDDR 分别为定时器的时间常数和分频系数。

正常工作情况下，当 TIM 减到 0 后，PRD 中的时间常数自动地加载到 TIM。当系统复位或者定时器单独复位时，PRD 中的时间常数重新加载到 TIM。复位后，定时器控制寄存器(TCR)的停止状态位 TSS=0，定时器启动工作，时钟信号 CLKOUT 加到预定标计数器 PSC。PSC 也是一个减 1 计数器，每当复位或其减到 0 后，自动地将定时器分频系数 TDDR 加载到 PSC。PSC 在 CLKOUT 作用下，做减 1 计数。当 PSC 减到 0 后，产生一个错位信号，另 TIM 作减 1 计数。TIM 减到 0 后，产生定时中断信号 TINT，传送至 CPU 和定时器输出引脚 TOUT。

定时器的设置步骤如下：

① CPU 将定时长度的预定标值和周期值分别写入 TDDR 和 PRD。

② 将控制寄存器 TCR 中的 TLB 设为 1，使定时器把 PRD 值和 TDDR 值分别拷贝到它的工作寄存器 TIM 和 PSC 中。

③ 把控制寄存器 TCR 中的 TSS 字段设为 0 启动定时器。每个定时器都有一个中断信号(TINT)。对于给定的定时器，当主计数器寄存器(TIM)到 0 时，中断请求就会被发送到 CPU。

TINT 在中断标志寄存器(IFR)中自动设置一个标志。在中断使能寄存器(IER)和调试中断使能寄存器(DBIER)中可以使能或取消中断，在没有使用定时器时需要取消定时器中断，以防止引起非预想的中断。

4. 定时器控制寄存器 TCR

定时器控制寄存器 TCR 结构如图 4-26 所示。

15	14	13	12	11	10	9	8
IDLEEN	INTEXT	ERRTIM	FUNC		TLB	SOFT	FREE
R/W-0	R-0	R-0	R/W-00		R/W-0	R/W-0	R/W-0

7	6	5	4	3	2	1	0
PWID	ARB	TSS	C/P	POLAR	DATOUT	Reserved	
R/W-00	R/W-0	R/W-1	R/W-0	R/W-0	R/W-0	R-0	

图 4-26　定时器控制寄存器 TCR 结构

寄存器中各个位的描述如下：

IDLEEN：省电控制使能位，"0"表示禁止省电模式，"1"表示允许省电模式。

INTEXT：时钟源从内部切换到外部的指示标志，当时钟源从内部切换到外部要检测此位来决定是否准备好使用外部时钟。"0"表示定时器没准备好使用外部时钟；"1"表示定时器准备好使用外部时钟。

ERRTIM：定时器错误标志，"0"表示正常，"1"表示错误。

FUNC：定时器工作模式选择。

TLB：定时长度拷贝控制，"0"表示停止拷贝，"1"表示拷贝。

SOFT 和 FREE：在仿真时遇到高级语言调试器断点时的处理方式，"00"表示定时器立刻停止；"01"和"11"表示定时器继续运行；10：在主计数器 TIM 减为 0 时停止。

PWID：TIN/TOUT 管脚输出脉冲的宽度。

当 PWID = 00 时，TIN/TOUT 输出脉宽为 1 个 CLKOUT 周期。

当 PWID = 01 时，TIN/TOUT 输出脉宽为 2 个 CLKOUT 周期。

当 PWID = 10 时，TIN/TOUT 输出脉宽为 4 个 CLKOUT 周期。

当 PWID = 11 时，TIN/TOUT 输出脉宽为 8 个 CLKOUT 周期。

ARB：自动重装控制。"0"表示不自动重装，"1"表示自动重装。

TSS：定时器停止控制，"0"表示启动，"1"表示停止。

C/P：TIN/TOUT 引脚输出脉冲/时钟选择，"0"表示输出脉冲，"1"表示输出时钟。

POLAR：TIN/TOUT 引脚输出信号的极性，"0"表示正极性，"1"表示负极性。

DATOUT：TIN/TOUT 引脚作通用输出时的电平，"0"表示低电平，"1"表示高电平。

定时器预定标寄存器 PRSC 结构如图 4-27 所示。

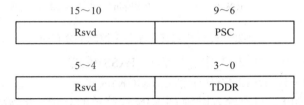

图 4-27 定时器预定标寄存器 PRSC 结构

寄存器中各个位的描述如下：

Rsvd：保留。

PSC：预定标计数寄存器。

TDDR：当 TDDR 重新装入时，将 TDDR 的内容复制到 PSC 中。

主计数寄存器 TIM 为一个 16 位的数值，其范围为 0000h～FFFFh。

主周期寄存器 PRD 为一个 16 位的数值，其范围为 0000h～FFFFh，当 PRD 的内容必须重新装入的时候，将 PRD 的内容复制到 TIM 中。

5. 应用举例

假定定时器 0 的工作时钟为 160 MHz，请配置定时长度为 5 ms 的定时器。

解：根据定时器公式

$$5\times10^{-3} = \frac{1}{160\times10^{6}}\times(PRD+1)\times(TDDR+1)$$

即
$$(PRD + 1) \times (TDDR + 1) = 800000$$

取 TDDR = 15(0x0F)、PRD = 49999(0xC34F)。完成这一定时长度的程序如下：

```
MOV    #0x000f, PORT(#PRSC0)      ; 写入预定标值
MOV    #0xc34f, PORT(#PRD0)       ; 写入周期值
MOV    #0x0fd0, PORT(#TCR0)       ; 将 PRD0 和 TDDR0 分别拷贝到 TIM0 和 PSC0
MOV    #0x0Bc0, PORT(#TCR0)       ; TLB=TSS=0，停止拷贝，开始定时
```

4.6.3 时钟发生器

C55xDSP 的时钟发生器由一个时钟模式寄存器(CLKMD)和一个数字锁相环(DPLL)电路组成。在时钟模式寄存器的控制下，数字锁相环能对外部输入时钟进行分频、倍频和锁相，为 CPU 及外围电路提供工作时钟。

1. 两种工作模式(模式控制寄存器标志位的定义)

时钟模式寄存器(CLKMD)用于控制时钟电路的工作状态。图 4-28 为时钟模式寄存器各

个控制字的分布图。

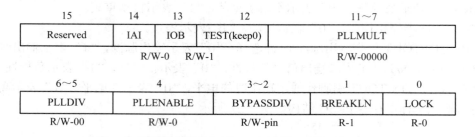

图 4-28　时钟模式寄存器各个控制字分布图

若 PLLENABLE =0，DPLL 工作于旁路(BYPASS)模式。

若 PLLENABLE =1，DPLL 工作于锁定(LOCK)模式。

在旁路模式中，DPLL 只对输入时钟 CLKIN 作简单的分频，分频次数由 BYPASS_DIV 字段确定。

若 BYPASSDIV =00，为一分频，即 CLKOUT 等于 CLKIN。

若 BYPASSDIV =01，为二分频，即 CLKOUT 等于 CLKIN 的一半。

若 BYPASSDIV =1x，为四分频，即 CLKOUT 等于 CLKIN 的四分之一。

在锁定模式中，DPLL 锁相环对输入时钟 CKLIN 进行跟踪锁定，可得到如下的输出时钟频率：

$$CLKOUT = \frac{PLLMULT}{PLLDIV+1} \times CLKIN，1 < PLLMULT \leqslant 31$$

$$CLKOUT = \frac{1}{PLLDIV+1} \times CLKIN，1 < PLLMULT = 0 \text{ 或 } 1$$

PLLMULT：锁定模式下的倍频次数，取值 0～31。

PLLDIV：锁定模式下的分频次数，取值 0～3。

2. 使用方法

可以通过对时钟模式寄存器 CLKMD 进行编程，将上述时钟电路设定为所需的工作模式和输出频率。编程时，除了写入正确的工作模式、分频次数和倍频次数外，还要注意以下三个因素对 DPLL 的影响：

(1) DSP 复位对时钟发生器的影响。

在 DSP 复位期间和复位后，DPLL 工作于旁路模式，此时的分频次数(BYPASS_DIV)由 CLKMD 管脚上的电平确定，从而确定了它的输出时钟频率。

若 CLKMD 管脚为低电平，则 BYPASS_DIV =00，CLKOUT 等于 CLKIN。

若 CLKMD 管脚为高电平，则 BYPASS_DIV =01，CLKOUT 等于 CLKIN 的一半。

(2) 失锁对时钟发生器的影响。

锁相环是通过对输入基准时钟进行跟踪锁定来稳定其输出时钟的，在锁定之后，由于某些因素使其输出时钟发生偏移，即失锁。发生失锁时，DPLL 的动作由 IOB 字段控制：

若 IOB =1，时钟电路会自动切换到旁路模式，并重新开始跟踪锁定过程，在锁定后又自动切换回锁定模式。

若 IOB = 0，DPLL 会继续输出时钟，而不管锁相环是否失锁。

(3) 省电状态对时钟发生器的影响。

当时钟发生器退出省电(IDLE)状态时，不管进入省电状态之前工作于什么模式，DPLL 都会切换到旁路模式，并由 IAI 字段确定进一步操作：

若 IAI = 1，DPLL 将重新开始整个跟踪锁定过程。

若 IAI = 0，DPLL 将使用与进入省电模式之前相同的设置进行跟踪锁定。

4.7　TMS320C55x 芯片的串行口

C55x 系列 DSP 都有串行口，其串行口分成 4 种：标准同步串行口 SP、带缓冲的串行口 BSP、时分复用串行口 TDM、多通道缓冲串行口 McBSP。

4.7.1　标准串行口

1. 标准同步串行口 SP

标准同步串行口是一种全双工同步串行口，用于提供与编码器、A/D 转换等串行设备之间的通信。标准同步串行口具有以下一些特点：

(1) 发送与接收的帧同步和时钟同步信号完全独立。

(2) 独方复位发送和接收部分电路。

(3) 串口的工作时钟来自片外。

(4) 独立的发送和接收数据线。

(5) 具有数据返回方式，便于测试。

(6) 在调试程序时，工作方式可选择。

(7) 可以通过查询或中断的方式工作。

标准同步串行口由发送数据寄存器 DXR、接收数据寄存器 DRR、串口控制寄存器 SPC、接收移位寄存器 RSR、发送移位寄存器 XSR 以及控制电路、管脚组成。

标准同步串行口共用到 6 个管脚，分别为接收时钟 CLKR、串行数据接收 DR、接收帧同步信号 FSR、发送时钟 CLKX、串行数据发送 DX、发送帧同步信号 FSX。

标准同步串行口在发送数据时，先将要发送的数据写到 DXR。若 XSR 为空，则自动将 DXR 的数据发送到 XSR，在 FSX 和 CLKX 作用下，将 XSR 中的数据通过 DX 管脚发送出去。当 DXR 的数据发送到 XSR 后，串行口控制寄存器 SPC 中的发送准备好位 XRDY 由 "0" 变为 "1"，随后，产生一个串行口发送中断信号 XINT，通知 CPU 可以对 DXR 重新加载，此时就可以将新的数据写到 DXR。

接收数据和发送数据的过程相反，来自 DR 管脚的数据在 FSR 和 CLKR 的作用下，移位至 RSR，然后送到 DRR。当 RSR 的数据发送到 DRR 后，SPC 中的接收数据准备好位 RRDY 内 "0" 变为 "1"，随后产中一个串行口接收中断信号 RINT，通知 CPU 从 DRR 中读数据。

2. 串行口控制寄存器

C55x 串行口的操作是由串行口寄存器(SPC)决定的。SPC 寄存器的控制位如图 4-29 所示。

15	14	13	12	11	10	8	7
Free	Soft	RSRFULL		XRDY	RRDY	IN1	IN0
R/W	R/W	R	R	R	R	R	R

7	6	5	4	3	2	1	0
		TXM	MCM	FSM	FO	DLB	Res
R/W	R/W	R/W	R/W	R/W	R/W	R/W	R

图 4-29 SPC 寄存器的控制位

(1) Soft：仿真控制位，决定串行口时钟状态；

(2) Free：① Free = 0，Soft = 0，立即停止串行口时钟；

② Free = 0，Soft = 1，接收数据不受影响，若正在发送数据，则等到当前数据发送完后停止发送数据；

③ Free = 1，Soft = X，出现断点，时钟不停，继续照常移动。

(3) RSRFULL：接收移位寄存器满，用来反映接收移位寄存器的状态，高电平有效。当 RSRFULL=1，表示 RSR 已满。在 FSX/FSR 脉冲串模式(FSM=1)时，下列 3 个条件同时发生，可使 RSRFULL=1：

① 上一次从 RSR 传到 DRR 的数据还没有读出；

② RSR 已满；

③ 一个帧同步脉冲已出现在 FSR 端。

在连续传送模式(FSM=0)，若满足接收到最后一位则会发生 RSRFULL 置位，则当 RERFULL=1 时，接收器暂停并等待读取 DRR，发送到 DR 的数据都会丢失。

$\overline{XSREMPTY}$ 发送移位寄存器空，用于反映发送移位寄存器的状态。下面的情况之一发生会使该位清 0：

① 上一次数由 DXR 传送到 XSR 后，DXR 还没有被加载，而 XSR 中的数已经移空。

② 发送器复位($\overline{XRST}=0$)。

③ C54x 复位($\overline{RS}=0$)。

(4) RRDY、XRDY 分别为接收准备好位(RRDY)和发送准备好位(XRDY)。当接收移位寄存器 RSR 的内容已复制到数据寄存器 DRR 中时，RRDY 位由"0"变成"1"，表示可以从 DRR 读取该数据。一旦发生这种变化，立即产生一次接收中断(RINT)。发送寄存器 DXR 的内容已复制到发送移位寄存器 XSR 中，并且可以向 DXR 加载新的数据，则 XRDY 位由"0"变成"1"。一旦发生这种变化，立即产生一次发送中断(XINT)。 CPU 也可以使用软件来查询 RRDY 和 XRDY，而不使用串行接口中断。

(5) IN0、IN1 为输入 0 引脚和输入 1 引脚。允许 CLKR 和 CLKX 引脚作为位输入引脚，可用位操作。指令读取 IN0 和 IN1 位，采样 CLKR 和 CLKX 位改变为新的值之前，将会有 0.5～1.5 个 CLKOUT 周期的等待延迟。

(6) 接收复位：用来对串行口接受位进行复位，"0"表示串行口处于复位状态，停止操作；"1"表示串行口处于工作状态。

(7) 发送复位：用来对串行口发送器进行复位，"0"表示串行口处于复位状态，停止操作，"1"表示串行口处于工作状态。

(8) TXM 为发送位。TXM=0：FSX 设置成输出，每次发送数据的开头由片内产生一个帧同步脉冲；TXM=1：将 FSX 设置成输入，由外部提供帧同步脉冲。发送时发送器处于空转状态，直到 FSX 引脚上提供帧同步脉冲。

(9) MCM 为时钟方式位。MCM=0：CLKX 配置成输入，采用外部时钟源；MCM=1：时钟 CLKX 配置成输出，采用内部时钟源驱动。片内时钟源是 CLKOUT 的四分之一。

(10) FSM 为帧同步模式位。该位规定串行口工作时，在初始帧同步脉冲之后是否还要求 FSX 和 FSR 帧同步脉冲。FSM=0：串行口工作于连续模式。在初始帧同步脉冲之后，不需要帧同步脉冲；FSM=1：串行口工作于 FSX/FSR 脉冲串模式。即每发送/接收一个字符都要求一个帧同步脉冲。

(11) FO：如果 DLB=0，则串行口工作在正常方式，此时 DR、FSR 和 CLKR 都从外部加入数据格式位，用于规定串行口发送/接收数据的字长。FO=0：发送和接收的数据都是16 位字；FO=1：数据按 8 位字节传送，先传送高 8 位(MSB)。

4.7.2　缓冲串行口

缓冲同步串行口 BSP 是一个增强型的标准串行口，在标准同步串行口基础上增加了一个 2 KB 的缓冲区，即由一个全双工的缓冲串行口和一个自动缓冲单元 ABU 构成。与标准串行口 SP 相比，BSP 除了使用与标准串行口中相应的寄存器功能相似的 BDRR、DDXR、BRSR、BXSR、BSPC 外，还增加了一个附加的控制扩展寄存器 DSPCE，用来完成它的增强性功能和控制自动缓冲单元 ABU。ABU 是一个附加逻辑电路。在 ABU 单元中，有一套循环寻址寄存器 AXR、ARR、BKX 和 BKR，ABU 的功能和控制将在下面介绍。缓冲同步串行口有 6 根外部引脚，分别为接收时钟引脚 BCLKR、发送时钟引脚 BCLKX、串行接收引脚 BDR、串行发送引脚 BDX、接收帧同步信号引脚 HFSR 和发送帧同步信号引脚 BFSX。

BSP 有两种工作模式：标准模式和自动缓冲模式。当工作在标准模式下时，缓冲串行口的操作与标准串行口 SP 的工作方式是一样的；而工作在自动缓冲模式下时，BSP 使用 ABU 内嵌式的地址产生器，可以在没有 CPU 控制的情况下直接对 C55x 的内部存储器进行读写，从而可以使串行口处理事务的开销降低到最低，能以 CLKOUT 的速率全速传输数据。与标准串行口相比，DSP 还增强了一些功能，包括一个可编程控制的串行口时钟、可选择时钟和帧同步信号的正负极性。允许使用 8 位、10 位、12 位、16 位传输数据，发送部分增加了脉冲编码模块 PCM，可以方便地应用于 MC 的接口。

1. 自动缓冲单元 ABU

自动缓冲算元 ABU 可以实现在无 CPU 干预下，自动控制 C55x 内部存储器、BSP 数据发送寄存器(BDXR)、BSP 数据接收寄存器(BDRR)之间的数据传输。ABU 使用 5 个存储器映射寄存器，包括地址发送寄存器 AXR、块长度发送寄存器 BKX、地址接收寄存器 ARR、块长度接收寄存器 BKR 和 BSP 扩展寄存器 DSPCE。前 4 个寄存器都是 11 位的片内外设存储器映射寄存器，但这些寄件器按照 16 位寄存器方式读，5 个高位扩展为 0，11 位寄存器内容为低 11 位(右对齐)。若不采用自动缓冲功能，这些寄存器可以作为通用寄存器，用来对 11 位数据进行存储。

　　ABU 有两种工作方式：非缓冲模式和自动缓冲模式，ABU 工作在自动缓冲模式时，在芯片内部有一个 2K 字的专用存储区作为 BSP 发送和接收缓冲区，这是自动缓冲可以寻址的唯一内存块。利用 11 位地址寄存器(AXR 和 ARR)和 11 位块长度寄存器(BKX 和 BKR)编程来分配数据缓冲区的开始地址和数据区长度，自动产生访问数据的循环寻址地址。串行口将指定存储块的数据发送出去，或者将接收的串口数据保存到指定内存。工作过程中，地址寄存器自动增加，直到缓冲区的底部(到底部后，地址寄存器内容恢复到缓冲存储器区顶部)。在这种操作方式下，在传输每一个字的转换过程中不会产生中断，只有当发送或接收数据达到缓冲区半满边界时才会产生中断，这样可以避免 CPU 处理每次串行口传输带来的资源消耗。当 ABU 工作在非缓冲模式时，BSP 传送数据与标准串口一样，都是在软件的控制下进行的。在这种模式下，ABU 是透明的，串行口产生的以字为基础的中断 WXINT 和 WRINT 加到 CPU，作为发送中断 BXINT 或接收中断 HRINT。

　　使用自动缓冲功能时，发送和接收部分分别使能，其发送和接收缓冲可以分别驻留在不同的独立存储区，包括重叠区域或同一个区域内。CPU 也可以对缓冲区进行操作。在 ABU 和 CPU 同时对缓冲区操作的情况下，就会产生时间冲突，此时，ABU 的发送优先级高于接收的优先级，发送首先从缓冲区取出数据，然后延迟等待，当发送完成后再开始接收。

2. BSP 控制扩展寄存器 BSPCE

　　BSP 中寄标器 BDRR、BDXR 和 BSPC 的功能与标准串行口中相应的寄存器功能相似，它们是外设存储器映射寄存器。而发送和接收移位寄行器 BXSR 和 BRSR 是不能被软件直接访问的，它们的功能是实现双缓冲。本小节只介绍 BSP 控制扩展寄存器 BSPCE。缓冲串行口的扩展功能(如可编程串行口时钟速率、选择时钟、帧同步信号的正负极性和设置 PCM 模式等)由缓冲串行口的控制寄存器 BSPCE 来决定。BSPCE 各位定义如图 4-30 所示。其中第 9～0 位用于 BSP 扩展功能的控制，第 15～10 位用于自动缓冲单元 ABU 的控制。

15	14	13	12	11	10	8	7
HALTR	RH	BRE	HALTX	KH	BXE	PCM	FIG
R/W	R	R/W	R/W	R	R/W	R/W	R/W

7	6	5	4～0
FE	XLKP	FSP	CLKDV
R/W	R/W	R/W	R/W

图 4-30　BSPCE 寄存器各位功能

　　(1) HALTR：自动缓冲接收停止位。HALTR=0，当缓冲区接收到一半时，继续操作；HALTR=1，当缓冲区接收一半时，自动缓冲停止。BRE 清 0。

　　(2) RH：接收缓冲区半满。RH=0，缓冲区的前半部分被填满，当前接收的数据正存入后半部分缓冲区；RH=1，后半部分缓冲区被填满，当前接收的数据正填入前半部分缓冲区。

　　(3) BRE：自动缓冲接收使能控制位。BRE=0，自动接收禁止，串行口工作于标准模式；BRE=1，接收器自动接收允许。

(4) HALTX：自动缓冲发送禁止。HALTX=0，当一半缓冲区发送完成后，自动缓冲继续工作；HALTX=1，当一半缓冲区发送后，自动缓冲停止，BRE 清 0。

(5) XH：发送缓冲区满。XH=0，缓冲区前半部分发送完成，当前发送数据取自缓冲区的后半部分；XH=1，缓冲区后半部分完成，当前发送数据取自缓冲区的前半部分。

(6) BXE：自动缓冲发送使能，用来控制自动缓冲发送操作。BXE=0，禁止自动缓冲发送，串行接口工作于标准模式；BXE=1，允许自动缓冲发送功能。

(7) PCM：PCM 脉冲编码模块模式，这种 PCM 模式只影响发送器。BDXR 到 BXSR 转换下不受 PCM 编码位的影响。PCM=0，清除脉冲编码模式；PCM=1，设置脉冲编码模式。

(8) FIG：帧同步信号忽略。FIG=0，第一个帧脉冲之后的帧同步脉冲重新启动发送；FIG=1，忽略帧同步发送操作的第一个帧同步脉冲后的帧同步信号。

(9) FE：扩展格式位，与 SPC 中的 FO 共同决定数据格式。

FO	FE	数据格式
0	0	16 字长
0	1	10 字长
1	0	8 字长
1	1	12 字长

(10) CLKP：时钟极性设置位。CLKP=0，接收器在 BCLKR 的下降沿采样数据，发送器在 BCLKK 的上升沿发送数据；CLKP=1，接收器在 BCLKR 上升采样数据，发送器在 BCLKX 的下降沿发送数据。

(11) FSP：帧同步极性设置位。FSP=0，帧同步脉冲(BFSX 和 BFSR)高电平有效；FSP=1，帧同步脉冲(BFSX 和 BFSR)低电平有效。

(12) CLKDV：内部发送时钟分频因数。该时钟的频率为 CLKOUT/(CLKDV+1)，CLKDV 的取值范围是 0～31。

① 当 CLKDV 为奇数或 0 时，CLKX 的占空比为 50%；

② 当 CLKDV 为偶数时，其占空比依赖于 CLKP。

BSP 的扩展功能可使串行口在各方面的应用都十分灵活。尤其是帧同步忽略的工作方式，可以将 16 位传输字格式以外的各种传输字长压缩打包。这个特性用于外部帧同步信号，则发送重新开始；当 FIG=1，帧同步信号被忽略。例如，设置 FIG=1，可以在每 8 位、10 位、12 位产生帧同步信号的情况下实现连续 16 位的有效传输。如果不用 FIG，每个低于 16 位的数据转换必须用 16 位格式，并且 16 位要以两个 8 位字节进行传输，同时要求两次存储和发送操作。因此使用 FIG 可以节省缓冲内存，并可以节省用于串行接口传输的 CPU 开销。

3. BSP 的初始化

BSP 发送初始化步骤如下：

(1) 把 0008h 写到 BSPCE 寄存器，复位和初始化串行口。

(2) 把 0020h 写到 IFR，清除挂起的串口中断。

(3) 把 0020h 写到 IMR 进行或操作，使能串行口中断。

(4) 清除 ST1 的 INTM 位，使能全局中断。

(5) 把 1400h 写到 BSPCE 寄存器，初始化 ABU 的发送器。

(6) 把缓冲区开始地址写到 AXR。

(7) 把缓冲长度写到 BKX。

(8) 把 0048h 写到 BSPCE 寄存器，开始串行口操作。

上述步骤初始化串行口仅进行发送操作、字符组成工作模式、外部帧同步信号、外部时钟的设置，数据格式为 16 位，帧同步信号时钟极性为正。发送缓冲通过设置 ABU 的 BXE 位使能，HALTX=1，使数据达到缓冲区的一半时停止发送。

BSP 接收初始化步骤如下：

(1) 把 0000h 写到 BSPCE 寄存器，复位和初始化串行口。

(2) 把 0010h 写到 IFR，清除挂起的串行口的中断。

(3) 把 0010h 写到 IMR 进行或操作，使能串行口中断。

(4) 清除 ST1 的 INTM 位，使能全局中断。

(5) 把 2160h 写到 BSPCE 寄存器，初始化 ABU 的发送器。

(6) 把缓冲区开始地址写到 ARR。

(7) 把缓冲长度写到 BKR。

(8) 把 0080h 写到 BSPCE 寄存器，开始串行口操作。

4.7.3　时分多路缓冲串行口

C55x DSP 提供了一个时分多路(TDM)串行口。TDM 串行口是将时间间隔分成若干个子间隔，按照事先规定，每个子间隔对应一路通信，这样 TDM 串行口为多处理通信提供了简便而有效的接口。

TDM 串行口有独立模式和多处理器模式两种工作方式，通过 TDM 串行口控制寄存器 TSPC 的 TDM 位，串行口可以被配置为处理器模式(TDM=1)或独立模式(TDM=0)。在独立模式下，串行口只与一路进行通信，此时 TDM 串行口实现的是标准串行口的功能。在多处理器模式下，将多个不同器件的通信按时间依次划分成若干个信道，TDM 周期性地按时间顺序与不同信道的期间进行串行通信。

TDM 串行口操作通过 6 个 16 位外设存储器映射寄存器和两个专用寄存器来实现。这两个专用 TRSR 和 TXSR 寄存器不直接通过程序存取，只用于双向缓冲。

TDM 串行口模式提供了 4 条总线，其中 3 条为传统串行口所需的时钟信号线 TCLK、帧同步信号线 TFRM 和数据线 TDAT，另外一根为附加地址线 TADD，用来传输器件的寻址信息。4 根总线上最多可以连接 8 个器件。

C55x DSP 时分复用串行口 TDM 提供了 6 根外部引脚：发送时钟 TCLKX、接收时钟 TCLKR、串行接收引脚 TDR、串行发送引脚 TDX、接收帧同步信号引脚 TFSR 和发送帧同步信号引脚 TFSX。DSP 器件上的 TDX 和 TDR 引脚在外部连在一起形成 TDAT 线，TCLKX 和 TCLKR 引脚在外部连在一起形成 TCLK 线，TFRM 线和 TADD 线分别来自于 DSP 上的 TFSX 和 TFSR。TDAT 和 TADD 信号是双向信号。它们在不同时间段被总线上不同器件用帧同步信号驱动。TDM 端口通过串行接口时钟总线(TCLK)、帧同步(TFRM)、数据(TDAT)和附加地址线(TADD)实现多器件在给定的操作帧下的分时通信。

4.7.4　多通道缓冲串行口(McBSP)

C55x DSP 的多通道缓冲串行口 McBSP 是在缓冲串行口的基础上发展起来的，可以实现高速、双向、多通道带缓冲串口通信。

1. McBSP 功能

多通道缓冲的串行口 McBSP 与标准串行口相比，具有如下功能：

(1) 全双工通信。

(2) 双缓存发送，三缓存接收，允许选续的数据流。

(3) 独立的接收、发送帧和时钟信号。

(4) 可将 McBSP 引脚配置为通用输入输出引脚。

(5) 支持 8 位、12 位、16 仿、20 位、24 位和 32 位字长的数据传输。

(6) 内置 μ 律或 A 律的硬件压扩展功能。

(7) 可设置帧同步信号和数据时钟信号的极性。

(8) 最多达 128 个通道进行收发。

(9) 能够向 CPU 发送中断，向 DMA 控制器发送 DMA 事件。

(10) 具有可编程的采样率发生器，可控制时钟和帧同步信号。

(11) 可与工业标准的编码器、模拟接口芯片以及带串行口的 A/D 和 D/A 器件直接相连。

2. McBSP 的结构

每个 McBSP 在结构上可以分为一个数据通路和一个控制通路，如图 4-31 所示。McBSP 通过 7 个引脚实现与外部器件连接。DX 引脚负责数据的发送，DR 负责数据的接收。另外 4 个引脚 CLKX、CLKR、FSX 和 FSR 是发送和接收位时钟同步信号和帧同步信号，CLKS 是外部时钟输入信号。表 4-21 列出了有关引脚的定义。C55x 通过片内的外设总线访问串行口的控制寄存器，实现与外设的通信。

表 4-21　McBSP 外部接口引脚信号

引脚	输入(I)/输出(O)/高阻态(Z)	说　　明
DR	I	串行数据接收
DX	O/Z	串行数据发送
CLKR	I/O/Z	接收数据位时钟
CLKX	I/O/Z	发送数据位时钟
FSR	I/O/Z	接收帧同步
FSX	I/O/Z	发送帧同步
CLKS	I	外部时钟输入

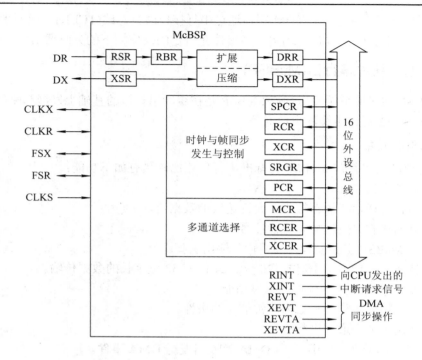

图 4-31　McBSP 的内部结构

1) McBSP 数据通道

McBSP 数据通道完成数据的发送和接收。从结构上可以看出，发送和接收部分相对独立，所以可以实现全双工通信，McBSP 在顺利发送和接收到数据后，可以给 CPU 和 DMA 控制器发送消息，通知它们及时进行数据处理。在 McDSP 的数据通道中还包括了一个 μ-LAW/A-LAW 的压扩硬件处理单元，用来对数据进行压扩处理。

数据发送过程为：首先 CPU 或 DMA 控制器向数据发送寄存器(DXR)写入待发送的数据，然后发送移位寄存器 XSR 将数据经 DX 引脚移出发送。

数据接收过程为：DR 引脚上接收到的数据先移位进入接收移位数据寄存器(RSR)中，然后被复制到接收缓冲寄存器 RBR 中，RBR 再将数据复制到 DRR 中，最后等候 CPU 或 DMA 控制器将数据读走。这个多缓冲过程可以使 C55x 片内的数据搬移和外部数据通信同时进行。如果接收或发送字长 R/XWDLEN 被指定为 8、12 或 16 模式时，DRR2、RBR2、RSR2、XSR2 等寄存器不能进行写、读、移位操作。

2) McBSP 的控制通道

McBSP 的控制通道由内部时钟发生器、帧同步信号发生器、控制逻辑电路和通道选择器 4 个部分组成，完成时钟信号、帧同步信号的产生和多通道的选择等。除此之外，控制通道还负责发送 2 个中断信号和 4 个事件信号给 CPU 和 DMA 控制器。图 4-31 中，RINT、XINT 分别为触发 CPU 的发送和接收中断；REVT、XEVT 分别为触发 DMA 接收和发送同步事件；REVTA、XEVTA 分别为在 A-bis 模式下触发 DMA 接收和发送同步事件 A。

3. McBSP 的控制寄存器

C55x DSP 对 McBSP 的控制由一组寄存器来实现，它们包括数据通道寄存器和控制通道寄存器。CPU 通过访问这些寄存器构成了 McDSP 的控制机制。除了数据发送/接收寄存器外，McBSP 有多个控制寄存器，而这些控制寄存器采用同址访问的工作方式，即只需要对一个子地址寄存器 SPSAx 和一个数据寄存器 SPSDx 访问就可实现对一组寄存器的访问，这样做的好处是大大节省了地址。对于不同的 McBSP 通道来说，子地址寄存器和数据寄存器的地址是不同的，McBSP0 的地址为 0038h 和 0039h，McBSP1 的地址为 0048h 和 0049h，McBSP2 的地址为 0034h 和 0035h。例如，当 DSP 要访问 McBSP0 的 RCR10 时，只需将 RCR10 控制器的子地址 0002h 装入地址为 0038h 的子地址寄存器 SPSA0，接着对地址为 0039h 数据寄存器 SPSDx 访问时，操作对象就是 RCR10。

用于 McBSP 串行口配置的寄存器共有 7 个，分别为串行口控制寄存器 SPCR1 和 SPCR2、引脚控制寄存器 PCR、接收控制寄存器 RCR1 和 RCR2 以及发送控制寄存器 XCR1 和 XCR2。3 个 16 位寄存器 SPCR1、SPCR2 和 PCR 可进行串行口配置，这 3 个寄存器包含了 McBSP 的状态信息和当前操作的配置。接收和发送寄存器 RCR[1，2]和 XCR[1，2] 用于配置收发操作的不同参数。

1) 串行口控制寄存器 SPCR1

在串行口控制寄存器 SPCR1 中，可以设置 McBSP 串行口的数字环反馈模式、接收符号扩展和校验模式、Clock Stop 模式、DX 是否允许、A-bis 模式、接收中断模式等，并给出接收同步错误、接收移位寄存器(RSR[1，2])空、接收准备好等状态。此外还可以进行接收复位。

SPCR1 的结构框图如图 4-32 所示。

15	14~13	12~11	10~8
DLB	RJUST	CLKSTP	保留

7	6	5~4	3	2	1	0
DXENA	ABIS	RINTM	RSYNCERR	RFULL	RRDY	

图 4-32　SPCR1 的结构框图

(1) DLB：数字环反馈模式。DLB=0，数字环反馈模式无效；DLB=1，使能数字环反馈模式。

(2) RJUST：接收数据符合扩展和对齐模式。RJUST=00，右对齐，DRR[1，2]最高位为 0；RJUST=01，右对齐，DRR[1，2]最高位为符号扩展位；RJUST=10，左对齐，LSB 补 0；RJUST=11，保留。

(3) CLKSTP：时钟停止模式。CLKSTP=0X，时钟停止模式无效，非 SPI 模式下为正常时钟；CLKSTP=10，CLKXP=0：时钟开始于上升沿，无延迟；CLKSTP=10，CLKXP=1：时钟开始于下降沿，无延迟；CLKSTP=11，CLKXP=0：时钟开始于上升沿，有延迟；CLKSTP=11，CLKXP=1：时钟开始于下降沿，有延迟。

(4) DXENA：DX 使能位。DXENA=0，DX 引脚无效；DXENA=1，DX 引脚有效。

(5) ABIS：A-bis 模式。A-bis=0，A-bis 模式无效；A-bis=1，A-bis 模式有效。

(6) RINTM：接收中断模式。RINTM=00，RINT 由 RRDY(字结束)和 A-bis 模式帧结束驱动；RINTM=01，RINT 由多通道运行时的块结束或帧结束产生；RINTM=10，RINT

由一个新的帧同步信号产生；RINTM=11，RINT 由接收同步错误 RSYNCERR 产生。

(7) RSYNCERR：接收同步错误，写"1"到 RSYNCERR 就会设置一个错误状态，因此用于测试。RSYNCERR=0，无接收同步错误；RSYNCERR=1，探测到接收同步错误。

(8) RFULL：接收移位寄存器 RSR 满。RFULL=0，接收器缓冲寄存器 RBR 不满；RFULL=1，DRR 未被读取，RBR 已满，RSR 已移入新字。

(9) RRDY：接收器就绪。RRDY=0，接收器未准备好；RRDY=1，接收器准备好，从 DDR 读取数据。

(10) RRST：接收器复位，RRST=0 表示串行口接收器无效，并处于复位状态；PRST=1 表示串行口接收器有效。

2) 串行口控制寄存器 SPCR2

在串行口控制寄存器 SPCR2 中，可设置 McBSP 自由运行模式、SOFT 模式、发送中断模式，并给出发送同步错误、发送移位寄存器(XSR[1, 2])空、发送准备好等状态。此外还可以进行发送复位、采样率发生器复位、帧向步发生电路复位。SPCR2 的结构框图如图 4-33 所示。

15~10				9	8
保留				Free	Soft

7	6	5~4	3	2	1	0
FRST	GRST	XINTM	XSYNCERR	XEMPTY	XRDY	XRST

图 4-33　SPCR2 的结构框图

(1) Free 和 Soft 都是仿真位，当高级语言调试程序过程中遇到一个端点时，将由这两位决定时钟的状态。Free=0、Soft=0，立即停止串行口时钟，结束传送数；Free=0、Soft=1，若正在发送数据，则等到当前字送完后停止发送数据；接收数据不受影响；Free=1、Soft=X，不管 Soft 为何值，一旦出现断点，时钟继续运行，数据继续传输。

(2) FRST 帧同步发送器复位，TRST =0 表示帧同步逻辑电路复位，采样率发生器不会产生帧同步信号 FSG；TRST =1 表示帧同步信号 FSG 每隔(FPER+1)个 CLKG 时钟产生一次。

(3) GRST 采样率发生器复位，GRST =0 表示采样率发生器复位；GRST =1 表示采样率发生器复位结束。

(4) XINTM：发送中断模式，XINTM=00，XINT 由 XRDY 驱动和 A-bis 模式的帧尾产生；XINTM=01，XINT 由多通道运行时的块尾和帧尾产生；XINTM=10，XINT 由一个新的帧同步信号产生；XINTM=11，XINT 由发送同步错误 XSYNCERR 产生。

(5) XSYNCERR：发送同步错误位。XSYNCERR=0，无发送同步错误；XSYNCERR=1，McBSP 探测到同步错误。

(6) XEMPTY：发送移位寄存器 XSR[1, 2]空，XEMPTY =0 表示发送移位寄存器空；XEMPTY =1 表示发送移位寄存器未空。

(7) XRDY：发送器准备。XRDY=0，发送器未准备好；XRDY=1，发送器准备好 DXR 中的数据。

(8) XRST：发送器复位和使能位，XRST = 0 表示串行口发送器无效，且处于复位状态；XRST = 1 表示串行口发送器使能。

3）串行口引脚控制器 PCR

在串行口引脚控制器 PCR 中，可设置 McBSP 传输帧同步模式、接收帧同步模式、发送时钟模式、接收时钟模式、发送帧同步信号的极性、接收帧同步信号的极性、发送时钟极性、接收时钟极性，并给出 CLKS、DX、DR 脚的状态。此外，PCR 还定义发送和接收部分在复位时相应引脚是否配置为通用 I/O。PCR 的结构框图如图 4-34 所示。

15	14	13	12	11	10	9	8
保留	IDLE_EN	XIOEN	RIOEN	FSXM	FSRM	CLKXM	CLKRM

7	6	5	4	3	2	1	0
SCLKME	CLKS_STAT	DX_STAT	DR_STAT	FSXP	FSRP	CLKSP	CLKRP

图 4-34　RCR 的结构框图

(1) IDLE_EN：省电模式。

(2) XIOEN：发送通用 I/O 模式，仅当值为 "0" 时才有效。XIOEN=0，DX、FSX、和 CLKX 配置为串行口引脚，不作通用 I/O 引脚；XIOEN=1，DX 配置为通用输出引脚，FSX、CLKX 配置为通用 I/O 引脚。此时，这些引脚不能用于串行口操作。

(3) RIOEN：接收通用 I/O 模式位，只有 SPCR[1, 2] 中的值为 "0" 时才有效。RIOEN=0，DR、FSR、CLKR、CLKS 配置为串行口引脚，不作通用 I/O 引脚。

(4) FSXM：帧同步模式位。FSXM=0，帧同步信号由外部信号源驱动；FSXM=1，帧同步信号由采样率发生器中的帧同步 FSGM 决定。

(5) FSRM：接收帧同步模式位。FSRM=0，帧同步信号由外部器件产生，FSR 为输入引脚；FSRM=1，帧同步由内部采样率发生器提供，FSR 为输出引脚。

(6) CLKXM：发送器时钟模式位。CLKXM=0，发送时钟由外部驱动，CLKX 作为输入引脚；CLKXM=1，发送时钟由内部采样率发生器驱动，CLKX 为输出引脚。

在 SPI 模式下：CLKXM=0，McBSP 为从器件，CLKX 由系统中的 SPI 主器件驱动，CLKR 由内部 CLKX 驱动；CLKXM=1，McBSP 为主器件，产生时钟 CLKX 驱动它的接收时钟 CLKR 以及 SPI 系统中从器件的移位时钟。

(7) CLKRM：接收时钟模式位。SPCR1 中的 DLB=0 时：CLKRM=0，CLKR 为输入引脚，由外部时钟驱动；CLKRM=1，CLKR 为输出引脚，由内部的采样率发生器驱动。DLB=1 时：CLKRM=0，接收时钟由发送时钟驱动，CLKR 引脚处于高阻状态；CLKRM=1，CLKR 设定为输出引脚，由发送时钟驱动。

(8) SCLKME：采样率发生器时钟源模式。

(9) CLK_STAT：CLKS 引脚状态位。当 CLKS 被选通用输入时，用来反映引脚的电平值。

(10) DX_STAT：DX 引脚状态位。当 DX 作为通用输出时，用来反映 DX 引脚的值。

(11) DR_STAT：DR 引脚状态位。当 DR 作为通用输入时，用来反映 DR 引脚的值。

(12) FSXP：发送帧同步极性。FSXP=0，发送帧同步脉冲 FSX 高电平有效；FSXP=1，发送帧同步脉冲 FSX 低电平有效。

(13) FSRP：接收帧同步极性。FSRP=0，接收帧同步脉冲 FSR 高电平有效；FSRP=1，接收帧同步脉冲 FSR 低电平有效。

(14) CLKXP：发送时钟极性。CLKXP=0，CLKX 的上升沿对发送数据采样；CLKXP=1，CLKX 的下降沿对发送数据采样。

(15) CLKRP：接收时钟极性。CLKRP=0，CLKR 的下降沿对接收数据采样；CLKRP=1，CLKR 的上升沿对接收数据采样。

4．串行口的发送和接收控制

在 McBSP 中，帧同步信号表示一次数据传输的开始，对帧同步信号之后的数据流、每帧的字数和每字的位数、数据延迟等各位参数部可以通过接收和发送寄存器 RCR[1，2]、XCR[1，2]来配量。

1) 接收控制寄存器 RCR1

在接收控制寄存器 RCR1 中，可设置 McBSP 接收时第一相(RIRST PHASE)的接收帧长度(从 1 个字到 128 个字)和接收字长度(8 位、12 位、16 位、20 位、24 位、32 位)。 RCR1 的结构框图如图 4-35 所示，表 4-22、表 4-23 列出了 RFRLEN1 及 RWDLEN1 的功能。

15	14～8	7～5	4～0
保留	RFRLEN1	RWDLEN1	保留

图 4-35　RCR1 的结构框图

表 4-22　RFRLEN1 决定接收帧长度 1

RFRLEN1 取值	功　能
0000000	每帧 1 个字
0000001	每帧 2 个字
⋮	⋮
1111111	每帧 128 个字

表 4-23　RWDLEN1 决定接收字长 1

RWDLEN1 取值	功　能
000	每字 8 位
001	每字 12 位
010	每字 16 位
101	每字 20 位
100	每字 24 位
101	每字 32 位
11X	保留

2) 接收控制寄存器 RCR2

在接收控制寄存器 RCR2 中，可设置 McBSP 接收时是否允许第二相(RPHASR=1)。如果允许，设置 McBSP 接收时第二相的接收帧长度(从 1 个字到 128 个字)和接收字长度(8 位、12 位、16 位、20 位、24 位、32 位)。此外，RCR2 设置 McBSP 接收时的接收压缩模式、接收同步帧忽略模式、接收数据延迟。RCR2 的结构框图如图 4-36 所示，表 4-24～表 4-29 分别列出了各位不同取值的功能。

15	14~8	7~5	4~3	2	1~0
RPHASE	RFRLEN2	RWDLEN2	RCOMPAND	RFIG	RDATDLY

图 4-36　RCR2 的结构框图

表 4-24　RPHASE 决定接收相位

RPHASE 取值	功　能
0	单相帧
1	双相帧

表 4-25　RFRLEN2 决定接收帧长度 2

RFRLN2 取值	功能
0000000	每帧 1 个字
0000001	每帧 2 个字
⋮	⋮
1111111	每帧 128 个字

表 4-26　RWDLEN2 决定接收字长 2

RWDLEN2 取值	功　能
000	每字 8 位
001	每字 12 位
010	每字 16 位
101	每字 20 位
100	每字 24 位
101	每字 32 位
11X	保留

表 4-27　RCOMPAND 决定接收压缩/解压模式

RCOMPAND 取值	功　能
00	无压缩/解压，数据传输从 MSB 开始
01	无压缩/解压，数据传输从 LSB 开始
10	接收数据利用 μ 律扩展
11	接收数据利用 A 律扩展

表 4-28　RFIG 决定接收帧忽略

RFIG 取值	功　能
0	第一个接收帧同步脉冲之后的帧同步脉冲重新启动数据传输
1	第一个接收帧同步脉冲之后的帧同步脉冲被忽略

表 4-29 RDATDLY 决定接收数据延迟

RDATDLY 取值	功　　能
00	0 位数据延迟
01	1 位数据延迟
10	2 位数据延迟
11	保留

3) 发送控制寄存器 XCR1

在发送控制寄存器 XCR1 中，可设置 McBSP 发送时第一相(FIRST PHASE)的发送帧长度(从 1 个字到 128 个字)和发送字长度(8 位、12 位、16 位、20 位、24 位、32 位)。XCR1 的结构框图如图 4-37 所示，表 4-30、表 4-31 列出了各位不同取值的功能。

15	14~8	7~5	4~0
保留	XFRLEN1	XWDLEN1	保留

图 4-37　XCR1 的结构框图

表 4-30 XFRLEN1 决定发送帧长度 1

XFRLEN1 取值	功　　能
0000000	每帧 1 个字
0000001	每帧 2 个字
⋮	⋮
1111111	每帧 128 个字

表 4-31 XWDLEN1 决定发送字长 1

XWDLEN1 取值	功　　能
000	每字 8 位
001	每字 12 位
010	每字 16 位
101	每字 20 位
100	每字 24 位
101	每字 32 位
11X	保留

4) 发送控制寄存器 XCR2

在发送控制寄存器 XCR2 中，可设台 McBSP 发送时是否允许第二相(XPHASE＝1)。

如果允许，设置 McBSP 时第二相的发送帧长度(从 1 个字到 128 个字)和发送字长度(8 位、12 位、16 位、20 位、24 位、32 位)。此外，XCR 2 设置 McBSP 发送时的发送压缩模式、发送同步帧忽略模式、发送数据延迟。XCR2 的结构框图如图 4-38 所示，表 4-32~表 4-37 分别列出了各位不同取值的功能。

15	14～8	7～5	4～3	2	1～0
XPHASE	XFRLEN2	XWDLEN2	XCOMPAND	XFIG	XDATDLY

图 4-38　XCR2 的结构框图

表 4-32　XPHASE 决定发送相位

XPHASE 取值	功　能
0	单相帧
1	双相帧

表 4-33　XFRLEN2 决定发送帧长度 2

XFRLEN2 取值	功　能
0000000	每帧 1 个字
0000001	每帧 2 个字
⋮	⋮
1111111	每帧 128 个字

表 4-34　XWDLEN2 决定发送字长 2

XWDLEN2 取值	功　能
000	每字 8 位
001	每字 12 位
010	每字 16 位
101	每字 20 位
100	每字 24 位
101	每字 32 位
11X	保留

表 4-35　XCOMPAND 决定发送扩展模式位

XCOMPAND 取值	功　能
00	无压缩/解压，数据传输从 MSB 开始
01	无压缩/解压，数据传输从 LSB 开始
10	接收数据利用 μ 律扩展
11	接收数据利用 A 律扩展

表 4-36　XFIG 决定是否发送帧忽略

XFIG 取值	功　能
0	第一个接收帧同步脉冲之后的帧同步脉冲重新启动数据传输
1	第一个接收帧同步脉冲之后的帧同步脉冲被忽略

表 4-37　XDATDLY 决定发送数据延迟

XDATDLY 取值	功　　能
00	0 位数据延迟
01	1 位数据延迟
10	2 位数据延迟
11	保留

5. 时钟与帧同步

McBSP 的时钟与帧同步由一组寄存器和一个采样速率发生器 SRG 组成。时钟和帧同步具有灵活的信号形式和设置手段。用户可以通过寄存器设定相应的参数，采样速率发生器 SRG 就会根据这些参数将输入参考时钟变为所需要的串口时钟和帧同步信号。

1) 采样速率发生器的输入参考时钟

SRG 的工作原理：通过对输入参考时钟进行分频得到所需要串口时钟和帧同步信号。可供选择的输入参考时钟有 4 个。

(1) 来自 CLKX 脚的发送时钟。

(2) 来自 CLKR 脚的接收时钟。

(3) 来自 CLKS 脚的输入时钟(外时钟)。

(4) 来自时钟发生器的 CPU 时钟。

究竟选用哪个时钟，由采样速率发生寄存器 2(SRGR2)中的 CLKSM 字段和管脚控制寄存器(PCR)中的 SCLKME 字段来确定。

当 SCLKME=0，CLKSM=0 时，选择 CLKS 脚上的输入信号为输入参考时钟；

当 SCLKME=0，CLKSM=1 时，选择 CPU 时钟作为参考时钟；

当 SCLKME=1，CLKSM=0 时，选择 CLKR 脚上的时钟为参考时钟；

当 SCLKME=1，CLKSM=1 时，选择 CLKX 脚上的时钟为参考时钟。

2) 采样速率发生器的输出时钟和帧同步

输入的参考时钟经过分频产生 SRG 输出时钟 CLKG。分频次数由采样速率发生寄存器 1(SRGR1)中的 CLKDV 字段(8 bit)根据如下公式决定：

$$FCLKG = \frac{Fclocksource}{(CLKDV+1)} 1 \leqslant CLKGDV \leqslant 255$$

串口的最高时钟速率为 CPU 时钟的一半。

帧同步信号 FSG 由 CLKG 进一步分频而来，分频次数由采样速率发生寄存器 2(SRGR2)中的 FPER(12 bit)字段根据如下公式确定：

$$FFSG = \frac{FCLKG}{FPER+1} = \frac{Fclocksource}{(CLKDV+1)(FPER+1)}$$

$$FFSG = \frac{FCLKG}{FPER+1} = \frac{Fclocksource}{(CLKDV+1)(FPER+1)} \quad 0 \leqslant FPER \leqslant 4095$$

帧同步脉冲的宽度由抽样速率发生寄存器 1(SRGR1)中的 FWID 字段确定：

$$WFSG = (FWID+1) \times TCLKG \quad 0 \leqslant FWID \leqslant 255$$

TCLKG 为 CLKG 的周期。

采样速率发生器产生的时钟和帧同步信号既可以用来驱动接收通道的时钟和帧同步，也可以用来驱动发送通道的时钟和帧同步。

3) 时钟信号的方向性和极性

时钟管脚 CLKX 和 CLKR 的方向分别由管脚控制寄存器(PCR)中的 CLKXM 和 CLKRM 字段控制，而 CLKS 管脚则只能是输入。

当 CLKX(R)M=1 时，CLKX(R)由 CLKG 驱动，为输出；

当 CLKX(R)M=0 时，CLKX(R)由外部管脚驱动，为输入。

CLKX 管脚和 CLKR 管脚上信号的极性分别由管脚控制寄存器(PCR)中的 CLKXP 和 CLKRP 字段控制，CLKS 管脚上信号的极性由采样速率发生器 2(SRGR2)中的 CLKSP 字段确定。

CLKXP=CLKRP=CLKSP=0 时，CLKX、CLKR 和 CLKS 为正极性，以上升沿开始。

CLKXP=CLKRP=CLKSP=1 时，CLKX、CLKR 和 CLKS 为负极性，以下降沿开始。

4) 帧同步信号的方向和极性

发送帧同步 FSX 的方向由管脚控制寄存器(PCR)中的 FSXM 字段和采样速率发生器 2(SRGR2)中的 FSGM 字段共同确定。

当 FSXM=0，FSGM=x 时，FSX 为输入，由外部信号源驱动；

当 FSXM=1，FSGM=0 时，FSX 为输出，由 DXR 到 XSR 的拷贝动作驱动；

当 FSXM=1，FSGM=1 时，FSX 为输出，由 FSG 驱动。

发送帧同步 FSX 的极性由管脚控制寄存器(PCR)中的 FSXP 字段确定。

当 FSXP=0 时，FSX 为正极性，即高电平有效；

当 FSXP=1 时，FSX 为负极性，即低电平有效。

接收帧同步 FSR 的方向由管脚控制寄存器(PCR)中的 FSRM 字段确定。

当 FSRM=0 时，FSR 为输入，由外部信号源驱动；

当 FSRM=0 时，FSR 由内部 FSG 驱动。

接收帧同步 FSR 的极性由管脚控制寄存器(PCR)中的 FSRP 字段确定。

当 FSRP=0 时，FSR 为正极性，即高电平有效；

当 FSRP=1 时，FSR 为负极性，即低电平有效。

5) 同步

SRG 的输入参考时钟可以是内部时钟(CPU 时钟)，也可以是外部输入时钟(来自 CLKX、CLKR 或 CLKS 管脚)。当采用外部时钟源时，一般需要同步。同步与否由采样速率发生器 2(SRGR2)中的 GSYNC 字段控制。

当 GSYNC=0 时，SRG 将自由运行，并按 CLKGDV、FPER 和 FWID 等参数的配置产生输出时钟；

当 GSYNC=1 时，CLKG 和 FSG 将同步到外部输入时钟。

6. 多通道选择

McBSP 属于多通道串口，最多可以有 128 个通道，其多通道选择部分由多通道控制寄存器 MCR、接收通道使能寄存器 RCER 和发送通道使能寄存器 XCER 构成。

多通道控制寄存器 MCR 作为总控制,可以禁止或使能全部 128 个通道。RCER 和 XCER 可以分别禁止或使能某个接收和发送通道。每个寄存器控制 16 个通道。因此,128 个通道需要 8 个通道使能寄存器。

7. 串口事件

McBSP 可以发起 6 个串口事件:接收中断 RINT、发送中断 XINT、接收同步事件 REVT、A_bis 模式的接收同步事件 REVTA、发送同步事件 XEVT、A_bis 模式的发送同步事件 XEVTA。其中 RINT 和 XINT 与 CPU 相连,可以中断 CPU；REVT、REVTA、XEVT 和 XINT 则与 DMA 控制器相连,可以用于 DMA 同步事件,触发 DMA 通道传输。

收发中断的产生分别由串口控制寄存器 1(SPCR1)中的 RINTM 字段和串口控制寄存器 2(SPCR2)中的 XINTM 字段控制。

用于 DMA 接收事件和发送事件的 REVT、REVTA、XEVT 和 XEVTA 则分别由接收标志 RRDY 和发送标志 XRDY 两个标志触发。其中,REVT 和 XEVT 为 McBSP 工作于常规模式时的 DMA 同步事件,REVTA 和 XEVTA 为 McBSP 工作于 A_bis 模式时的 DMA 同步事件。

8. 工作模式

根据 McBSP 在通信中所处的地位和功能,工作模式可分为以下几种:

1) 多通道缓冲模式

多通道缓冲模式是 McBSP 的一种常规模式。在此模式下,根据其所处的地位又可分为主方和从方。

主方提供通信所需的时钟和帧同步,所以其时钟和帧同步都由内部 SRG 驱动,为输出；从方所需的时钟和帧同步来自主方,其时钟和帧同步由外部器件驱动,为输入。

在多通道缓冲模式下,传输由帧同步上升沿(或下降沿)触发,并在时钟上升沿(或下降沿)收(发)一个数据比特,支持 1 到 128 个传输通道的多通道传输。

2) SPI 模式

SPI 协议是一种主—从配置的,支持一个主方、一个或多个从方的串行通信协议。它由 4 个信号构成:串行数据输入信号 MISO(主设备输入、从设备输出)、串行数据输出信号 MOSI(主设备输出、从设备输入)、移位时钟信号 SCK 和从方使能信号 SS。

McBSP 的时钟停止模式:指其时钟会在每次数据传输结束时停止,并在下次数据传输时立即启动或延时半个周期后再启动。

3) A-bis 模式

A-bis 模式是 McBSP 提供的一种比特域抽取—扩展的工作模式。此模式下,McBSP 能从一条 PCM 链路上接收或发送 1024 个比特。发送时,它将 1024 个有效数据比特按给定的发送图案扩展到 PCM 链路上；接收时,则从 PCM 帧中按给定的接收图案抽取出 1024 个有效比特。

4) 数字回路模式

数字回路模式用于在只有一个 DSP 时,测试其 McBSP 的情况。

数字回路 DLB 模式能在 McBSP 内部将收发部分连在一起,即 DR 与 DX、FSR、FSX,

CLKX 与 CLKR，在 McBSP 中有两种回环：在复位时，McBSP 内部将进行回环，此时若向 DXR 写一个数，4 个周期以后就能从 DRR 收到该数据；在复位以后，通过串口控制寄存器 1(SPCR1)中的 DLB 的控制使 McBSP 内部从图中(2)的位置进行回环。

当 DLB=0 时，不回环；

当 DLB=1 时，进行回环。

5) GPIO 模式

McBSP 处于复位状态时，它的 7 个管脚(见表 4-38)在管脚控制寄存器 PCR 和串口控制寄存器 SPCR 的控制下可以用作通用输入/输出(GPIO)。其中 CLKX、CLKR、FSX 和 FSR 既可设为输入又可设为输出，输入/输出电平值由相应的极性控制位确定，DX 只能为输出；DR 和 CLKS 则只能为输入。

表 4-38　　　McBSP 用作 GPIO 的匹配

引脚名称	GPIO 控制	方向控制	输入/输出电平
CLKX	=0，XIOEN=1	CLKXM	CLKXP
FSX		FSXM	FSXP
DX		输出	DX_STAT
CLKR	=0，RIOEN=1	CLKRM	CLKRP
FSR		FSRM	FSRP
DR		输入	DR_STAT
CLKS	==0；RIOEN=XIOEN=1	输入	CLKS_STAT

6) 省电模式

在 C5509 DSP 总的省电控制和管脚控制寄存器 PCR 中 IDLE_EN 的控制下，可以使 McBSP 进入省电模式，以降低功耗。

9. 异常处理

每个多通道缓冲串口 McBSP 有下列 5 个事件会导致错误：

(1) 接收过速。

接收过速是指在接收通道上的 3 个寄存器已满时造成的数据丢失，通过标志 RFULL=1 来表示。因为 RSR、RBR 和 DRR 中都有数据，所以当下一个数据到来时就会覆盖 RSR，使 RSR 中的数据丢失。

(2) 发送数据重写。

发送数据重写是指 CPU 或 DMA 在 DXR 中的数据被拷贝到 XSR 之前又对 DXR 写入新的数据，使 DXR 中的数据被覆盖而丢失。

(3) 发送寄存器空。

与发送数据重写相对应，发送寄存器空则是由于 CPU 或 DMA 写入太慢，使得发送帧同步出现时，DXR 还未写入新值，这样 XSR 中的值就会不断重发，直到 DXR 写入新值为止。

(4) 接受帧同步错误。

接受帧同步错误是指在当前数据帧的所有数据比特还未收完时出现了帧同步信号。由于帧同步表示一帧的开始，所以出现帧同步时，接收器就会停止当前帧的接收并重新开始下一帧的接收，从而造成当前帧数据的丢失。

(5) 发送帧同步错误。

与接收帧同步错误相对应，发送帧同步错误是指当前帧的所有数据比特未发送完之前出现了发送帧同步信号。此时，发送器将终止当前帧的传送，并重新开始下一帧的传送。

10. McBSP 的初始化

McBSP 的初始化一般包括 McBSP 的复位操作与串行口的初始化。

(1) McBSP 串行口复位。

McBSP 串行口有两种复位方式：

① 系统复位。这是一种通过 DSP 芯片复位引脚来复位的方法，即当 RESET=0 时，串行口发送器、接收器、采样率发生器都同时复位；当 RESET=1 时，芯片完成复位。

② McBSP 复位。这是一种通过串行口控制寄存器 SPCR 中的相应位、单独使 McBSP 复位的方法，即设置 RRST=0 和 XRST=0，分别完成接收器和发送器的复位。不论是接收还是发送的复位，相应部分都将停止串口操作、而相应引脚当作 I/O 脚使用。

(2) 串行口初始化。

串行口按照下列步骤初始化：

① 复位收发端口，将 SPCR 寄存器中 RRST 和 XRST 置为 0(如果已经复位完毕，则不需要进行这一步)。

② McBSP 保持复位的状态下，编程设量有关的控制寄存器为需要的值。

③ 置 SPCR2 寄存器中 GRST=1，采样率发生器退出复位态，开始工作。

④ 等待两个时钟周期，以确保 McBSP 重新初始化。

⑤ 将要发送的数据写入数据发送寄存器 DXR 中。

⑥ 若由 CPU 进行访问，置 XRST=1，使能串行口，注意 SPCR 寄存器其他的设置值不变；若由 DMA 进行访问，需先对 DMA 进行初始化，使之等候同步时间，然后再置 XRST=1，使串行口退出复位状态。

⑦ 置 FSRM=1(如果要求内部帧同步)。

⑧ 两个数据时钟周期后，发送端和接收端进入有效状态。

4.7.5　串行口程序案例

利用 McBSP0 来发送一段数据，要求如下：

(1) 采用多通道缓冲模式。

(2) 发送时钟和帧同步由内部采样速率发生器驱动，接收时钟和帧同步由外部输入驱动。

(3) 发送时钟速率为 CPU 时钟速率的 1/4，帧同步周期为 18 个 CLKG，脉冲宽度为 2 个 CLKG。

(4) 收发都是每帧 1 个阶段，每阶段 1 个字，字长 16 比特，不压扩，1 比特延迟。

(5) 采用查询发送标志 XRDY 和接收标志 RRDY 的方式进行收发。

程序实现分析：

```
        MOV   #0x0000, PORT(#SPCR1_1)    ; 设置串口控制寄存器 1, 要求(1), RRST_=0: 复位
```

McBSP 接收机

```
    MOV    #0x0a00, PORT(#PCR_1)          ; 设置串口管脚控制寄存器, 要求(2)。
    ; 设置接收引脚,; FSXM=CLKXM=1, 发送时钟和帧同步由内部驱动;
    ; FSRM=CLKRM=0, 接收时钟和帧同步由外部驱动
    MOV    #0x0103, PORT(#SRGR1_1)        ; 要求(3)。对采样速率发生寄存器设置
        ;   设置发送时钟速率,
        ;   CLKGDV= (3)10 = 00000011, SRG 输出时钟 4 分频;
        ;   FWID=(1)10 = 00000001, 帧同步脉冲的脉宽为 2 个 CLKG 周期
    MOV    #0x3011, PORT(#SRGR2_1)
    ; 对采样速率发生寄存器 2 进行设置       ; 00   1   1   0000 0001 0001
    ; CLKSM=1, 选择 CPU 时钟为参考时钟
    ; FSGM=1, 采用 FSG 做内部帧同步驱动
    ; FPER =(17)10 =(0000 0001 0001)2
    MOV    #0x0040, PORT(#XCR1_1)         ; 要求(4), 对发送控制寄存器 1 进行设置
    ; XFRLEN1=0000000, 帧长为一个字;
    ; XWDLEN1=010, 字长为 16 比特
    MOV    #0x0001, PORT(#XCR2_1)         ; 对发送控制寄存器 2 进行设置
    ; XPHASE=0, 每帧一个阶段;        0000 0000 0000 0001
    ; XDATDLY=01, 发送时 1 比特延迟
    MOV    #0x0040, PORT(#RCR1_1)         ; 要求(4), 对接收控制寄存器 1 进行设置,
    ; RFRLEN1=0000000, 帧长为一个字;
    ; RWDLEN1=010, 字长为 16 比特
    MOV    #0x0001, PORT(#RCR2_1)         ; 对接收控制寄存器 2 进行设置,
    ; RPHASE=0, 每帧一个阶段
    ; RDATDLY=01, 发送时 1 比特延迟
    MOV    #0x0001, PORT(#MCR1_1)         ; 对多通道控制寄存器 1 进行设置,
    ; 无需多个通道。RMCM=1, 不使能所有接收通道
    MOV    #0x0001, PORT(#MCR2_1)         ; 对多通道控制寄存器 2 进行设置;
    ; XMCM=01, 不使能所用发送通道
    MOV    #0x0040, PORT(#SPCR2_1)        ; 设置串口控制寄存器 2
    ; GRST=1, 启动采样速率发生器。
    MOV    #0x00C1, PORT(#SPCR2_1)        ; FRST=1, 启动帧同步。
    MOV    #0x0041, PORT(#SPCR2_1)        ; XRST=1, 启动发送器。
    MOV    #0x0001, PORT(#SPCR1_1)        ; RRST=1, 启动接收器
    ; 要求(5)
XRDY_TRANSMIT:
    MOV    PORT(#SPCR2_1), T0
    AND    #0x0002, T0
    BCC    RRDY_RECEIVE, T0==#0           ; 若 XRDY=0, 就去查 RRDY
```

```
MOV   #0xAAAA, PORT(#DXR_1)        ; 若 XRDY=1，就发送一个数
RRDY_RECEIVE:
MOV     PORT(#SPCR1_1), T0
AND     #0x0002, T0
BCC     RRDY_RECEIVE, T0==#0       ; 若 RRDY=0，就去查 XRDY
MOV     PORT(#DRR1_1), T1          ; 若 RRDY=1，就接收一个数
B   XRDY_TRANSMIT
```

4.8   TMS320C55x 芯片的自举加载

自举加载完成上电时从外部加载并执行用户的程序代码的任务。加载的途径包括：从一个外部 8 位或 16 位 EPROM 加载，或由主处理器通过以下途径加载，如 HPI 总线、8 位或 16 位并行 I/O、任何一个串行口、从用户定义的地址热自举。

4.8.1   DSP bootloader 模式电路

VC5509A 片内不具有 Flash，也就是说 DSP 的程序掉电会丢失，故需要外接易失性存储器来完成 DSP 程序上电状态的引导。DSP 芯片的 bootloader 程序用于上电是将用户程序从外部非易失性、慢速存储器或外部控制器中装载到片内高速 RAM 中，保证用户程序在 DSP 内部高速运行，这个过程就是自举加载 (bootloader) 或者叫做二次引导。图 4-39 所示为 C55x bootloader 电路。

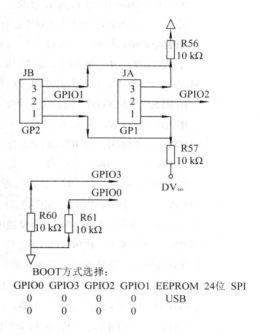

在实际应用中，仿真调试通过的程序编程到 DSP 中独立运行的结果往往与仿真的状态有差异，甚至可能系统完全不能正常运行，这是由于仿真过程中的程序运行情况和 DSP 独立运行时的程序运行情况不同所引起的。在将程序编程到 DSP 内部之前，需要对以下几个问题深入考虑，以保证编程后系统的正常运行。

(1) 电路元件初始化同步问题。由于外部元件初始化可能较慢，DSP 初始化完成后要掩

图 4-39   DSP bootloader 电路

饰一段时间在访问外部慢速期间，通常要在控制程序的主函数中添加一段循环掩饰程序。

(2) 用仿真器调试使程序执行速度比较慢，循环时间比较长，而烧写到 DSP 中，程序调试时间可能比较短。因此要对决定循环时间的循环次数重新考虑。

(3) 用仿真器调试的时候，DSP 运行的一些资源(如堆栈等)用的是仿真器中的资源，烧写到 DSP 中执行必须利用 DSP 本身的资源，烧写前必须对链接命令文件(.cmd 文件)中定义

的各种资源进行详细考虑。

(4) 浮点数运算的问题。浮点型变量考虑使用全局变量，因为局部变量都是在堆栈里生成的，过多浮点数变量对软件堆栈要求太多，容易造成堆栈溢出问题。

(5) 复位问题。利用仿真器进行调试时，DSP 程序通过仿真环境启动，不需要复位信号；而闪存编程后 DSP 的运行中，复位要通过电路板上复位电路来实现，如果电路板上复位电路有问题，不能保证 DSP 的正常复位，会造成仿真通过的程序编程到 DSP 中后完全无法正常运行。

(6) 时钟问题。利用仿真器进行仿真调试时，时钟由硬件仿真器提供，而闪存编程后 DSP 运行时钟由电路板时钟电路提供，如果电路板时钟由问题，编程后的 DSP 将无法正常工作。

闪存编程之后 DSP 独立运行时出现的很多问题都是由时序配合引起的，这就需要调整时序中的各种延时，甚至可能要经过反复调整来寻求最佳的延时设置，以保证系统功能的正常实现。

如图 4-40 所示，电路采用 AT25F1024N 芯片来与 DSP 完成数据的读/写，时钟线与数据线都直接接到了 DSP 的 McBSP0。

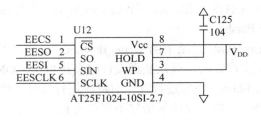

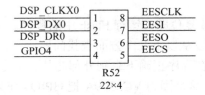

图 4-40　DSP EEPROM Flash 电路

4.8.2　DSP bootloader 烧写步骤

用户开发的程序最终要烧写到评估板上的 Flash，以便脱机运行。运行过程需要两个程序，被烧写的程序 A 和读/写 EEPROM 的程序 B。A 的 .out 文件转换为 CCS 能够识别.dat 文件，然后程序 B 将 A 的 .dat 文件写到外部 EEPROM 中，上电的时候 VC5509A 自动会将 EEPROM 搬移到片内运行。步骤如下：

(1) 用 CCS 将最终程序编译生成 .out 格式文件。

(2) 将 .out 文件转化为 .hex 文件。

用文本编译器编写 .cmd 文件，内容如下，并保存为 out2hex.cmd 文件。

```
-boot；                     说明创建 boot 文件
-v5510：2；                 生成 55x boot 文件格式
```

-serial8；	使用串行加载方式
-a；	ASCII 格式
-reg_config 0x1c00，0x0293；	在 0x1c00 寄存器写 0x0293
-delay 0x100；	延时 0x100 个 CPU 时钟周期
-0 testa.hex；	输出 .hex 文件
testa.out；	输入的 .out 文件

将 hex55.exe、out2hex.cmd、transcode.exe 复制到硬盘同一根目录下，比如 E：\Burn。

运行 dos 环境("开始"→"运行"，输入 cmd)，改变当前路径到 E：\Burn，输入。

　　cd E：\Burn

输入命令：

　　hex55 out2hex.cmd

运行后自动在跟目录下产生 testa.hex 文件。

(3) 产生 .dat 文件。

在同一根目录下运行 transcode.exe 程序，键入以下命令：

　　Transcode testa testa

注意：前一个是 .hex 文件的名称，后一个是生成的 .dat 文件名称。

(4) 烧写 .dat 文件到 Flash。

打开 CCS，加载 write_flash 目录下的 write_flash.out 文件，再通过 File→Data→Load 将步骤(3)生成的 testa.dat 文件载入。载入数据文件时直接单击"OK"即可。

运行程序，开始烧写 Flash。烧写过程首先对程序进行擦除，然后再进行烧写。根据程序的大小可能需要几分钟，未烧写完成前最好不要停止程序运行，烧写完成后 XF 引脚的 LED 灯会闪亮。

(5) 烧写完成后管电重启或复位即可运行 Flash 中的程序。

若程序不能正确引导，可以从以下几个方面查找问题：

① GPIO4 的电平变化。在程序正确下载到外部芯片、上电引导的时候，GPIO4 会自动变低，而不需要程序的操作，这是因为 VC5509A 把 GPIO4 作为 DSP 二次硬件的一部分。

② 判断 DR0 引脚的电平变化。在上电开始，DR0 会输出 0x03 的数据，其后是 DX0 的地址输出(最开始是 0X00)，然后是 DR0 数据的输出。

③ 最重要的是 .dat 文件的正确性能。在转换的时候任何一步出现问题，都会导致 DSP 不能正确进行程序引导。

4.9　TMS320C55x 芯片的引脚

C55x 系列包括 VC5501、VC5502、VC5503、VC5506、VC5507、VC5509、VC5510 等芯片，为了满足不同的需求，它们采用不同的封装，同一个芯片往往也有多种封装。TM5320C5509 的引脚图如图 4-41 所示，采用球形触点阵列封装(BGA)，共有 179 个引脚。引脚与信号对照表如表 4-39 所示。要了解具体 DSP 芯片的封装引脚时，可查看相应的芯片数据手册。

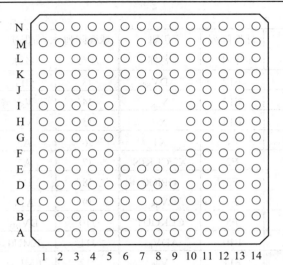

图 4-41　TM5320C5503 引脚与信号对照表

表 4-39　TM5320C5503 引脚与信号对照表

球栅阵列序号	引脚名称	球栅阵列序号	引脚名称	球栅阵列序号	引脚名称	球栅阵列序号	引脚名称
A2	V_{SS}	D5	GPIO5	H2	DV_{DD}	K13	D15
A3	GPIO4	D6	DR0	H3	A19	K14	CV_{DD}
A4	DV_{DD}	D7	S10	H4	C4	L1	C10
A5	FSR0	D8	S11	H5	C5	L2	C13
A6	CV_{DD}	D9	DV_{DD}	H10	DV_{DD}	L3	V_{SS}
A7	S12	D10	S25	H11	A[0]	L4	CV_{DD}
A8	DV_{DD}	D11	V_{SS}	H12	$\overline{RESET}$	L5	V_{SS}
A9	S20	D12	AIN2	H13	SDA	L6	A5
A10	S21	D13	AIN1	H14	SCL	L7	A1
A11	S22	D14	AIN0	I1	C6	L8	A15
A12	RTCINX1	E1	GPIO1	I2	DV_{DD}	L9	D3
A13	RDV_{DD}	E2	GPIO2	I3	C7	L10	D6
A14	RDV_{DD}	E3	DV_{DD}	I4	C8	L11	CV_{DD}
B1	V_{SS}	E4	V_{SS}	I5	CV_{DD}	L12	DV_{DD}
B2	CV_{DD}	E5	V_{SS}	I10	CV_{DD}	L13	V_{SS}
B3	GPIO3	E6	DV_{DD}	I11	CV_{DD}	L14	D12
B4	TIN/TOUT0	E7	DX0	I12	$\overline{TRST}$	M1	V_{SS}
B5	CLKR0	E8	S15	I13	TCK	M2	V_{SS}
B6	FSX0	E9	S13	I14	TMS	M3	A13
B7	CV_{DD}	E10	NC	J1	A18	M4	A10
B8	CV_{DD}	E11	AIN3	J2	C9	M5	A7

续表

球栅阵列序号	引脚名称	球栅阵列序号	引脚名称	球栅阵列序号	引脚名称	球栅阵列序号	引脚名称
B9	V_{SS}	E12	ADV_{SS}	J3	C11	M6	DV_{DD}
B10	S24	E13	V_{SS}	J4	V_{SS}	M7	CV_{DD}
B11	V_{SS}	E14	XF	J5	V_{SS}	M8	CV_{DD}
B12	RTCINX2	F1	X1	J6	A3	M9	V_{SS}
B13	RDV_{DD}	F2	X2/CLKIN	J7	A2	M10	V_{SS}
B14	AV_{SS}	F3	GPIO0	J8	D1	M11	D8
C1	PU	F4	V_{SS}	J9	A14	M12	D11
C2	V_{SS}	F5	CLKOUT	J10	DV_{DD}	M13	DV_{DD}
C3	NC	F10	ADV_{DD}	J11	EMU0	M14	V_{SS}
C4	GPIO6	F11	V_{SS}	J12	EMU1/	N1	V_{SS}
C5	V_{SS}	F12	$\overline{INT4}$	J13	TD0	N2	V_{SS}
C6	CLKX0	F13	DV_{DD}	J14	TD1	N3	A12
C7	V_{SS}	F14	$\overline{INT3}$	K1	CV_{DD}	N4	A9
C8	S14	G1	CV_{DD}	K2	C14	N5	A17
C9	S22	G2	C1	K3	C12	N6	A4
C10	CV_{DD}	G3	A20	K4	A11	N7	A16
C11	V_{SS}	G4	C2	K5	A8	N8	DV_{DD}
C12	RCV_{DD}	G5	C0	K6	A6	N9	D2
C13	AV_{SS}	G10	$\overline{INT2}$	K7	A0	N10	D5
C14	AV_{DD}	G11	$USBPLLV_{DD}$	K8	D0	N11	D7
D1	GPIO7	G12	$USBPLLV_{SS}$	K9	D4	N12	D10
D2	$USBV_{DD}$	G13	$\overline{INT1}$	K10	D9	N13	DV_{DD}
D3	DN	G14	$\overline{INT0}$	K11	D13	N14	DV_{DD}
D4	DP	H1	C3	K12	D14		

TM5320C55x DSP 的引脚功能分类说明如下。

1. 地址、数据信号引脚

A20(MSB)、A21、…、A0(LSB)：输出\高阻。地址总线 A20(MSB)～A0(LSB)。低 16 位(A15～A0)有 3 种功能：寻址外部数据、寻址程序存储空间、通用输入/输出。处理器保持方式时，A15～A0 处于高阻状态。当 EMU1/$\overline{OFF}$ 为低电平时，A15～A0 也变成高阻状态。5 个最高位(A20～A16)用于扩展程序存储器寻址。

D15(MSB)、D14、…、D0(LSB)：输入/输出/高阻。数据总线 D15(MSB)～D0(LSB)。D15～D0 为 CPU 与外部数据/程序存储器或 I/O 设备之间传送数据所复用。当没有输出或 $\overline{RS}$ 或 $\overline{HOLD}$ 信号有效时，D15～D0 处于高阻状态。若 EMU1/$\overline{OFF}$ 为低电平时，则 D15～D0 也变成高阻状态。

C0：EMIF 异步存储器读选通(EMIF.$\overline{ARE}$)或通用输入/输出口 8(GPIO.8)。

C1：EMIF 异步输出使能($\overline{\text{EMIF.AOE}}$)或 HPI 中断输出($\overline{\text{HPI.HINT}}$)。

C2：EMIF 异步存储器写选通($\overline{\text{EMIF.AWE}}$)或 HPI 读/写($\overline{\text{HPI.HR/W}}$)。

C3：EMIF 数据输入准备就绪(EMIF.ARDY)或 HPI 输出准备就绪(HPI.HRDY)。

C4：存储空间 CE0 的 EMIF 片选信号($\overline{\text{EMIF.CE0}}$)或通用输入/输出口 9(GPIO.9)。

C5：存储空间 CE1 的 EMIF 片选信号($\overline{\text{EMIF.CE1}}$)或通用输入/输出口 10(GPIO.10)。

C6：存储空间 CE2 的 EMIF 片选信号($\overline{\text{EMIF.CE2}}$)或 HPI 访问控制信号 0(HPI.HC-NIL0)。

C7：存储空间 CE3 的 EMIF 片选信号($\overline{\text{EMIF.CE3}}$)、通用输入/输出口 11(GPIO.11)或 HPI 访问控制信号 1(HPI.HC-NTL1)。

C8：EMIF 字节使能控制 0($\overline{\text{EMIF.BE0}}$)或 HPI 字节辨识($\overline{\text{EMIF.HBE0}}$)。

C9：EMIF 字节使能控制 1($\overline{\text{EMIF.BE1}}$)或 HPI 字节辨识($\overline{\text{EMIF.HBE1}}$)。

C10：EMIF SDRAM 行选通信号($\overline{\text{EMIF.SDRAS}}$)、HPI 地址选通信号($\overline{\text{HPI.HAS}}$)或通用输入输出口 12(GPIO.12)。

C11：EMIF SDRAM 列选通信号($\overline{\text{EMIF.SDCAS}}$)或 HPI 地址选通信号($\overline{\text{HPI.HCS}}$)。

C12：EMIF SDRAM 写使能信号($\overline{\text{EMIF.SDWE}}$)或 HPI 数据选通信号 1($\overline{\text{HPI.HDS1}}$)。

C13：SDRAMA10 地址线(EMIF.SDA10)或通用输入输出口 13(GPIO.13)。

C14：SDRAM 存储器时钟信号(EMIF.CLKMEM)或 HPI 数据选通信号 2($\overline{\text{HPI.HDS2}}$)。

2. 初始化、中断和复位信号

$\overline{\text{INT0}}$、$\overline{\text{INT1}}$、$\overline{\text{INT2}}$、$\overline{\text{INT3}}$、$\overline{\text{INT4}}$：输入，外部中断(低电平)请求信号。$\overline{\text{INT0}}\sim\overline{\text{INT4}}$ 的优先级为：$\overline{\text{INT0}}$ 最高，$\overline{\text{INT4}}$ 最低。这 4 个中断请求信号都可以用中断屏蔽寄存器和中断方式位屏蔽。$\overline{\text{INT0}}\sim\overline{\text{INT4}}$ 都可以通过非屏蔽中断向量进行查询和复位。

$\overline{\text{RESET}}$：输入，复位信号。$\overline{\text{RESET}}$ 有效时，DSP 结束当前正在执行的操作，强迫程序计数器变成 0FF80H。当 $\overline{\text{RESET}}$ 变为高电平时，处理器从程序存储器的 0FF80H 单元开始执行程序。$\overline{\text{RESET}}$ 对许多寄存器和状态位有影响。

3. 位输入/输出信号

GPIO0、GPIO2、…、GPIO7：输入/输出。当配置成输出引脚时可以单独设置或者复位。在复位时这些引脚被配置成输入引脚。复位完成后，装载引导器根据 GPIO0、…、GPIO3 引脚电平决定自举方式。

XF：输出/高阻，外部标志输出端。这是一个可以锁存的软件可编程信号。可以利用 SSBX XF 指令将 XF 置高电平，用 RSBX XF 指令将 XF 置成低电平。也可以用加载状态寄存器 ST1 的方法来设置。在多处理器配置中，利用 XF 向其他处理器发送信号，XF 也可用作一般的输出引脚。当 EMU1/$\overline{\text{OFF}}$ 为低电平时，XF 变成高阻状态，复位时 XF 变为高电平。

4. 振荡器/定时器信号

CLKOUT：输出/高阻，主时钟输出信号。CLKOUT 周期就是 CPU 的机器周期。内部机器周期是以这个信号的下降沿界定的。当 EMU1/$\overline{\text{OFF}}$ 为低电平时，CLKOUT 也变成高阻状态。

X2/CLKIN：输入，晶体接到内部振荡器的输入引脚。如果不用内部晶体振荡器，这个引脚就变成外部时钟输入端。内部机器周期由时钟工作方式引脚决定。

X1：输出，从内部振荡器连到晶体的输出引脚。如果不用内部晶体振荡器，X1 应悬空不接。当 EMU1/$\overline{OFF}$ 为低电平时，X1 不会变成高阻状态。

TIN/TOUT0：定时器 T0 输入/输出。当作为定时器 T0 的输出时，计数器减少到 0，TIN/TOUT0 信号输出一个脉冲或者状态发生变化。当作为输入时，TIN/TOUT0 为内部定时器模块提供时钟。复位时，此引脚配置为输入引脚。

5. 串行口 0 和缓冲串行口 1 的信号

CLKR0：输入，接收时钟。这个外部时钟信号对来自数据接收(BDR)引脚及传送至缓冲串行口接收移位寄存器(BRSR)的数据进行定时。在缓冲串行口传送数据期间，这个信号必须存在。如果不用缓冲串行口，可以把 CLKR0 作为输入端，通过缓冲串行口控制寄存器(BSPC)的 IN0 位检查它们的状态。

CLKX0：输入/输出/高阻，发送时钟。这个时钟用来对来自缓冲串行口发送移位寄存器(BXSR)及传送到数据发送引脚(BDX)的数据进行定时。如果 BSPC 寄存器的 MCM 位清 0，CLKX0 可以作为一个输入端，从外部输入发送时钟。当 MCM 位置 1，它由片内时钟驱动。此时发送时钟频率等于 CLKOUT 频率乘以 1/(CLKDIV+1)，其中 CLKDIV 为发送时钟分频系数，其值为 0～31。如果不用缓冲串行口，可以把 CLKX0 作为输入端，通过 BSPC 中的 IN1 位检查它们的状态。当 EMU1/$\overline{OFF}$ 为低电平时，CLKX0 变成高阻状态。

DR0：输入，串行口数据接收端。串行数据由 DR 端接收后，传送到串行口接收移位寄存器(RSR)。

DX0：输出/高阻，串行口数据发送端。来自串行口发送移位寄存器(XSR)的数据经 DX0 传送出去。当不发送数据或者 EMU1/$\overline{OFF}$ 为低电平时，DX0 变成高阻状态。

FSR0：输入，用于接收输入的帧同步脉冲。FSR 脉冲的下降沿对数据接收过程初始化，并开始对 RSR 定时。

FSX0：输入/输出/高阻，用于发送输出的帧同步脉冲。FSX 脉冲的下降沿对数据发送过程初始化，并开始对 XSR 定时。复位后，FSX 的默认操作条件是作为一个输入信号。当 SPC 中的 TXM 位置 1 时，由软件选择 FSX0 为输出，帧发送同步脉冲由片内给出。当 EMU1/$\overline{OFF}$ 为低电平时，此引脚变成高阻状态。

S10：McBSP1 接收时钟信号或者 MMC/SD1 的命令/响应信号。复位时，此引脚被配置为 McBSP1.CLKR。

S11：McBSP1 接收帧同步信号或者 SD1 的数据信号 1。复位时，此引脚被配置为 McBSP1.DR。

S12：McBSP1 接收帧同步信号或者 SD1 的数据信号 2。复位时，此引脚被配置为 McBSP1.FSR。

S13：McBSP1 数据发送信号或者 MMC/SD1 串行时钟信号。复位时，此引脚被配置为 McBSP1.DX。

S14：McBSP1 发送时钟信号或者 MMC/SD1 数据信号 0。复位时，此引脚被配置为 McBSP1.CLKX。

S15：McBSP1 接收帧同步信号或者 SD1 的数据信号 3。复位时，此引脚被配置为 McBSP1.FSX。

S20：McBSP2 接收时钟信号或者 MMC/SD2 的命令/响应信号。复位时，此引脚被配置为 McBSP2.CLKR。

S21：McBSP2 接收帧同步信号或者 SD2 的数据信号 1。复位时，此引脚被配置为 McBSP2.DR。

S22：McBSP2 接收帧同步信号或者 SD2 的数据信号 2。复位时，此引脚被配置为 McBSP2.FSR。

S23：McBSP2 数据发送信号或者 MMC/SD2 串行时钟信号。复位时，此引脚被配置为 McBSP2.DX。

S24：McBSP2 发送时钟信号或者 MMC/SD2 数据信号 0。复位时，此引脚被配置为 McBSP2.CLKX。

S25：McBSP2 接收帧同步信号或者 SD2 的数据信号 3。复位时，此引脚被配置为 McBSP2.FSX。

6. 实时时钟

RTCINX1：实时时钟振荡器输入。

RTCINX2：实时时钟振荡器输出。

7. I^2C 总线

SDA：I^2C(双向)数据信号。复位时，此引脚处于高阻状态。

SCL：I^2C(双向)时钟信号。复位时，此引脚处于高阻状态。

8. USB 接口

DP：差分数据接收/发送(正向)。复位时，此引脚配置为输入端。

DN：差分数据接收/发送(负向)。复位时，此引脚配置为输入端。

PU：上拉输出。该引脚用于上拉 USB 模块需要的检测电阻。通过一个软件控制开关 (USBCTL 寄存器的 CONN 位)，此引脚在 VC5509 内部与 USBVDD 连接。

9. A/D 接口

AIN0：模拟输入通道 0。

AIN1：模拟输入通道 1。

AIN2：模拟输入通道 2。

AIN3：模拟输入通道 3。

10. 电源引脚

CV_{DD}：数字电源，正电源：CV_{DD} 是 CPU 专用电源。

DV_{DD}：数字电源，正电源。DV_{DD} 是 I/O 引脚用的电源。

$USBV_{DD}$：数字电源，正电源。$USBV_{DD}$ 是 I/O 引脚或 USB 模块用的电源。

RDV_{DD}：数字电源，正电源。RDV_{DD} 是 I/O 引脚或 RTC 模块用的电源。

RCV_{DD}：数字电源，正电源。RCV_{DD} 是 RTC 模块用的电源。

AV_{DD}：模拟电源，正电源。AV_{DD} 是 10 位 A\D 模块模拟端的电源。

ADV_{DD}：模拟数字电源，正电源。ADV_{DD} 是 10 位 A\D 模块数字端的电源。

$USBPLLV_{DD}$：数字电源，正电源。$USBPLLV_{DD}$ 是 USB PLL 模块用的电源。

V_{SS}：数字地。V_{SS} 是 I/O 的电源地线。

AV_{SS}：模拟地。AV_{SS} 是 10 位 A/D 模拟端的电源地线。

ADV_{SS}：模拟数字地。ADV_{SS} 是 10 位 A/D 数字端的电源地线。

USBPLLV$_{SS}$：数字地。USBPLLV$_{SS}$ 是 USB PLL 的电源底线。

11. IEEE 1149.1 测试引脚

TCK：输入，IEEE 标准 1149.1 的测试时钟，通常是一个占空比为 50% 的方波信号。在 TCK 的上升沿，将输入信号 TMS 和 TDI 在测试访问口(TAP)上的变化记录到 TAP 的控制器、指令寄存器或所选定的测试数据寄存器。TAP 输出信号(TDO)的变化发生在 TCK 的下降沿。

TDI：输入，IEEE 标准 1149.1 测试数据输入端。此引脚带有内部上拉电阻。在 TCK 时钟的上升沿，将 TDI 记录到所选定的寄存器(指令寄存器或数据寄存器)。

TDO：输出/高阻，IEEE 标准 1149.1 测试数据输出端。在 TCK 的下降沿，将所选定的寄存器(指令或数据寄存器)中的内容移位到 TDO 端。除了在进行数据扫描时外，TDO 均处在高阻状态。当 EMU1/$\overline{\text{OFF}}$ 为低电平时，TDO 也变成高阻状态。

TMS：输入，IEEE 标准 1149.1 测试方式选择端。此引脚带有内部上拉电阻。在 TCK 时钟的上升沿，此串行控制输入情号被记录到 TAP 的控制器中。

$\overline{\text{TRST}}$：输入，IEEE 标准 1149.1 测试复位信号。此引脚带有内部上拉电阻。当 $\overline{\text{TRST}}$ 为高电平时，就由 IEEE 标准 1149.1 扫描系统控制 C55x 的工作，若 $\overline{\text{TRST}}$ 不接或接低电平。则 C55x 按正常方式工作，可以不管 IEEE 标准 1149.1 的其他信号。

EMU0：输入/输出/高阻，仿真器中断 0 引脚。当 $\overline{\text{TRST}}$ 为低电平时，为了启动 EMU1/$\overline{\text{OFF}}$ 条件，EMU0 必须为高电平。当 $\overline{\text{TRST}}$ 为高电平时，EMU0 用作加到或者来自仿真器系统的一个中断，是输出还是输入则由 IEEE 标准 1149.1 扫描系统定义。

EMU1/$\overline{\text{OFF}}$：输入/输出/高阻，仿真器中断打开/关断所有输出端。当 $\overline{\text{TRST}}$ 为高电平时，EMU1/$\overline{\text{OFF}}$ 用作加到或来自仿真器系统的一个中断，是输出还是输入则由 IEEE 标准 1149.1 扫描系统定义。当 $\overline{\text{TRST}}$ 为低电平时，EMU1/$\overline{\text{OFF}}$ 配置为 $\overline{\text{OFF}}$，将所有的输出都设置为高阻状态。注意，$\overline{\text{OFF}}$ 用于测试和仿真目的(不是多处理器应用)是相斥的。所以，为了满足 $\overline{\text{OFF}}$ 条件，应使：$\overline{\text{TRST}}$ 为低电乎；EMU0 为高电乎；EMU1/$\overline{\text{OFF}}$ 为低电平。

本 章 小 结

由于 TMS320C55x 完善的体系结构，使得芯片处理速度快、适应性强。同时，芯片采用了先进的集成电路技术以及模块化设计，使得芯片功耗小、成本低，在移动通信等实时嵌入系统中得到了广泛的应用。本章讨论了 TMS320C55x 芯片的硬件结构，重点对 C55x 芯片的中央处理器 CPU、内部总线结构、存储空间结构、系统控制以及外部总线进行了描述，并举例介绍了 TMS320C5509A 芯片引脚及功能。

思　考　题

1. TMS320C5509 有哪些片上外设？可以分为哪几类？

2. 如何测试时钟发生器是否正常工作？

3. 设数字信号处理器定时器输入时钟频率为 100 MHz，如果要求定时器发送中断信号或同步时间信号的频率为 1000 次/s，需要如何对定时器进行设置？

4. 定时器有哪些寄存器组成？它们是如何工作的？

5. TMS320C5509 有哪些串行口？分别是怎样工作的？

第 5 章　DSP 指令特点

　　本章主要介绍 TMS320C55x 的寻址方式及指令流水线的相关知识，其中对 C55x DSP 的三种寻址模式进行详细说明，之后介绍指令流水线方面的内容。

5.1　TMS320C55x 的寻址方式

　　C55x DSP 支持三种寻址模式，可以高效、灵活地对数据空间、存储映射寄存器、寄存器位和 I/O 空间进行寻址，它们分别是：

(1) 绝对寻址模式：通过指令中的立即数给出地址的全部或部分来引用某位置。

(2) 直接寻址模式：使用地址偏移量来引用某位置。

(3) 间接寻址模式：使用指针来引用某位置。

　　每种寻址方式提供一种或多种类型的操作数。支持某寻址方式操作数的指令具有表 5-1 中所列的语法成分之一。

表 5-1　寻址方式操作数

语法成分	说　　明
Baddr	当指令包含 Baddr 时，该指令能访问累加器(AC0～AC3)、辅助寄存器(AR0～AR7)或临时寄存器(T0～T3)中的 1 或 2 位。只有寄存器位测试/置位/清除/取反指令才支持 Baddr
Cmem	当指令包含 Cmem 时，该指令能访问数据存储器中的一个单字(16 位)
Lmem	当指令包含 Lmem 时，该指令能访问数据存储器或存储器映射寄存器中的一个长字(32 位)
Smem	当指令包含 Smem 时，该指令能访问数据存储器、I/O 空间或存储器映射寄存器中的一个 16 位单寻址操作数
Xmem 和 Ymem	当指令包含 Xmem 和 Ymem 时，该指令能执行对数据存储器的两个 16 位双寻址操作数同时访问

5.1.1　绝对寻址模式

　　绝对寻址模式有三种，它们分别是：k16 绝对寻址、k23 绝对寻址和 I/O 绝对寻址。

1. k16 绝对寻址

k16 绝对寻址指令的操作数为*abs16(#k16)，其中 k16 是一个 16 位的无符号常数。如表 5-2 所示。寻址方法是将 7 位的寄存器 DPH(扩展数据页指针 XDP 的高位部分)和 k16 级联形成一个 23 位的地址，用于对数据空间的访问。该模式可以访问一个存储单元和一个存储映射寄存器。由于对指令进行了扩展，使用该模式寻址的指令不能与其他指令并行执行。

表 5-2   k16 绝对寻址模式

DPH	k16	数 据 空 间
000 0000	0000 0000 0000 0000 ～ 1111 1111 1111 1111	第 0 主数据页：00 0000h～00 FFFFh
000 0001	0000 0000 0000 0000 ～ 1111 1111 1111 1111	第 1 主数据页：01 0000h～01 FFFFh
000 0010	0000 0000 0000 0000 ～ 1111 1111 1111 1111	第 2 主数据页：00 0000h～00 FFFFh
⋮	⋮	⋮
111 1111	1111 1111 1111 1111 ～ 1111 1111 1111 1111	第 127 主数据页：7F 0000h～7F FFFFh

[例 5-1]   *abs16(#k16)用于数据存储器寻址，设 DPH=03h。

(1) MOV *abs16(#2026h)，T2

   ；#k16=2026h，CPU 从 03 2026h 处读取数据装入 T2

(2) MOV dbl(*abs16(#2026h))，pair(T2)

   ；#k16=2026h，#k16+1=2027h

   ；CPU 从 03 2026h 和 03 2027h 处读取数据。装入 T2 和 T3

[例 5-2]   *abs16(#k16)用于 MMR 寻址，DPH 必须为 00h。

   MOV *abs16(#AR2)，T2

   ；DPH:k16=00 0032h(AR2 的地址为 00 0012h)

   ；CPU 从 00 0032h 读取数据装入 T2

2. k23 绝对寻址

k23 绝对寻址指令的操作数为*(#k23)，其中 k23 是一个 23 位的无符号常数，如表 5-3 所示。使用这种寻址方法的指令将常数编码为 3 字节(去掉最高位)，与 k16 绝对寻址一样，使用该模式寻址的指令不能与其他指令并行执行。使用操作数*(#k23)访问存储器操作数 Smem 的指令不能用于重复执行指令中。

表 5-3　k23 绝对寻址模式

k23	数 据 空 间
000 0000 0000 0000 0000 0000 ～ 000 0000 1111 1111 1111 1111	第 0 主数据页：00 0000h～00 FFFFh
000 0001 0000 0000 0000 0000 ～ 000 0001 1111 1111 1111 1111	第 1 主数据页：01 0000h～01 FFFFh
⋮	⋮
111 1111 0000 0000 0000 0000 ～ 111 1111 1111 1111 1111 1111	第 127 主数据页：7F 0000h～7F FFFFh

[例 5-3]　*(#k23)用于数据存储器寻址。

(1) MOV *(#032002h)，T0

　　　; k23=03 2002h，CPU 从 03 2002h 读取数据装入 T0

(2) MOV dbl(*(#032002h))，pair(T2)

　　　; k23=03 2002h，k23+1=03 2003h

　　　; CPU 从 03 2002h 和 03 2003h 处读取数据，装入 T2 和 T3

[例 5-4]　*(#k23)用于 MMR 寻址。

　　MOV *(#AR2)，T2

　　　; k23=00 0012h(AR2 的地址为 00 0012h)

　　　; CPU 从 00 0012h 处读取数据装入 T2

3. I/O 绝对寻址

对于 I/O 绝对寻址模式，如果使用代数指令，其操作数是*port(#k16)，其中 k16 是一个 16 位无符号常数；如果使用助记符指令，其操作数是 port(#k16)(操作数前没有*)。如表 5-4 所示，使用该模式的指令将常数编码为 2 字节。同样，该指令不能与其他指令并行执行。指令 DELAY 和 MACMZ 不能使用此方式。

表 5-4　I/O 绝对寻址模式

k16	I/O 空间
0000 0000 0000 0000 ～ 1111 1111 1111 1111	0000h～FFFFh

[例 5-5]　*port(#k16)用于对 I/O 空间的寻址。

(1) MOV　port(#2)，AR1　　　　　; CPU 从 I/O 地址 0002h 读取数据进 AR1

(2) MOV　AR1，port(#0F001h)　　; CPU 把 AR1 的数据输出到 I/O 地址 0F001h

5.1.2　直接寻址模式

直接寻址模式，寻找的对象(操作数)不在指令，而在内部存储器中，该存储器的单元地址由指令直接给出。直接寻址的速度较快，可利用并行流水线操作，一般用于时间要求较高的场合。直接寻址有以下几种方式：数据页指针(DP)直接寻址、堆栈指针(SP)直接寻址、寄存器位直接寻址和外设数据页指针(PDP)直接寻址。其中，DP 直接寻址方式和 SP 直接寻址方式互相排斥。所选方式与状态寄存器 ST1_55 的 CPL 位有关：

(1) 当 CPL=0 时，采用的 9 位 DP 与 7 位 Doffset 形成页内直接寻址模式。

(2) 当 CPL=1 时，采用的 9 位 SP 与 7 位 Doffset 形成页内直接寻址模式。

而寄存器位寻址和 PDP 直接寻址与 CPL 位无关。

1. DP 直接寻址

在 DP 直接寻址方法中，形成一个 23 位的地址，其中高 7 位由 DPH 提供，用来确定主数据页，其余低 16 位由 DP(SP)加上偏移量两部分组成，如表 5-5 所示。利用这种寻址方式，可以在不改变 DP 和 SP 的情况下，随机地寻址 128 个存储单元中的任何一个。

表 5-5　DP 直接寻址模式

DPH	(DP + Doffset)	数 据 空 间
000 0000	0000 0000 0000 0000	第 0 主数据页：00 0000h～00 FFFFh
～	～	
000 0000	1111 1111 1111 1111	
000 0001	0000 0000 0000 0000	第 1 主数据页：01 0000h～01 FFFFh
～	～	
000 0001	1111 1111 1111 1111	
000 0010	0000 0000 0000 0000	第 2 主数据页：02 0000h～02 FFFFh
～	～	
000 0010	1111 1111 1111 1111	
⋮	⋮	⋮
111 1111	0000 0000 0000 0000	第 127 主数据页：02 0000h～02 FFFFh
～	～	
111 1111	1111 1111 1111 1111	

(1) 数据页寄存器(DP)的值：DP 确定在主数据页内长度为 128 字节的局部数据页的起始地址，该起始地址可以是主数据页内的任何地址。

(2) 由汇编器计算出的 7 位偏移量(Doffset)：偏移量的计算与访问的是数据空间还是存储映射寄存器(限定词是 mmap())有关。

由 DPH 和 DP 构成扩展数据页寄存器 XDP，可以将 DPH 和 DP 分别载入，也可以用一条指令载入 XDP。

直接寻址的语法是用一个符号或者一个常数来表示偏移值。在表示的时候，用符号@加在变量的前面。

[例 5-6]　@Daddr 用于数据存储器寻址，设 DPH=03h，DP=0000h。

(1) MOV @0002h，T2

　　　；DPH:(DP+Doffset)=03:(0000h+0002h)=03 0002h

　　　；CPU 从 03 0002h 处读取数据装入 T2

(2) MOV dbl(@0005h)，pair(T2)

　　　；DPH:(DP+Doffset)=03 0005h，DPH:(DP+Doffset-1)=03 0004h

　　　；CPU 从 03 0005h 和 03 0004h 处读取数据装入 T2 和 T3

[例 5-7]　@Daddr 用于 MMR 寻址，设 DPH=DP=00h，CPL=0。

MOV mmap(@AC0L)，AR2

　　　；DPH:(DP+Doffset)=00:(0000h+0008h)=00 0008h

　　　；CPU 从 00 0008h 出读取数据装入 AR

2. SP 直接寻址

当一条指令采用 SP 直接寻址模式时，23 位地址的形成如表 5-6 所示。其中，SPH 确定高 7 位地址，其余 16 位地址由 SP 和 7 位偏移量决定，偏移量的范围是 0～127。由 SPH 和 SP 构成了扩展数据堆栈指针 XSP。

由于在第 0 主数据页，地址 00 0000h～00 005Fh 为存储映射寄存器保留，所以若数据栈位于该主数据页，则可以使用的地址范围是 00 0060h～00 FFFFh。

表 5-6　SP 直接寻址模式

SPH	(SP+Doffset)	数 据 空 间
000 0000 ～ 000 0000	0000 0000 0000 0000 ～ 1111 1111 1111 1111	第 0 主数据页：00 0000h～00 FFFFh
000 0001 ～ 000 0001	0000 0000 0000 0000 ～ 1111 1111 1111 1111	第 1 主数据页：01 0000h～01 FFFFh
000 0010 ～ 000 0010	0000 0000 0000 0000 ～ 1111 1111 1111 1111	第 2 主数据页：02 0000h～02 FFFFh
⋮	⋮	⋮
111 1111 ～ 111 1111	0000 0000 0000 0000 ～ 1111 1111 1111 1111	第 127 主数据页：02 0000h～02 FFFFh

[例 5-8]　*SP(offset)用于数据存储器寻址，设 SPH=0，SP=FF00h。

(1) MOV *SP(5)，T2

　　　；SPH:(SP+offset)=00 FF05h，CPU 从 00 FF05h 处读取数据装入 T2

(2) MOV dbl(*SP(5))，pair(T2)

　　　；SPH:(SP+offset)=00 FF05h，SPH:(SP+offset-1)=00 FF04h

　　　；CPU 从 00 FF05h 和 00 FF04h 处读取数据装入 T2 和 T3

　　由于 DP 和 SP 两种直接寻址方式是相互排斥的，当采用 SP 直接寻址后再次用 DP 直接寻址之前，必须对 CPL 清零。

3. 寄存器位寻址

　　寄存器位寻址指令的操作数是 @bitoffset，该操作数是从寄存器的最低位开始的偏移值。例如，如果 bitoffset 为 0，那么就可以访问寄存器的最低位；如果 bitoffset 为 3，那么就可以访问寄存器的位 3。

　　只有寄存器的位测试、置位、清零、取反，指令才支持这种寻址模式。

[例 5-9]　@bitoffset 用于对寄存器位的寻址。

(1)　BSET @0，AC3　　　　　　　　　　；CPU 将 AC3 的位 0 置为 1

(2)　BTSTP@30，AC3

　　　　　；CPU 把 AC3 的位 30 和位 31 分别复制到状态寄存器 ST0_55 的位 TC1 和 TC2

4. PDP 直接寻址

　　当一条指令使用 PDP 直接寻址模式时，16 位 I/O 地址的形成如表 5-7 所示。64K×16 位的 I/O 空间分成 512 个外设数据页，用 9 位的外设数据页指针 PDP 表示，其中每一页有 128 个字，由指令中的指定的 7 位偏移值来表示。例如，如果访问一页的第一个字，则其偏移值为 0。

表 5-7　PDP 直接寻址模式

PDP	Poffset	I/O 空间(64K 字)
000 0000 0	000 0000	
～	～	第 0 外设数据页：00 0000h～00 FFFFh
000 0000 0	111 1111	
000 0000 1	000 0000	
～	～	第 1 外设数据页：01 0000h～01 FFFFh
000 0000 1	111 1111	
000 0001 0	000 0000	
～	～	第 2 外设数据页：02 0000h～02 FFFFh
000 0001 0	111 1111	
⋮	⋮	⋮
111 1111 1	111 1111	第 127 外设数据页：7F 0000h～7F FFFFh

[例 5-10]　@Poffset 用于对 I/O 空间的寻址，设 PDP=511。

(1)　MOV　port (@0)，T2　　　　　；PDP：Poffset=FF80h，CPU 从 FF80h 读取数据进 T2

(2)　MOV　T2，port(@127)　　　　；PDP：Poffset=FFFFh，CPU 把 T2 的数据输出到 I/O

　　　　　　　　　　　　　　　　；地址 0FFFFh

5.1.3　间接寻址模式

　　间接寻址是通过辅助寄存器和辅助寄存器指针寻址数据存储单元的。间接寻址很灵活，不仅能从存储器中读或写一个单 16 bit 数据操作数，而且能在一条指令中访问两个数据存储器单元，即从两个独立的存储器单元读数据，或读一个存储器单元同时写另一个存储器单元，或读写两个连续的存储器单元。

　　CPU 支持的间接寻址模式有 AR 间接寻址、双 AR 间接寻址、CDP 间接寻址和系数间接寻址。利用这些模式可以进行线性或循环寻址。

1. AR 间接寻址模式

　　AR 间接寻址模式通过一个辅助寄存器 ARn(n=0，1，2，3，4，5，6 或7)访问数据空间。CPU 使用 ARn 来产生地址的方式取决于访问的类型，见表 5-8。

表 5-8　访问类型与 ARn 关系表

访　问	ARn 包含
数据空间(存储器或寄存器)	23 位地址的低 16 位。高 7 位由扩展辅助寄存器(XARn)的高位部分 ARnH 给出。使用装载 XARn 的指令来访问数据空间；ARn 可以单独装载，但 ARnH 不能被装载
一个寄存器位(或位对)	位的序号。只有寄存器位测试/置位/清除/取反，指令才支持对寄存器位的 AR 间接访问。这些指令只能访问以下寄存器中的位：累加器(AC0～AC3)、辅助寄存器(AR0～AR7)和临时寄存器(T0～T3)
I/O 空间	16 位 I/O 地址

　　ST2_55 的 ARMS 位决定了 AR 间接寻址的操作类型：

　　(1) DSP 模式(ARMS=0)：CPU 提供 DSP 增强应用的高效执行功能。

　　(2) 控制模式(ARMS=1)：针对控制系统的应用，CPU 能够优化代码的长度。

　　表 5-9 和表 5-10 分别给出了 AR 间接寻址的 DSP 模式和控制模式。

表 5-9　AR 间接寻址的 DSP 模式

序　号	操 作 数	地 址 修 改
1	*ARn	ARn 未修改
2	*Arn +	在生成地址之后增加：16 位操作，ARn =ARn + 1 32 位操作，ARn =ARn + 2
3	*Arn−	在生成地址之后减少：16 位操作，ARn =ARn−1 32 位操作，ARn =Arn−2
4	* + ARn	在生成地址之前增加：16 位操作，ARn =ARn + 1 32 位操作，ARn =ARn + 2
5	* − ARn	在生成地址之前减少：16 位操作，ARn =ARn−1 32 位操作，ARn =ARn−2
6	*(ARn + T0/AR0)	在生成地址之后，ARn 加上 T0 或 ARn 中 16 位带符号的常数： 如果 C54CM = 0，则 ARn =ARn + T0 如果 C54CM = 1，则 ARn =ARn + AR0
7	*(ARn−T0/AR0)	在生成地址之后，ARn 减去 T0 或 ARn 中 16 位带符号的常数： 如果 C54CM = 0，则 ARn =ARn−T0 如果 C54CM = 1，则 ARn =ARn−AR0

序　号	操 作 数	地 址 修 改
8	*ARn (T0/AR0)	ARn 未被修改。ARn 被作为基指针，T0 或 AR0 中 16 位带符号 常数被作为偏移量
9	*(ARn + T0B/AR0B)	在生成地址之后，ARn 加上 T0 或 ARn 中 16 位带符号的常数： 　　如果 C54CM = 0，则 ARn =ARn + T0 　　如果 C54CM = 1，则 ARn =ARn + AR0 按位倒序模式相加
10	*(ARn–T0B/AR0B)	在生成地址之后，ARn 减去 T0 或 ARn 中 16 位带符号的常数： 　　如果 C54CM 1= 0，则 ARn =ARn–T0 　　如果 C54CM = 1，则 ARn =ARn–AR0 按位倒序模式相减
11	*(ARn + T1)	在生成地址之后，ARn 加上 T1 中 16 位带符号的常数： ARn =ARn + T1
12	*(ARn–T1)	在生成地址之后，ARn 减去 T1 中 16 位带符号的常数： ARn =ARn–T1
13	*ARn (T1)	ARn 未被修改。ARn 被作为基指针，T1 中 16 位带符号常数被 作为偏移量
14	*ARn(#K16)	ARn 未被修改。ARn 被作为基指针，16 位带符号常数(K16)被 作为偏移量
15	* + ARn(#K16)	在地址生成之前，ARn 加上 16 位带符号常数(K16)

表 5-10　AR 间接寻址的控制模式

序号	操 作 数	地 址 修 改
1	*ARn	ARn 未修改
2	*ARn +	在生成地址之后增加：16 位操作，ARn =ARn + 1 　　　　　　　　　　32 位操作，ARn =ARn + 2
3	*ARn–	在生成地址之后减少：16 位操作，ARn =ARn–1 　　　　　　　　　　32 位操作，ARn =ARn–2
4	*(ARn + T0/AR0)	在生成地址之后，ARn 加上 T0 或 AR0 中 16 位带符号的常数： 如果 C54CM = 0，则 ARn =ARn + T0 如果 C54CM = 1，则 ARn =ARn + AR0
5	*(ARn–T0/AR0)	在生成地址之后，则 ARn 减去 T0 或 AR0 中 16 位带符号的常数： 如果 C54CM = 0，则 ARn =ARn–T0 如果 C54CM = 1，则 ARn =ARn–AR0
6	*ARn (T0/AR0)	ARn 未被修改。ARn 被作为基指针，T0 或 AR0 中 16 位带符号常数被作 为偏移量
7	*ARn(#K16)	ARn 未被修改。ARn 被作为基指针，16 位带符号常数(k16)被作为偏移量
8	* + ARn(#K16)	在地址生成之前，ARn 加上 16 位带符号常数(k16)
9	*ARn(short(#k3))	ARn 未被修改。ARn 被作为基指针，3 位带符号常数(k13)被作为偏移量

[例 5-11]　*ARn 用于数据存储器寻址，设 ARn 工作在线性寻址状态。

(1) MOV *AR4，T2　　　　　　　；AR4H:AR4=XAR4，CPU 从 XAR4 处读取数据装入 T2

(2) MOV dbl(*AR4)，pair(T2)

　　　；第一个地址为 XAR4

　　　；如果 XAR4 为偶数，则第二个地址 XAR4+1；如果 XAR4 为奇数，则第二个地

　　　；址为 XAR4−1

　　　；CPU 从 XAR4 和 AR4+1(或 AR4−1)处读取数据装入 T2 和 T3

[例 5-12]　*ARn 用于 MMR 寻址，ARn 指向某寄存器。

MOV *AR6，T2

[例 5-13]　*(ARn+T0)用于数据存储器寻址，设 ARn 工作在线性寻址状态。

(1) MOV *(AR4+T0)，T2

　　　；AR4H:AR4=XAR4，CPU 从 XAR4 处读取数据装入 T2，然后 AR4=AR4+T0

(2) MOV dbl(*(AR4+T0))，pair(T2)

　　　；第一个地址为 XAR4

　　　；如果 XAR4 为偶数，则第二个地址 XAR4+1；如果 XAR4 为奇数，则第二个地

　　　；址为 XAR4−1

　　　；CPU 从 XAR4 和 AR4+1(或 AR4−1)处读取数据装入 T2 和 T3,然后 AR4=AR4+T0

[例 5-14]　*(ARn+T0B)用于基于 FFT 算法的码位倒置，执行该指令前将 N/2(N 为 FFT 的点数)赋予 T0。下列指令将位于 001020h～00102Fh 的数据进行码位倒置后，送入 001030h～00103Fh，设 N=16。

```
BCLR C54CM
AMOV #001020h，XAR0
AMOV #001030h，XAR3
MOV #0008h，T0    ；N/2
MOV #15，BRC0
RPTB   L1
MOV *(AR0+T0B)，T2；AR0 指向输入序列
MOV T2，*AR3+；AR3 指向输出序列
L1：nop
```

[例 5-15]　*ARn 用于对寄存器位的寻址，设 AR0=0，AR5=30。

(1) BSET *AR0，AC3　　　　　　　；CPU 将 AC3 的位 0 置为 1

(2) BTSTP *AR5，AC3

　　　；CPU 把 AC3 的位 30 和位 31 分别复制到状态寄存器 ST0_55 的位 TC1 和 TC2

[例 5-16]　*ARn 用于对 I/O 空间的寻址，设 AR4=FF80h，AR5=FFFFh。

(1) MOV　port(*AR4)，T2　　　　；CPU 从 FF80h 读取数据进 T2

(2) MOV　T2，port(*AR5)　　　　；CPU 把 T2 的数据输出到 I/O 地址 0FFFFh

2. 双 AR 间接寻址模式

双 AR 间接寻址模式可以通过 8 个辅助寄存器(AR0～AR7)同时访问两个数据存储单

元，与单个 AR 间接访问数据空间一样，CPU 使用一个扩展辅助寄存器产生 23 位地址。双 AR 间接寻址可以实现以下功能：

(1) 执行一条可完成两个 16 位数据空间访问的指令。在这种情况下，两个数据存储操作数在指令中为 Xmem 和 Ymem。例如：

　　　　ADD Xmem，Ymem，ACx

(2) 并行执行两条指令。在这种情况下，必须每条指令访问一个存储数据，操作数在指令中是 Smem 或 Lmem。

　　　　MOV Smem，dst

　　　　‖ AND Smem，src，dst

双 AR 间接寻址操作数是 AR 间接寻址操作数的子集，而 ARMS 状态位不影响双 AR 间接寻址的操作。

汇编器不支持双操作数使用同一辅助寄存器对其进行两种不同修改的代码。用户可以对两个操作数使用同一 ARn，如果其中一个操作数是*ARn 或*ARn(T0)，则两者都不会修改 ARn。

表 5-11 介绍了双 AR 间接寻址可用的操作数。注意：

(1) 两者的指针修改及地址产生是线性的或是循环的取决于状态寄存器 ST2_55 中的指针配置。只有当选择的指针循环寻址被激活时才加上某 16 位缓冲区起始地址寄存器 (BSA01、BSA23、BSA45 或 BSA67)的内容。

(2) 对指针的加减运算都要对 64K 求模。不改变扩展辅助寄存器(XARn)的值就不可以寻址主数据页内的数据。

表 5-11　双 AR 间接寻址操作数

序号	操 作 数	地 址 修 改
1	*ARn	ARn 未修改
2	*ARn +	在生成地址之后增加：16 位操作，ARn =ARn + 1 32 位操作，ARn =ARn + 2
3	*ARn−	在生成地址之后减少：16 位操作，ARn =ARn−1 32 位操作，ARn =ARn−2
4	*(ARn + T0/AR0)	在生成地址之后，ARn 加上 T0 或 AR0 中 16 位带符号的常数： 如果 C54CM = 0，则 ARn =ARn + T0 如果 C54CM = 1，则 ARn =ARn + AR0
5	*(ARn−T0/AR0)	在生成地址之后，ARn 减去 T0 或 AR0 中 16 位带符号的常数： 如果 C54CM = 0，则 ARn =ARn−T0 如果 C54CM = 1，则 ARn =ARn−AR0
6	*ARn (T0/AR0)	ARn 未被修改。ARn 被作为基指针，T0 或 AR0 中 16 位带符号常数被作为偏移量
7	*(ARn + T1)	在生成地址之后，ARn 加上 T1 中 16 位带符号的常数：ARn =ARn + T1
8	*(ARn−T1)	在生成地址之后，ARn 减去 T1 中 16 位带符号的常数：ARn =ARn − T1

3. CDP 间接寻址模式

CDP 间接寻址模式使用系数数据指针(CDP)对数据空间、寄存器位和 I/O 空间进行访问。CPU 通过 CDP 来产生地址的方式取决于访问的类型。表 5-12 给出了 CDP 与访问类型的关系。

表 5-12　CDP 与访问类型的关系

访问类型	CDP 包含内容
数据空间(存储器或寄存器)	23 位地址的低 16 位。高 7 位由扩展系数数据指针(XCDP)的高位部分 CDPH 给出
一个寄存器位(或位对)	位的序号。只有寄存器位测试/置位/清除/取反指令支持对寄存器位的 CDP 间接访问。这些指令只能访问以下寄存器中的位：累加器(AC0～AC3)、辅助寄存器(AR0～AR7)和临时寄存器(T0～T3)
I/O 空间	16 位 I/O 地址

表 5-13 介绍了 CDP 间接寻址方式的可用的操作数。注意：

(1) 两者的指针修改及地址产生是线性的或是循环的取决于状态寄存器 ST2_55 中的指针配置。只有当 CDP 循环寻址被激活时才加上 16 位缓冲区起始地址寄存器 BSAC 的内容。

(2) 对 CDP 的加减运算都要对 64K 求模。不改变 CDPH(扩展系数数据指针的高位部分)的值就不可以寻址主数据页内的数据。

表 5-13　CDP 间接寻址操作数

序　号	操 作 数	地 址 修 改
1	*CDP	CDP 未修改
2	*CDP +	在生成地址之后增加：16 位操作，CDP = CDP + 1；32 位操作，CDP = CDP + 2
3	*CDP–	在生成地址之后减少：16 位操作，CDP = CDP–1；32 位操作，CDP = CDP–2
4	*CDP(#K16)	CDP 未被修改。CDP 被作为基指针，16 位带符号常数(K16)被作为偏移量
5	* + CDP(#K16)	在地址生成之前，CDP 加上 16 位带符号常数(K16)：CDP = CDP +K16

4. 系数间接寻址模式

系数间接寻址模式 CDP 间接寻址模式的地址产生过程一样。CDP 间接寻址模式支持以下算术指令：FIR 滤波、乘法、乘加、乘减和双乘加或双乘减。

使用系数间接寻址方式来访问数据的指令主要是那些每个周期执行对 3 个存储器操作数操作的指令。其中 2 个操作数(Xmem 和 Ymem)通过双 AR 间接寻址方式来访问，第 3 个操作数(Cmem)通过系数间接寻址方式访问。操作数 Cmem 利用 BB 总线传送。

使用系数间接寻址方式时，BB 总线不连接到外部存储器。如果通过 BB 总线来访问一个 Cmem 操作数，此操作数必须在内部存储器中。

尽管表 5-14 中的指令访问 Cmem 操作数，但它们不使用 BB 总线来取 16 位或 32 位 Cmem 操作数。

表 5-14　不使用 BB 总线访问 Cmem 的指令

指令语法	Cmem 访问说明	用于访问 Cmem 的总线
MOV Cmem, Smem	从 Cmem 读 16 位	DB
MOV Smem, Cmem	向 Cmem 写 16 位	EB
MOV Cmem，dbl(Lmem)	从 Cmem 读 32 位	通过 CB 获取最高位字(MSW) 通过 DB 获取最低位字(LSW)
MOV dbl(Lmem), Cmem	向 Cmem 写 32 位	通过 FB 获取最高位字(MSW) 通过 EB 获取最低位字(LSW)

指令语法在单周期内，可并行执行两次乘法。一个存储器操作数(Cmem)对两次乘法来说是公共的，而双 AR 间接操作数(Xmem 和 Ymem)用于乘法中的其他数值。

　　MPY Xmem, Cmem, ACx

　　:: MPY Ymem, Cmem, ACy

为了在单时钟周期内访问到 3 个存储值，被 Cmem 引用的值必须和 Xmem、Ymem 值位于不同的存储段。

表 5-15 介绍了系数间接寻址方式可用的操作数。注意：

(1) 两者的指针修改及地址产生是线性的或是循环的取决于状态寄存器 ST2_55 中的指针配置。只有当 CDP 循环寻址被激活时才加上 16 位缓冲区起始地址寄存器 BSAC 的内容。

(2) 对 CDP 的加减运算都要对 64K 求模。不改变 CDPH(扩展系数数据指针的高位部分)的值就不可以寻址主数据页内的数据。

表 5-15　系数间接操作数

序号	操作数	地址修改
1	*CDP	CDP 未修改
2	*CDP +	在生成地址之后增加：16 位操作，CDP = CDP + 1 　　　　　　　　　　32 位操作，CDP = CDP + 2
3	*CDP −	在生成地址之后减少：16 位操作，CDP = CDP −1 　　　　　　　　　　32 位操作，CDP = CDP −2
4	*(CDP + T0/AR0)	在生成地址之后，CDP 加上 T0 或 AR0 中 16 位带符号的常数： 如果 C54CM = 0，则 CDP =CDP + T0 如果 C54CM = 1，则 CDP =CDP + AR0

5.2　指令流水线

5.2.1　C55x 的指令流水线的两个阶段

TI 系列 DSP 产品一般都采用指令流水线的工作方式,即一条指令的执行分为若干个阶段完成,就像经过工厂里的生产流水线上的一道道工序一样。一条指令在流水线上的某个阶段执行时,在流水线的其他阶段又分别有其他的指令在顺序地执行。采用指令流水线的执行方式,可以大大提高系统的执行效率,使得系统可以低延迟或"无延迟"地执行较复杂的指令。因此,更多的 DSP 开始采用指令流水线的执行方式。

C55x 继承了 C54x 的指令流水线的执行方式,在此基础上进行改进。其流水线分为两个分离的阶段,即"取指阶段"和"执行阶段"。

(1) 取指阶段:将 4 字节的指令包取入指令缓冲队列,这里面又包括提交地址、取指、预解码等 4 个阶段,指令流水线如图 5-1 所示,执行阶段流水线每个节拍的作用如表 5-16 所示。

节拍1	节拍2	节拍3	节拍4
预取指1 (PF1)	预取指2 (PF2)	取指 (F)	预解码 (PD)

图 5-1　取指阶段的指令流水线

表 5-16　取指阶段流水线每个节拍的作用

流水阶段	描　述
PF1	向存储器提交要提取程序的地址
PF2	等待存储器的响应
F	从存储器提取一个指令包,放入 IBQ
PD	对 IBQ 里的指令做预解码(确认指令的开始和结束:确认并行指令)

(2) 执行阶段:完成指令的解码执行,又可分为解码、取操作数、执行、写回结果等 8 个阶段,指令流水线如图 5-2 所示,执行阶段流水线每个节拍的作用如表 5-17 所示。

第二阶段称为执行阶段,对指令进行解码,并完成数据访问和计算。

节拍:	1	2	3	4	5	6	7	8
	解码 (D)	寻址 (AD)	访问1 (AC1)	访问2 (AC2)	读 (R)	执行 (X)	写 (W)	写+ (W+)

图 5-2　执行阶段的指令流水线

其中,　写+ (W+)　只用于存储器写操作。

表 5-17　执行阶段流水线每个节拍的作用

流水阶段	描　　述
D	• 从指令缓冲队里读 6 字节 • 解码一个指令对或一条单指令 • 将指令调度给适当的 CPU 功能单元 • 读与地址产生有关的 STx_55 位：ST1_55(CPL)，ST2_55(ARnLC)，ST2_55(ARMS)，ST2_55(CDPLC)
AD	读/修改与地址产生有关的寄存器 • 读/修改 *ARx+(T0)里的 ARx 与 T0 • 如果 AR2LC=1，则读/修改 BK03 • 在压栈和出栈时，读/修改 SP • 如果是 32 位堆栈模式，则在压栈和出栈时，读/修改 SSP 使用 A 单元的 ALU 作操作，例如： • 使用 AADD 指令做算术运算 • 使用 SWAP 指令，交换 A 单元的寄存器 • 写常数到 A 单元的寄存器(BKxx、BSAxx、BRCxx、CSR 等) 当 ARx 不为零时，做条件分支，ARx 减 1 • (例外)计算 XCC 指令的条件(在代数式句法里，AD 单元的执行属性)
AC1	对于存储器读，将地址送到适当的 CPU 地址总线
AC2	给存储器一个周期的时间，来响应读请求
R	• 从存储器和 MMR 寻址的寄存器中读数据 • 当执行在 A 单元预取指的 D 单元指令时，读 A 单元的寄存器，在 R 阶段读，而不是在 X 阶段读 • 计算条件指令的条件，大多数条件，但不是所有的条件，在 R 阶段计算，在本表里，例外的情况已经专门加以标注
X	• 读/修改不是由 MMR 寻址的寄存器 • 读/修改单个寄存器里的位 • 设置条件 • (例外)计算 XCCPART 指令的条件(在代数式句法里，D 单元的执行属性)，除非该指令是条件写存储器(在这种情况下，在 R 阶段计算条件) • (例外)计算 RPTCC 指令的条件
W	• 写数据到 MMR 寻址的寄存器或 I/O 空间(外设寄存器) • 写数据到存储器，从 CPU 的角度看，该写操作在本流水阶段结束
W+	写数据到存储器，从存储器的角度看，该写操作在本流水阶段结束

5.2.2　C55x 指令流水线的自动保护机制

1. C54x 指令流水线的人工保护机制

流水线操作可以提高系统的效率，允许多条指令同时寻址 CPU 资源。但当一个 CPU 资源同时被一个以上流水线级访问时，可能导致时序上的冲突，同时由于不同的指令执行情况不同，也有可能造成流水线的冲突。如：当一条指令想写入某寄存器时，前一指令还未完成对该寄存器的读取操作，就会产生流水线的冲突。对于 C54x 芯片来说，流水线冲突是不能自动防止的，必须对流水线进行保护，确保前一指令的读取操作完成后才修改该寄存器的值。遇到这样的情况，需要重新安排指令或者插入空操作 NOP 指令进行等待延迟加以解决。如：在设计 C54x 程序时，就需要程序设计人员在可能发生流水线冲突的指令前后手工加入 NOP(空操作)指令或调整指令的顺序，以使第二条指令执行时能取到正确的操作数。

在流水线中同时对存储器映像寄存器寻址，就同样可能发生存储器映像寄存器冲突，包括：

(1) 辅助寄存器(AR0～AR7)；

(2) 重复块长度寄存器(BK)；

(3) 堆栈指针；

(4) 暂存器(T)；

(5) 处理器工作方式状态寄存器(PMST)；

(6) 状态寄存器(ST0 和 ST1)；

(7) 块重复计数器(BRC)；

(8) 存储器映像累加器(AG、AH、AL、BG、BH、BL)。

图 5-3 说明了可能发生流水线冲突的地方和不会发生冲突的地方。可以看出，C54x 系统的源程序如果是用 C 语言编写的，经过编译生成的代码是没有流水线冲突问题的；如果是用汇编语言程序编写的，凡是中心算术逻辑单元 CALU 操作，或者早在初始化期间就对 MMR 进行设置，也不会发生流水线冲突。利用保护性 MMR 写指令，自动插入等待周期也可以避免发生冲突。利用等待周期表，通过插入 NOP 指令可以处理好对 MMR 的写入操作。在新版的汇编程序(ASM500 3.1 版)对源程序进行汇编时，如果对 MMR 写操作发生时序上的冲突，将会自动发出警告，帮助程序员修正错误。因此，大多数 C54x 程序是不需要对其流水线冲突问题特别关注的，只有某些 MMR 写操作才需要注意。由此可见，流水线冲突是 C54x 中的一个重要问题，如果解决不好，发生了时序上的冲突将会影响程序的执行结果。

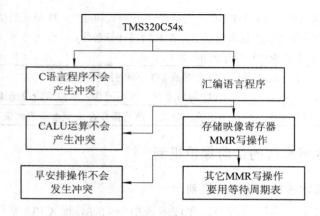

图 5-3　C54x 流水线冲突应对策略

2. C55x 指令流水线的自动保护机制

时刻关注流水线的冲突问题，在编程时是非常麻烦的。在 C55x 中，由于采用多指令并行操作，按理说流水线的冲突问题也就越发严重。但是，C55x 中的指令流水线具有自动保护机制，其自动保护机制会在可能引起冲突的指令之间自动增加不活动的周期，以避免冲突的发生。这些都是在指令执行时自动加入的，不需要设计人员亲自去添加等待周期，从而省去了在编程时对流水线冲突进行调整的工作，大大降低了编程和调试的难度。正是由于指令流水线有了自动保护机制，才使得设计人员可以放心地使用 C55x 的并行指令。

5.2.3　流水线的优化

1. 减少指令流水线的保护和延迟

虽然 C55x 的自动保护指令流水线结构降低了编程时的复杂度，但指令流水线的保护造成的延迟也是影响 C55x 程序执行效率的一个重要方面。

指令流水线的执行方式会产生流水线的冲突和保护，而 C55x 支持多指令同时执行，流水线冲突与保护的问题更加严重。所以，减少流水线的冲突，即减少流水线保护造成的延迟，对 DSP 的执行效率是大有影响的。下面就介绍流水线冲突的可能原因和避免流水线冲突的方法，以尽量减少流水线保护机制所带来的延迟。

(1) 对寄存器访问的竞争是影响流水线保护和延迟的主要原因。如果出现要对某寄存器读取/写入的时候，前一指令对该寄存器的写操作/读操作还未完成的情况，就会造成流水线保护和延迟。在以寄存器为条件执行指令的条件中，如果在测试条件时前面的指令对该寄存器的修改还未完成，也会造成流水线保护和延迟。而 C55x 大部分操作都是在寄存器内或依赖寄存器来完成的，所以这是造成流水线保护和延迟的主要原因。这时候，需要仔细安排指令的顺序，避免对寄存器访问的竞争；必要时可以采用加 mmap() 的方式，改变相应的寄存器的读取和修改的流水线阶段，就有可能解决这个问题。

(2) 对存储器访问的竞争也是影响流水线保护和延迟的重要原因。C55x 内部存储器分为 SARAM 和 DARAM 两种。每个周期、每个 SARAM 体(bank)可被访问一次，DARAM 体可被访问两次。如果在同一周期，指令(或并行指令对)要对同一体访问超过两次的时候，就会造成流水线延迟。这时候，可以考虑将其中一个数组复制到另一个存储器体中去，然后再执行相应的操作。在安排程序位置的时候，将程序代码放在 SARAM 区。因为，读取程序代码也可能和数据的存取产生竞争。 此外，我们还要注意，C55x 流水线将某些状态寄存器 STx 的某些位看做"位组"，将某些寄存器看做"寄存器组"。所以，在同时访问这些"位组"或"寄存器组"成员的时候，会产生与同时访问一个寄存器或存储器地址类似的冲突，也会造成流水线延迟。

(3) 指令缓冲队列也有可能造成流水线保护和延迟。指令缓冲队列(IBQ)用于保存准备解码执行的指令，每次送出 6 字节的指令译码，同时从程序区取 4 字节的指令包补充。所以如果有太多的 5 字节或 6 字节的指令连续执行，就有可能使取指的速度跟不上译码的速度而导致延迟。而在程序执行出现子程序调用、跳转、块重复和循环等情况的时候，IBQ 的内容被刷新，需要重新取指填充 IBQ，这也会造成流水线延迟。在长指令间插入一些短指令，并尽可能地使用本地循环，可以减少出现 IBQ 延迟的情况。

判断是否有流水线延迟的方法可以通过高版本的开发工具来检查，也可在怀疑有延迟的语句后添加 NOP 指令，观察前后的执行时间是否改变。若没有什么变化，则说明有延迟的情况存在，可以将其他指令调整到这个位置。

2. 提高流水线的效率

一般情况下，采用指令流水线可以提高系统的执行效率，但是这需要合理的程序设计来实现这一点。例如，上面提到的流水线冲突会引起流水线保护从而造成延迟。此外，即使在没有流水线保护的情况下，也有可能影响流水线的效率。比如在程序中发生调用子程序、条件跳转和块重复循环等分支跳转的情况时，处于指令流水线中各阶段的预处理过的指令都要丢弃，必须重新取入新的指令并重新预处理后才能执行，这就不可避免地带来延迟。所以，尽可能地减少指令流水线的刷新，将使程序运行的速度提高，延迟更少。

为了减少指令流水线的刷新，即减少分支跳转的情况出现，要尽可能地用条件执行指令来代替条件跳转指令，用单指令重复 repeat(CSR) 和本地循环(localrepeat)来代替块循环(blockrepeat)。这样不但可以加快程序的执行，而且可以减少代码空间和程序执行时的功耗。条件执行指令会根据条件是否成立来决定指令是否执行，而不会像条件跳转指令那样产生跳转，也就避免了出现分支跳转的情况。而使用单指令重复和本地循环，在循环结构中的指令被取入指令缓冲队列后就不再刷新指令缓冲队列，而直接使用指令缓冲队列中已经取好的指令反复执行，直到循环结束，从而也避免了取指和译码带来的延迟，大大提高了流水线执行的效率。但在编程时需要注意的是，本地循环第一条指令和最后一条指令之间最多为 55 字节的指令，否则，就无法采用本地循环而必须采用块循环方式。因为，最后一条指令前的长度可为 55 字节，而最后一条可以为长 6 字节的指令。所以，在整个循环指令长度较大时，可以将较短的指令前移，而将最长的指令放在最后一条，这样就有可能使得较长的指令也构成本地循环的结构。

本 章 小 结

TMS320C55x 是一种高性能的 DSP，C55x 指令流水线的优异性能是其中非常重要的方面。通过合理的程序设计，减少指令流水线的冲突以减少保护所造成的延迟，并且尽量减少流水线的刷新，将使程序的执行效率更高，同时也降低了系统的功耗，从而可以真正发挥 TMS320C55x 的优异性能。

思 考 题

1. C55x 支持哪三种类型的寻址方式？
2. 什么是绝对寻址模式？C55x 有几种绝对寻址方式，分别是什么？
3. 什么是直接寻址模式？C55x 有几种直接寻址方式，分别是什么？
4. 什么是间接寻址模式？C55x 有几种间接寻址方式，分别是什么？
5. 指令 MOV *abs16(#2002h), T2 采用的是哪种寻址方式？设 DPH=03h，该指令的功能是什么？

6．指令 MOV port(@0)，T2 采用的是哪种寻址方式？设 PDP = 511，该指令的功能是什么？

7．C55x 的流水线分为哪两个阶段？

8．简述 C55x 指令流水线的自动保护机制。

9．流水线冲突的可能原因有哪些？如何避免流水线冲突？

10．绝对/k16 绝对寻址方式　#k16=2002H，CPU 从 032002H 处读取数据装入 T2，请写出指令。

11．直接/PDP 直接寻址方式　PDP：Poffset=FF80H，CPU 从 FF80H 读取数据进 T2，请写出指令。

第 6 章　　DSP 软件开发过程

　　DSP 的软件开发过程包括程序编写、编译、汇编和链接产生可执行文件的过程。在进行软件开发时，先要编写文本程序，然后进行编译、汇编和连接。开发一个良好的可执行程序，不仅要反复检查程序语法是否正确，还要验证程序是否达到预定的设计功能及最佳的资源利用率。本章介绍 C55xDSP 完整的软件开发过程和代码生成工具。

6.1　　DSP 软件开发基本流程

　　对 DSP 系统进行总体设计时，需要确定各个功能要由硬件实现还是由软件实现。在此基础上，就可以进入软件开发阶段。软件开发的一般步骤如下：

　　(1) 用汇编语言、C 语言或汇编语言和 C 语言的混合来编写程序，然后利用开发工具把它们转化成汇编语言并进行编译，生成目标文件。

　　(2) 将目标文件送入链接器进行链接，得到可执行文件。

　　(3) 将可执行文件调入到调试器(包括软件仿真、软件开发系统、评测模块、系统仿真器)进行调试，检查运行结果是否正确。如果正确则进入下一步，如果不正确则返回第(1)步。

　　(4) 进行代码转换，将代码写入 EPROM，并脱离仿真器运行程序，检查结果是否正确。如果不正确，返回第(3)步；如果正确，进入下一步。

　　(5) 软件测试。如果测试结果合格，软件调试完毕；如果不合格，返回第(1)步。

　　DSP 软件开发需要一定的开发工具支持。这些开发工具一般可以分为代码生成工具和代码调试工具。代码生成工具的作用是将用 C 语言或汇编语言编写的程序通过编译、汇编及链接，最后转化为可执行的 DSP 程序。如果需要将程序写入到用户系统的 EPROM 中，使系统可以脱机运行，那么还需代码转化工具。代码调试工具的作用是对 DSP 程序在用户DSP 板上或 TI 公司提供的环境中进行调试以达到预定的设计目标。

　　典型的 C55x DSP 软件开发流程如图 6-1 所示。图 6-1 中 TI 公司提供的代码生成工具主要包括 C 编译器、汇编器、链接器、助记符到代数式指令翻译器、文档管理器、建库实用程序、运行支持库等。

　　软件开发过程还可以用图 6-2 来说明。在将汇编语言源程序编好后，经过汇编和连接生成可执行 .out 文件。

　　(1) 编辑。可利用文本编辑器，编写汇编语言源程序×××.asm。

　　(2) 汇编。利用 C55x 的汇编器对已经编好的一个或多个文件分别进行汇编，并生

成 .lst(列表)文件和 .obj(目标)文件。

(3) 链接。利用 C55x 的连接器，根据链接命令文件(.cmd)对已汇编过的一个或多个目标文件(.obj)进行链接，生成存储器映像文件(.map)和输出文件(.out)。

(4) 调试。对经过链接所产生的输出文件(.out)进行调试。

(5) 固化用户程序。调试完成后，利用 HEX500 格式转换器对 ROM 编程(为掩膜 ROM 提供文件)，或对 EPROM 编程，最后安装到用户的应用系统中。

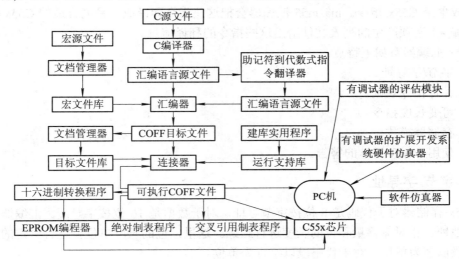

图 6-1　C55x DSP 软件开发流程

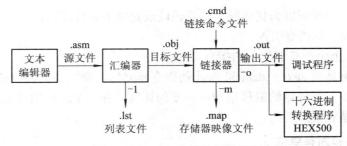

图 6-2　C55x DSP 软件开发流程

6.2　汇 编 过 程

汇编器把汇编语言源文件转换成机器语言的目标文件，这些文件是 COFF 格式的。源文件包含下列汇编语言元素：汇编伪指令、宏伪指令、汇编语言指令。

TMS320C55x 有两个汇编器：

(1) masm55(助记符汇编器)接受 C54x 和 C55x 助记符汇编源程序。

(2) asm55(代数汇编器)只接受 C55x 代数汇编源程序。

每一个汇编器都会做下面的工作：

(1) 处理文本文件中源代码以创建一个可重定位的 C55x 目标文件。

(2) 创建一个源文件列表并提供控制功能。

(3) 允许用户把代码分成段并为目标代码的每个段提供一个 SPC。

(4) 定义并引用一个全局的符号，在源程序列表中添加一个交叉引用列表。

(5) 汇编条件块。

(6) 支持宏，允许用户定义内嵌的或库中的宏。

masm55 汇编器对不支持的 C54x 指令产生错误或警告信息。一些 C54x 指令不能被直接映射成单个 C55x 指令。masm55 汇编器会把这些指令翻译成一系列合适的 C55x 指令。使用汇编 −1 选项产生的列表文件给出这些指令的翻译信息。

C55x 汇编器有如下特点：

(1) 字节/字寻址。

(2) 并行指令规则。

(3) 可变长度指令。

(4) 存储器模式。

(5) 使用 MMR 寻址的警告。

6.2.1　字节/字寻址

C55x 存储器对于代码是 8 位按字节寻址，对于数据是 16 位按字寻址。汇编器和链接器会对地址、相对偏移量和位的长度进行跟踪。这里，位的长度单位要适合给定的段：对于数据段以字为单位，对于代码段以字行为单位。

1. 代码段定义

汇编器会把一个段识别为代码段，只要该段满足以下条件即可：

(1) 该段由 .text 伪指令引入。

(2) 该段包括至少一条汇编入的指令。

如果一个段不是由 .text、.data 和 .sect 伪指令建立的，则汇编器假设该段是 .text(代码)段。因为段类型决定汇编器的偏移量和位长度的计算，在汇编之前明确定义当前工作段是代码段或数据段是非常重要的。

2. 汇编程序和固有单位

汇编器和链接器会假设数据段中的代码是使用字寻址和偏移量编写的，代码段中的代码是使用字节寻址和偏移量编写的。

(1) 如果地址通过程序地址总线被传送(例如：一个作为函数调用或分支目标的地址)，那么处理器希望是一个全 24 位的地址。在这种背景下使用的常量应该以字节表示。在代码段中定义的标号能够被汇编器和链接器正确处理，但是在数据段中定义的标号就不能在这种背景中使用。

(2) 如果地址通过数据地址总线被传送(例如，表示在存储器中可被读写的一个位置的地址)，处理器希望是一个 23 位的字地址。在这种背景下使用的常量应该以字表示。在数据段中定义的标号能够被汇编器和链接器正确处理，但是在代码段中定义的标号就不能在这种背景中使用。

(3) 汇编列表文件中的 PC 值列是以适合所列段的单位为单位来计算的。对于代码段，

PC 按字节计算；对于数据段，则按字来计算。以字符为操作对象的数据放置伪指令(.byte、.ubyte、.char、.uchar 和.string)在代码段中为一个字符分配一个字节，在数据段中为一个字符分配一个字。但是 TI 强烈建议用户只在数据段中使用这些伪指令。

(4) 在可寻址单元中表示的、有大小参数的伪指令希望这个参数在代码段以字节表示，在数据段以字表示。

例如：.align 2

在代码段 PC 按 2 字节(16 位)对齐，在数据段按 2 字(32 位)对齐。

3. 将数据用作代码和将代码用作数据

汇编器并不支持把代码地址当成数据地址用(例如，试图对程序空间进行数据读写)。同样，汇编器也不支持把数据地址当成代码地址用(例如，执行分支到数据标号)。这种功能不被支持是由于寻址单位大小不同：一个代码标号地址是一个 24 位的字节地址，而一个数据标号地址是一个 23 位的字地址。

因此，不要把数据和代码混合在一个段中。所有的数据(包括常数)都应该被放在一个独立的段中，与代码分开放；试图向程序段读写位的应用程序不起作用。

6.2.2　并行指令规则

汇编器会按照 TMS320C55x 指令集参考手册中的规则对并行指令对进行语义检查。汇编器会交换两个指令以符合并行规则。例如，下面两个指令集都是合法的，会被编码成相同的目标位：

　　　　AC0=AC1||T0=T1^#0x3333

　　　　T0=T1^#0x3333|| AC0=AC1

6.2.3　可变长度指令大小分辨

默认情况下，汇编器会试图把所有的可变长度指令分解成可能的最小尺寸。例如，汇编器会试图选择 3 个可用的无条件分支转移指令中尽可能最小的那个：

　　　　goto L7

　　　　goto L16

　　　　goto P24

如果可变长度指令中所用的地址在汇编时间是不确定的(例如，假设它是一个定义在其他文件中的符号)，汇编器会选择指令的最大可用形式。上面的 goto P24 会被选中。

长度的确定由下列指令组完成：

　　　　goto L7，L16，P24

　　　　if (cond)　goto l4，L8，L16，P24

　　　　call L16，P24

　　　　if (cond)　call L16，P24

在某些情况下，用户可能想让汇编器保持某些指令的最大形式(P24)。某些指令的 P24 形式在执行时会比相同指令的较小形式需要的周期更少。例如，goto P24 使用 4 字节 3 个周期，而 goto L7 使用 2 字节 4 个周期。

使用汇编器的-mv 选项或.vli_off 伪指令能够使下列指令保持它们的最大形式：

     goto P24

     call P24

汇编器的 -mv 选项会在整个文件中删除上面的指令确定的长度。.vli_off 和 .vli_on 伪指令可用于对汇编文件区域中这种动作的转换。在命令行选项和伪指令有冲突的情况下，伪指令具有优先权。

尽管使用了 -mv 选项或 .vli_off 伪指令，所有其他的可变长度指令仍会继续被汇编器分解成可能的最小尺寸。

.vli_off 和.vli_on 伪指令的范围是固定的，不受汇编程序控制流程的影响。

6.2.4　存储器模式

汇编器支持 3 个存储器模式位(或者 9 种存储器模式)：C54x 兼容、CPL 和 ARMS。汇编器基于指定的模式来接受或者拒绝输入，它也可能基于模式对相同的输入产生不同的编码。

存储器模式对应于 C54CM、CPL、ARMS 状态位的值。汇编器不能跟踪这些状态位的值。用户必须使用汇编伪指令或命令行选项来通知汇编器这些位的值。一条修改 C54CM、CPL 或 ARMS 状态位值的指令后必须紧跟着一条适当的汇编伪指令。当汇编器发现这些状态位值的改变时，就能对这些模式的语法和语义的违规给出错误或警告提示。

1. C54x 兼容模式

当源文件是由 C54x 代码转换而来时，就需要用 C54x 兼容模式。用户可以在汇编文件时使用 -ml 命令行选项或者使用 .c54cm_on 和 .c54cm_off 伪指令为代码区指定 C54x 兼容模式，直到把源文件代码更改为 C55x 本机代码。.c54cm_on 和 .c54_off 指令不带参数。在命令行选项和伪指令发生冲突的情况下，伪指令有优先权。

.c54cm_on 和 .c54cm_off 伪指令的范围是固定的，不受汇编程序控制流程的影响。所有在 .c54cm_on 和 .c54cm_off 指令之间的汇编代码都是在 C54x 兼容的模式下被汇编的。

在 C54x 兼容模式下，存储器操作数中由 AR0 来代替 T0(C55x 指针寄存器)。例如，*(AR5+T0)在 C54x 兼容模式下是无效的，应该使用 *(AR5+AR0)来代替。

2. CPL 模式

CPL 模式影响直接寻址。汇编器不能跟踪 CPL 状态位的值。因此，用户必须使用 .cpl_on 和 .cpl_off 伪指令来设置 CPL 的值。任何改变 CPL 位值的指令后都要紧跟着 .cpl_on 或 .cpl_off 伪指令。.cpl_on 伪指令类似于把 CPL 位置 1，这也等同于在命令行选项中使用 -mc 选项。.cpl_off 伪指令类似于把 CPL 位置 0。.cpl_on 和 .cpl_off 伪指令都是不带参数的。在伪指令和命令行参数发生冲突时，伪指令有优先权。

.cpl_on 和 .cpl_off 的范围是固定的，不受汇编程序控制流程的影响。所有在 .cpl_on 和 .cpl_off 之间的代码都在 CPL 模式下被汇编。

在 CPL 模式下(.cpl_on)，直接存储器寻址是相对于堆栈指针(SP)的。直接存储器寻址的语法为*SP(dma)，其中 dma 可以是常数或者是到链接时才知道的符号表达式。汇编器把这些 dma 的值编码成输出位。

默认情况下(.cpl_off)，直接存储器寻址是相对于数据页指针(DP)的。直接存储器寻址的语法是@dma,其中 dma 可以是常数或者是到链接时才知道的符号表达式。汇编器会计算 dma 和 DP 寄存器中的值之差,并把这个差编码成输出位。

DP 能够在文件中被引用,但是决不能在需引用的文件中定义(它被设置成外部的)。因此,用户在使用 DP 之前,必须使用 .dp 伪指令来告诉汇编器 DP 的值。这条伪指令要紧跟在任何改变 DP 寄存器中的值的指令之后。伪指令的语法是:

      .dp dp_value   ; dp_value 可以为一个常数或一个符号表达式

如果 .dp 伪指令在文件中没有被使用,那么汇编器会假设 DP 的值为 0。.dp 伪指令的范围是固定的,不受程序控制流的影响。被伪指令设置的 DP 值会被一直使用,直到遇到下一个 .dp 伪指令或者源文件结束。

注意,不管是否处于 CPL 模式,直接存储器寻址(dma)访问 MMR 页或者 I/O 页都会被汇编器执行。对 MMR 页的访问在语法上是由 mmap()限定词指出的。对 I/O 的访问是由 readport()和 writeport()指出的。这些 dma 访问总是被汇编器作为相对于原点 0 的编码。

3. ARMS 模式

ARMS 模式影响间接寻址,它在控制器代码的背景下是有用的。汇编器不能跟踪 ARMS 状态位的值。因此,用户必须使用 .arms_on 和 .arms_off 伪指令来设置 ARMS 位的值。任何改变 ARMS 位值的伪指令后都必须紧跟着 .arms_on 或 .arms_off 伪指令。.arms_on 伪指令是把 ARMS 状态位置 1,这也等同于使用-ma 命令行选项。.arms_off 伪指令是将 ARMS 状态位置 O。.arms_on 和 .arms_off 都是不带参数的。

当命令行选项和伪指令发生冲突时,伪指令具有优先权。

.arms_on 和 .arms_off 的范围是固定的,不受汇编程序控制流的影响。

在.arms_on 和 .arms_off 之间的汇编代码都在 ARMS 模式下被汇编。

默认情况下(.arms_off),选择针对汇编代码的间接存储器访问变址数。

在 ARMS 模式下(.arms_on),使用间接存储器访问的短偏移量变址数。这些变址数对代码大小的优化更加高效。

6.2.5 使用 MMR 寻址的汇编器警告

当希望在单存储器访问操作数的背景中使用存储器映射寄存器(MMR)时,助记符汇编器(masm55)会给出"Using MMR address"的警告。警告指出汇编器将 MMR 的用法解释为 DP 相对直接寻址操作数。对于写指令,DP 必须是 0。例如,下列指令:

    ADD SP ,TO

就会收到 Using MMR address 的警告:

    "file.asm",WARNING! at line 1:[W9999] Using MMR address

汇编器警告这个指令的结果是:

    ADD value at address(DP+MMR address of SP),T0

只有当 DP 为 0 时,SP 的值才会被访问。

尽管指令长度会超过一个字节,但是这条指令的最好写法是:

    ADD mmap(SP),T0

在 DP 的值已知为 0 且这种引用是有意的情况下,用户可以使用@来避免警告:

ADD @SP,T0

这种警告不会对来自于 C54 的 C55 指令产生。

6.3　公用目标文件格式(COFF)

汇编器和链接器产生可被 TMS320C55x 器件执行的目标文件。这些文件的格式叫做公用目标文件格式(COFF)。

COFF 使模块化程序设计更加简单，因为当用户在写一个汇编语言程序的时候，它会促使用户从代码和数据块的方面去考虑。这些块叫做段。汇编器和链接器都提供了创建和操作段的伪指令。

本节将对 COFF 段进行概述。

6.3.1　段

目标文件中最小的单元叫做段。一个段就是最终将在存储器映射中占据连续存储空间的数据或程序块。目标文件中的每个段都是相互独立且各不相同的。COFF 目标文件总是包含如下三个默认的段：

(1) .text section：包含可执行代码。

(2) .data section：通常包含初始化数据。

(3) .bss section：通常为未初始化变量保留空间。

另外，汇编器和链接器允许用户创建、命名、链接一个命名段，就像使用 .data、.text 和 .bss 段一样。

段的两个基本类型如下：

(1) 初始化段：包括数据和代码。.text 和 .data 段都是已初始化的，使用汇编伪指令 .sect 创建的命名段也是已初始化的。

(2) 未初始化段：为未初始化的数据保留的空间。.bss 段就是未初始化的，使用汇编伪指令 .usect 创建的命名段也是未初始化段。

一些汇编伪指令允许用户把代码和数据的许多部分用适当的段联系起来。汇编器在汇编的过程中建立这些段，创建一个如图所示的组合结构的目标文件。

链接器的一个功能是把段重定位到目标存储器映射中，这个功能叫做分配。因为大多数系统包括了很多类型的存储器，所以使用段可以帮助用户更有效地使用目标存储器。所有的段都被独立地重定位，用户可以把任意段放到目标存储器的已分配的任意块中。例如，用户可以定义一个包含初始化程序的段，然后把它分配到包含 ROM 的存储器映射的一部分中。

图 6-3 表示的是在目标文件中的段和假设的目标存储器之间的关系。

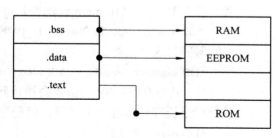

图 6-3　目标文件中段和目标存储器之间的关系

6.3.2　汇编器对段的处理

汇编器确定汇编语言程序的各个部分属于某一个段。汇编器有许多伪指令支持分段功能：

　　　　.bss

　　　　.usect

　　　　.text

　　　　.data

　　　　.sect

.bss 和 .usect 伪指令创建未初始化段，其他的伪指令创建初始化段。

用户可以创建任意段的子段来使用户更紧凑地控制存储器映射。子段可以使用.sect 和 .usect 伪指令创建。子段是由它的基段名和子段名以冒号分开来确定的。

注意：默认的段伪指令。

如果用户不使用任何段伪指令，汇编器会把全部数据和指令汇编到.text 段。

1. 未初始化段

未初始化段在处理器的存储器中保留空间，它们通常被分配到 RAM 中。这些段在目标文件中没有实际的内容，它们只是简单地保留空间。程序在运行时可以使用这些空间来创建和存储变量。

未初始化段的数据空间通过使用 .bss 和 .usect 伪指令来创建。

(1) .bss 伪指令在 .bss 段中保留空间。每次用户调用 .bss 伪指令，汇编器都会在适当的段中保留更多的空间。

(2) .usect 伪指令在一个专门的未初始化的已命名段中保留空间。每次用户调用 .usect 伪指令，汇编器都会在专门的命名段中保留更多的空间。

这些指令的语法是：

　　　　.bss symbol,size in word[,[blocking flag][,alignment flag]]

　　　　symbol .usect "section　name"，size in words [,[blocking flag][,alignment flag]]

① symbol：是指向 .bss 或 .usect 伪指令所调用的段保留的第一个字。symbol 对应于为变量保留空间的那个变量的名字。它能够被其他段引用，也可以(使用.global 汇编伪指令)声明为全局符号。

② size in words：是一个绝对表达式。

③ .bss 伪指令在 .bss 段中保留 size 个字。

④ .usect 伪指令在 section name 中保留 size 个字。

⑤ .blocking flag：是一个可选的参数。如果用户对这个参数指定了一个非零值，那么汇编器连续分配 size 个字；被分配的空间不会跨越页边界，除非 size 比一页大，在这种情况下对象将开始于一个页边界。

⑥ alignment flag：是一个可选参数。

⑦ section name：告诉汇编器在命名段中保留空间。

⑧ .text、.data 和.sect 伪指令告诉汇编器在当前段停止，然后在一个指定段中再开始汇

编。但是 .bss 和 .usect 伪指令不会结束当前段而开始一个新段，他们只是从当前段中临时退出。.bss 和 .usect 伪指令可以出现在一个初始化段的任意位置而不影响其内容。

未初始化字段可以使用 .usect 伪指令创建。汇编器用与处理初始化段相同的方式处理初始化子段。

2. 初始化段

初始化段包含可执行代码和初始化数据。这些段的内容被存储在目标文件中，当程序装载后则被放在处理器的存储器中。每一个初始化段都是独立可重定位的，可以引用在其他段定义的标记。链接器可自动解释这些相关段的引用。

三个伪指令告诉汇编器将代码或数据放入段中。这些指令的语法是：

- .text[value]
- .data[value]
- .sect“section　name”[,value]

当汇编器遇到这些伪指令中的一个时，就停止在当前段的汇编(就如同调用了停止当前段的命令)，然后把随后的代码汇编到指定的段中，直到遇到另一个 .text、.data 或 .sect 伪指令。如果出现 value，则 value 指定段程序计数器的开始值。段程序计数器的开始值只能被指定一次，它必须在第一次遇到那个段的伪指令时被指定。默认情况下 SPC 开始于 0。

段是通过一个迭代的过程建立的。例如，当汇编器第一次遇到一个 .data 伪指时，.data 段是空的。跟在第一个 .data 伪指令后的语句被汇编到 .data 段(直到汇编器遇到一个 .sect 或 .text 伪指令)。如果汇编器又遇到后面的 .data 伪指令，那么汇编器将此 .data 伪指令后的语句加到 .data 段中已有的语句后。这会创建一个单一的能够被连续分配到存储器中的 .data 段。

初始化子段可以使用 .sect 伪指令创建。汇编器用与处理初始化段相同的方式处理初始化子段。

3. 命名段

命名段是用户自己创建的段。用户能够像使用默认的 .text、.data 和 .bss 段一样使用它们，但是它们是被单独汇编的。

例如，重复使用 .text 伪指令在目标文件中建立一个单独的 .text 段。当链接的时候，这个 .text 段被作为一个单一的单元分配到存储器中。假设用户不想将可执行代码的一部分(可能是初始化代码)分配到 .text 段中。如果用户把这些代码段汇编到一个命名段中，它就可以独立于 .text 段汇编，用户也可以把它独立分配到存储器。用户可以汇编独立于 .data 段的初始化数据，也可以为独立于 .bss 段的未初始化变量保留空间。

下面的伪指令用于创建命名段：

① .usect 伪指令创建一个用法类似于 .bss 段的段。这些段在 RAM 中为变量保留空间。

② .sect 伪指令创建类似于默认的 .text 和 .data 的可以包含代码和数据的段。.sect 伪指令利用可重定位的地址创建命名段。

这些指令的语法如下：

```
symbol .usect“section name”，size in words[,[blocking flag][,alignment]]
.sect“section name”
```

参数 "section name" 就是段的名字。用户能够创建多达 32 767 个不同的命名段。一个段名可以多达 200 个字符。对于 .sect 和 .usect 伪指令，段名会涉及到子段。

每次用户使用新的名字调用这些伪指令时，就创建了一个新的命名段。每次用户使用已经存在的名字调用这些伪指令时，汇编器就会把指令或数据(或保留空间)汇编到这个名字的段中。用户不能用相同的名字调用不同的伪指令。也就是说，用户不能使用 .usect 伪指令创建一个段再用 .sect 伪指令使用那个相同的段。

4. 子段

子段是一个大段中的更小一点的段。子段能够被链接器操作。子段使用户对存储器映射的控制更紧凑。用户可以使用 .sect 或 .usect 伪指令创建子段。字段名的语法是：

section name: subsection name

子段是通过基段名后面跟冒号再跟子段名来确定的。子段可以被单独分配，或者和其他使用相同基段名的段一起分配。例如，在.text 段中创建一个_func 的子段，如：

　　　.sect ".text：_func"

用户可以独立分配_func 或与其他 .text 段一起分配_func。

用户可以创建两种子段：

(1) 初始化子段使用 .sect 伪指令创建。

(2) 未初始化字段使用 .usect 伪指令创建。

子段像段一样以相同的方式被分配。

5. 段程序计数器

汇编器为每一个段分配一个独立的程序计数器。这些程序计数器就是段程序计数器(SPC)。

SPC 代表一个代码或数据段的当前地址。最初，汇编器设置每个 SPC 为 0。当汇编器用代码或数据填充一个段时，它会增加适当的 SPC。如果用户继续在一个段中汇编，那么汇编器能够记录正确的 SPC 的先前值，然后在该点继续增加 SPC。

汇编器将每个段视为其从地址 0 开始，链接器按照它在存储器映射中的最后位置重定位每一个段。

6. 使用段伪指令的例子

[例 6-1] 段应用举例，主要说明 SPC 在汇编时如何被修改。格式为列表文件，列表文件中每一个行有四个字段(field)：

Field 1——包含源代码的计数器。

Field 2——包含段程序的计数器。

Field 3——包含目标代码。

Field 4——包含原始源语句。

```
**************************************************************
**                将初始化表汇编到.data 段                  **
**************************************************************
5    000000                      .data
6    000000 0011   coeff         .word   011h，022h，033h
```

```
      000001 0022
      000002 0033


*********************************************************************
**              在.bss 段中为一个变量保留空间                    **
*********************************************************************
10    000000                    .bss buffer, 10
11            **************************************************
12            **              仍在.data 段中                        **
      ******************************************************
14    000003 0123   ptr         .word   0123h
15            ******************************************************
16            **              将代码汇编到.text 段中                 **
      *****************************************************
18    000000                    .text
19    000000 A01E   add:        MOV    0Fh，AC0
20    000002 4210   aloop:      SUB    #1，AC0
21    000004 0450               BCC    aloop AC0>= #0
      000006 FB
      ******************************************************************
**              将另一个初始化表汇编到.data 段                   **
      ******************************************************************
25    000004                    .data
26    000004 00AA   ivals       .word   0AAh，0BBh，0CCh
      000005 00BB
      000006 00CC
      ******************************************************************
**              为更多变量定义另一个段                           **
      ******************************************************************
30    000000        var2        .usect        "newvars"，1
31    000001        inbuf       .usect        "newvars"，7
      ******************************************************************
**              将更多代码汇编到.text 段                         **
      ******************************************************************
35    000007                    .text
36    000007 A114 mpy:          MOV                  0Ah，AC1
37    000009 2272 mloop:        MOV                  T3，HI(AC2)
38    00000b 1E0A MPYK          #10，AC2，AC1
      00000d 90
```

39　00000e 0471　　　　　　　BCC　　　　　　mloop，! overflow(AC1)

****

**　　　　　　　　为中断向量定义一个命名段　　　　　　　　　**

****

43　000000　　　　　　　　　.sect　　　　　　"vectors"

44　000000 0011　　　　　　 .word　　　　　　011h，033h

　　000001 0033

| <----> | | <----> | | <----> | | <--------------------------------------> |

Field1　　　Field2　　　Field3　　　　　　　　　Field4

如图 6-4 所示，例 6-1 创建了 5 个段：

.text——包含 17 字节的目标代码。

.data——包含 7 个字的目标代码。

vectors ——是一个用.sect 伪指令创建的命名段，它包含 2 个字的初始化数据。

.bss——在存储器中保留了 10 个字。

newvars——是一个用.usect 伪指令创建的命名段，它在存储器中保留 8 个字。

第二列给出了要汇编到这些段的目标代码，第一列给出了创建目标代码的源语句的行号。

例 6-1 说明了如何建立 COFF 段以及使用段伪指令在不同段间前后交换。用户能使用段伪指令开始在一个段内进行首次汇编，或者在已经包含代码的段内继续汇编。对于后一种情况，汇编器只是向段内已经存在的代码添加新的代码或数据。

6.3.3　链接器对段的处理

链接器与段有关的功能主要有两个。第一，链接器使用 COFF 目标文件中的段来建立块，它把输入的段(当不止一个文件被链接时)组合起来创建可执行的 COFF 输出模块中的输出段；第二，链接器为输出段选择存储地址。

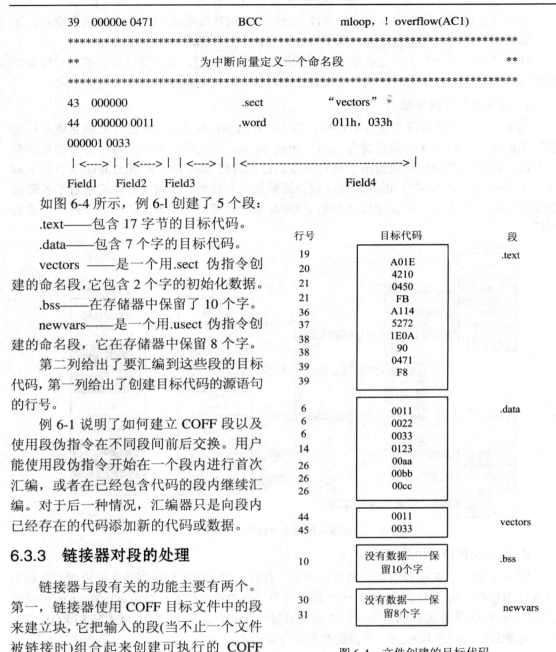

图 6-4　文件创建的目标代码

两个链接伪指令支持下述功能：

(1) MEMORY 伪指令允许用户定义目标系统的存储器映射。用户能够命名一段存储空间并指定它们的起始地址和长度。

(2) SECTIONS 伪指令告诉链接器如何将输入段合并成输出段以及把这些输出段放到存储器的哪些地址。

　　子段允许用户以更高的精度来操作段。用户可以用链接器的 SECTIONS 伪指令指定子段。如果用户没有明确指定子段，则子段被和其他有相同基段名的段组合在一起。

　　使用链接伪指令并不总是必要的。如果用户不使用它们，那么链接器会使用目标处理器默认的分配算法。如果用户使用链接伪指令，就必须在链接器的命令文件中指定。

1. 默认的存储器分配

　　图 6-5 给出了链接两个文件的过程。图中，file1.obj 和 file2.obj 已经汇编完成并作为链接器的输入。每个文件都包含有 .text、.data 和 .bss 默认段；另外，每个文件都包含有命名段。可执行的输出模块给出了组合的段。链接器把 file1.text 和 file2.text 组合起来形成一个 .text 段，然后组合 .data 和 .bss 段，最后把命名段放在末尾。存储器映射了各段被分配的过程；默认情况下，链接器开始于 080h 地址，然后如图 6-5 所示一个接一个地放置段。

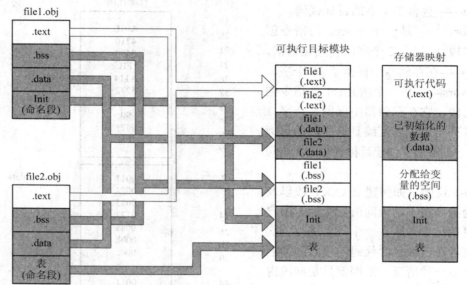

图 6-5　组合输入段形成可执行目标模块的过程

2. 在存储器映射中放置段

　　图 6-5 给出了链接器组合段的默认方法。有时用户可能不想使用默认的设置，例如用户或许不想把所有 .text 段组合至一个 .text 段中，或者希望放置一个命名段在 .data 段通常定位的地方。大多数的存储器映射包含多种数量不等的存储器(RAM、ROM 和 EPROM 等)；用户可能打算将一个段放到一个指定类型的存储器中。

6.3.4　COFF 文件中的符号

　　COFF 文件中包含有一张符号表，这张符号表存储了关于程序中符号的信息。链接器使用这些表来执行重定位。调试工具也使用这些表来提供符号调试。

1. 外部符号

　　外部符号是定义在一个模块中而在另一个模块中引用的符号。用户可以使用 .def、.ref 或 .global 伪指令来定义外部符号。

① .def：在当前文件中定义，在其他文件中被使用。

② .ref：在当前模块中被引用，但是定义在其他模块中。

③ .global：上面的任何一种。

下面的代码表示了上述定义：

```
        .def   x               ; 定义 x
        .ref   y               ; 引用 y
    x:  ADD#86，AC0，AC0        ; 定义 x
        B      y               ; 引用 y
```

x 的 .def 定义指出这是一个定义在这个模块中的外部符号，另外的模块可引用 x。y 的 .ref 定义指出这是一个未定义符号，而在其他模块中有定义。

汇编器把 x 和 y 放到目标文件的符号表中。当这个文件和其他文件链接的时候，x 的入口定义了其他文件中未对 x 解释的引用。y 的入口使链接器在其他文件中的符号表中查找 y 的定义。

链接器必须将所有的引用与相应的定义匹配。如果链接器不能找到符号的定义，就会输出未解释引用的错误消息。这类错误使链接器不能创建可执行的目标模块。

2. 符号表

当遇到外部符号(包括定义和引用)时，汇编器总是产生一个符号表的入口。汇编器会产生一个指向每个段开始的特殊符号，链接器决定这些符号的地址并引用在该段定义的符号。

因为链接器并不使用所有的符号，所以汇编器不会对所有符号都创建符号表入口，而只对那些在上面描述过的符号进行创建。例如，除非标号使用 .global 声明，否则标号不会被包括在符号表中。出于对符号调试的目的，有时使程序中的每个符号在符号表中都有入口是有用的。为了做到这点，应使-s 选项调用汇编器。

6.4　目标文件链接器

6.4.1　链接器概述

DSP 链接器命令是文件用来为链接器提供链接信息的，可将链接操作所需的信息放在一个文件中，这在多次使用同样的链接信息时，可以方便地调用。链接器根据链接命令或者链接命令文件(.cmd 文件)将一个或多个 COFF 目标文件链接起来，生成存储器映射文件(.map 文件)和可执行的 COFF 输出文件(.out 文件)，如图 6-6 所示。

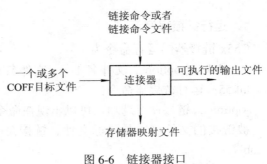

图 6-6　链接器接口

链接过程中，链接器主要完成以下工作：

(1) 合并 COFF 目标文件。

(2) 将各个段配置到目标系统的存储器中。

(3) 对各个符号和段进行重定位，并给它们分配一个最终的地址。

(4) 解决输入文件之间未定义的外部引用。

在实际编程调试过程中，往往需要多次使用同样的链接信息。为了方便以上操作，需要把链接的信息放在一个文件即链接命令文件中。在链接命令文件中有两个非常有用的伪指令 MEMORY 和 SECTIONS，用于指定实际应用中的存储器结构和进行地址的映射。链接命令文件为 ASCII 文件，一般包含以下内容：

(1) 输入文件名。用来指定目标文件、存档库或其他命令文件。注意，当命令文件调用其他命令文件时，该调用语句必须是最后一句。链接器不能从被调用的命令文件中返回。

(2) 链接器选项。

(3) 链接伪指令 MEMORY 用来指定目标存储器结构，SECTIONS 用于控制段的构成与地址分配。

(4) 赋值说明，用于给全局符号定义和赋值。

TMS320C55x 链接器通过组合几个 COFF 目标文件来创建可执行模块。有关于 COFF 的概念是执行链接器操作的基础。

TMS320C55x 链接器允许用户通过将输出段有效地分配到存储器映射中来配置系统存储器。当链接器链接目标文件时，将执行以下功能：

(1) 分配段到目标系统的被配置的存储器中。

(2) 重定位符号和段的地址，以给它们分配最终地址。

(3) 解释输入文件间的未定义的外部引用。

链接命令语言控制存储器配置、输出段定义以及地址绑定。该语言支持表达式赋值和计算。用户通过定义和创建一个自己设计的存储器模型来对存储器进行配置。

两个能处理大量工作的伪指令 MEMORY 和 SECTIONS 使用户可以完成以下操作：

(1) 把段分配到指定的存储区域中。

(2) 组合目标文件段。

(3) 在链接时定义或重定义全局符号。

6.4.2　链接器的运行

1. 运行链接程序

C55x 链接器的运行命令为

　　　lnk55[-options] 文件名 1 … 文件名 n

lnk55：运行链接器命令。

-options：链接命令选项。可以出现在命令行或链接命令文件的任何位置。

被链接的文件可以是目标文件、链接命令文件或文件库。所用文件扩展名的默认值为 .obj。

C55x 链接器的运行，有 3 种方法。

（1）键入命令：

　　lnk55

链接器会提示如下信息：

Command files：（要求键入一个或多个命令文件）

Object files [.obj]：（要求键入一个或多个需要链接的目标文件）

Output Files [a.out]：（要求键入一个链接器所生成的输出文件名）

Options：（要求附加一个链接选项）

（2）键入命令：

　　lnk55　　a.obj b.obj -o　link.out

在命令行中指定选项和文件名。

目标文件：a.obj、b.obj

命令选项：-o

输出文件：link.out

（3）键入命令：

　　lnk55　　linker.cmd

linker.cmd：链接命令文件。

在执行上述命令之前，需将链接的目标文件、链接命令选项以及存储器配置要求等编写到链接命令文件 linker.cmd 中。

[例 6-2]　链接器命令文件举例。将两个目标文件 a.obj 和 b.obj 进行链接，生成一个映像文件 prog.map 和一个可执行的输出文件 prog.out。

```
a.obj              /*第一个输出文件*/
b.obj              /*第二个输出文件*/
-o prog.out        /*产生.out 文件选项*/
-m prog.map        /*产生.map 文件选项*/
```

2．链接命令选项

在链接时，链接器通过链接命令选项控制链接操作，见表 6-1。

链接命令选项可以放在命令行或命令文件中，所有选项前面必须加一短划线 "-"。除 "-l" 和 "-i" 选项外，其他选项的先后顺序并不重要。

选项之间可以用空格分开。最常用选项为-m 和-o，分别表示输出的地址分配表映像文件名和输出可执行文件名。

表 6-1　链接命令选项

选项	功　　能
-@	-@filemane(文件名)可以将文件名的内容附加到命令行上，使用该选项可以避免命令行长度的限制。如果在一个命令文件、文件名或选项参数中包含了嵌入的空格或连字符，则必须使用引号括起来，例如："this-file.asm"
-a	建立一个绝对列表文件。当选用-a 时，汇编器不产生目标文件
-c	使汇编语言文件中大小写没有区别

选项	功　　能
-d	为名字符号设置初值。格式为-d name[=value]时，与汇编文件被插入命令 name.set[=value]是等效的。如果 value 被省略，则此名字符号被置为 1
-f	抑制汇编器给没有.asm 扩展名的文件添加扩展名的默认行为
-g	允许汇编器在源代码中进行代码调试。汇编语言源文件中每行的信息都输出到 COFF 文件中。注意：用户不能对已经包含 .line 伪指令的汇编代码使用-g 选项。例如，由 C/C++ 编译器运行-g 选项产生的代码
-h，-help，-?	这些选项的任意一个将显示可供使用的汇编器选项的清单
-hc	将选定的文件复制到汇编模块。格式为-hc filename 所选定的文件包含到源文件语句 的前面，复制的文件将出现在汇编列表文件中
-hi	将选定的文件包含到汇编模块。格式为-hc filename 所选定的文件包含到源文件语句 的前面，所包含的文件不出现在汇编列表文件中
-i	规定一个目录。汇编器可以在这个目录下找到 .copy、.include 或 .milb 命令所命令 的文件。格式为-i pathname，最多可规定 10 个目录，每一条路径名的前面都必须加 上-i 选项
-l	(小写 l)生成一个列表文件
-ma	(ARMS 模式)程序执行期间使能 ARMS 位。缺省状态下，禁止 ARMS
-mc	(CPL 模式)程序执行期间使能 CPL 位。缺省状态下，禁止 CPL
-mh	使汇编器处理 C54x 源程序时，产生快速代码。缺省状态下，产生的是小规模代码
-mk	使 C55x 为大内存模式，设置_large_model symbol 为 1，为链接器提供检测小模式和 大模式目标模型非法组合的信息
-ml	(C54x 兼容模式)程序执行期间使能 C54CM 位。缺省状态下，禁止 C54CM
-mn	使汇编器取消 C54x 延时分支/调用指令处的 NOP 指令
-mt	使汇编器处理 C54x 源程序时禁止 SST 位。缺省状态下，禁止 SST 位为使能状态
-mv	使汇编器在处理某些可变长度指令时使用最大(P24)格式。缺省状态下，汇编器总是 试图把所有可变长度指令分解成最小长度
-purecirc	使汇编器处理 C54x 源程序文件时，使用 C54x 循环寻址方式(不使用 C55x 循环寻址 方式)
-q	抑制汇编的标题以及所有的进展信息
-r，-r[num]	压缩汇编器由 num 标识的标志。该标志是报告给汇编器的消息，这种消息不如警告 严重。若不对 num 指定值，则所有标志都将被压缩
-s	把所有定义的符号放进目标文件的符号表中。汇编程序通常只将全局符号放进符号 表。当利用 -s 选项时，所定义的标号以及汇编时定义的常数也都放进符号表内
-u，-u name	取消预先定义的常数名，从而不考虑由任何-d 选项所指定的常数
-x	产生一个交叉引用表，并将它附加到列表文件的最后，还在目标文件上加上交叉引用 信息。即使没有要求生成列表文件，汇编程序也要建立列表文件

6.4.3 链接器命令文件的编写与使用

链接命令文件用来为链接器提供链接消息，可将链接操作所需的信息放在一个文件中，这在多次使用同样的链接信息时，可以方便地调用。

命令文件由 3 部分组成：输入/输出定义(.obj 文件、.lib 文件、.map 文件、.out 文件)、MEMORY 命令及 SECTIONS 命令。命令文件的开头部分是要链接的各个子目标文件的名字，这样链接器就可以根据子目标文件名将相应的目标文件链接成一个文件；接下来就是链接器的操作指令，这些指令用来配置链接器；然后就是 MEMORY 和 SECTIONS 两个伪指令的相关语句，必须大写。MEMORY 用来配置目标存储器；SECTIONS 用来指定段的存放位置。

在链接命令文件中，可使用 MEMORY 和 SECTIONS 伪指令，为实际应用指定存储器结构和地址的映射。

(1) MEMORY：用来指定目标存储器结构。

(2) SECTIONS：用来控制段的构成与地址分配。

链接命令文件为 ASCII 文件，可包含以下内容：

(1) 输入文件名，用来指定目标文件、存档库或其他命令文件。

(2) 链接器选项，它们在命令文件中的使用方法与在命令行中相同。

(3) 链接伪指令 MEMORY 和 SECTIONS，用来指定目标存储器结构和地址分配。

(4) 赋值说明，用于给全局符号定义和赋值。

6.4.4 MEMORY 伪指令

MEMORY 伪指令指出目标系统中物理存在的和程序可用的存储范围。每个存储范围有名称、起始地址和长度。MEMORY 伪指令的一般语法为

```
MEMORY
{
    PAGE 0:name[(attr)]:origin=constant, length=constant;
    PAGE 1:name[(attr)]:origin=constant, length=constant;
}
```

(1) PAGE：标识存储器空间。在默认模型中，PAGE0 指定程序存储器，PAGE1 指定外围(I/O 空间)存储器。链接器将这两页视作两个完全独立的存储空间。C55x 支持多达 255 个 PAGE，但用户可用的个数取决于用户选择的配置。链接器能够使用 MEMORY 伪指令的 PAGE 选项独立配置这些地址空间。默认情况下，链接器使用 PAGE0 上的单个地址。但是，链接器使用 MEMORY 伪指令的 PAGE 选项配置独立的地址空间。PAGE 选项使链接器将指定页视作完全独立的存储空间。

(2) name：命名存储器区间。存储器的名称可以是 1~64 个字符，在不同页上的存储器区间可以具有相同的名字，但在一页之内所有的存储器必须具有唯一的名字且不能重叠，如 EPROM、SPRAM、DARAM 等。

(3) attr：规定与已命名存储器有关的 1~4 个属性，未规定属性的存储器具有所有 4 个属性。有效的 4 个属性如下：

① R：规定存储器只读；

② W：规定存储器只写；

③ X：规定存储器可以包含可执行代码；

④ I：规定存储器可以被初始化。

(4) origin：规定存储器区间的起始地址，可以简写为 org 或 o。其值以字为单位，可以是十进制、八进制、十六进制的 16 位常数。

(5) length：规定存储器区间的长度，可以简写为 len 或 l。其值以字为单位，可以是十进制、八进制、十六进制的 16 位常数。

当用户使用 MEMORY 伪指令时，应确定指出对目标代码可用的所有存储范围。MEMORY 伪指令定义的存储器是被配置的存储器，没有用 MEMORY 伪指令明确说明的存储器是未被配置的存储器。链接器不会将任何程序放入未配置的存储器。只要是 MEMORY 伪指令语句中不包括的地址范围，就被看做是不存在的存储空间。

在命令行文件中使用 MEMORY(大写)指定 MEMORY 伪指令，后面跟着括在大括号内的存储范围说明。

汇编器使用户可以为 TMS320C55x 器件汇编代码。汇编器在输出文件头插入字段，指出器件。链接器从目标文件头读此信息。如果用户不使用 MEMORY 伪指令，链接器使用指定给命名的器件的默认存储器模型。

6.4.5 SECTIONS 伪指令

SECTIONS 伪指令具有如下功能：

(1) 描述输入段如何组成输出段。

(2) 在执行程序中定义输出段。

(3) 指定输出段在存储器中的位置。

(4) 允许输出段的重命名。

如果用户没有指定一个 SECTIONS 伪指令，链接器会使用默认算法进行组合和分配段。

SECTIONS 伪指令在命令文件中由 SECTIONS(大写)指定，后面跟着括在大括号内的输出段说明的指定列表。

SECTIONS 伪指令的一般语法为

```
SECTIONS
{
    name:[property, property, property,...]
    name:[property, property, property,...]
    name:[property, property, property,...]
}
```

以 name 开头的每个段的说明定义了一个输出段(输出段是输出文件中的一个段)。跟在 name 后面的是定义段内容和段如何分配的属性列表。属性间用可选的逗号分开。段的可能属性有：

① Load allocation 定义在存储器中段将要装载的位置。

语法：load＝allocation   或

allocation　　　　　　　或

　　>allocation

② Run allocation 定义在存储器中段将要运行的位置。

语法：run＝allocation　　　或

　　　　run>allocation

③ Input sections 定义组成输出段的输入段。

语法：{input_sections}

④ Section type 定义了特殊段类型的标志。

语法：type=COPY　　　或

　　　　type=DSECT　　　或

　　　　type=NOLOAD

⑤ Fill value 定义用于填充未初始化空间的值。

语法：fill=value　　　或

　　　　name:…{…}=value

我们通过以下两个例子了解 **MEMORY** 和 **SECTIONS** 伪指令的应用。

[例 6-3]　CMD 文件配置一。

```
    -w
    -stack 400h
    -heap 100
    -l rts55x.lib
MEMORY
{
        PAGE 0:
                VECT : org=70h,len=80h
                PRAM : org=110h,len=1f00h
        PAGE 1:
                DRAM : org=2000h,len=1000h

}
SECTIONS
{
        .text    : { }> PRAM PAGE 0
        .data    : { }> PRAM PAGE 0
        .cinit   : { }> PRAM PAGE 0
        .switch  : { }> PRAM PAGE 0
        .const   : { }> DRAM PAGE 1
        .bss     : { }> DRAM PAGE 1
        .stack   : { }> DRAM PAGE 1
        .vectors: { }> VECT PAGE 0

}
```

[例 6-4] CMD 文件配置二。

```
file.obj                    //子目标文件名 1
file2.obj                   //子目标文件名 2
file3.obj                   //子目标文件名 3
-oprog.out                  //连接器操作指令,用来指定输出文件
-m prog.m                   //用来指定 MAP 文件
-w
-stack 500
-sysstack 500
-1 rts55x.lib

MEMORY
{
        DARAM:     0=0x100,    1=0x7f00
        VECT:      0=0x8000,   1=0x100
        DARAM2:    0=0x8100,   1=0x200
        DARAM3:    0=0x8300,   1=0x7d00
        SARAM:     0=0x10000,  1=0x30000
        SDRAM:     0=0x40000,  1=0x3e0000
}
SECTIONS
{
        .text:          {}>DARAM
        .vectors:       {}>VECT
        .trcinit:       {}>DARAM
        .gblinit:       {}>DARAM
         frt:           {}>DARAM
        .cinit:         {}>DARAM
        .pinit:         {}>DARAM
        .sysinit:       {}>DARAM
        .bss:           {}>DARAM3
        .far:           {}>DARAM3
        .const:         {}>DARAM3
        .switch:        {}>DARAM3
        .sysmem:        {}>DARAM3
        .cio:           {}>DARAM3
        .MEM $ obj:     {}>DARAM3
        .sysheap:       {}>DARAM3
```

```
            .sysstack        { }>DARAM3
            .stack:          { }>DARAM3
    }
```

　　链接器在目标存储器中为每个输出段分配两个位置：一个是段将被装载的位置，另一个是段将被运行的位置。一般情况下，两者相同，用户可以认为每个段只有一个地址。任何情况下，在目标存储器中定位输出段和分配其地址的过程称为分配。

　　如果用户不告诉链接器一个段如何被分配，链接器就会使用一个默认算法来分配段。通常情况下，链接器将段放入被配置的存储器中的任何能够放下它的地方。用户可以通过使用 SECTIONS 伪指令定义和提供如何分配段的指令来取代对段默认的分配。

　　用户可以通过指定一个或多个分配参数来控制分配。每个参数由一个关键字、一个可选的等号或大于号和一个可选的括在圆括号里面的值组成。如果装载和运行分配是独立的，跟在关键字 LOAD 后面的所有参数都用于装载分配，而跟在 RUN 后面的所有参数都用于运行分配。可能的分配参数有：

　　① 绑定——在指定地址分配一个段。

　　　　.text:load=0x1000

　　② 存储器——将一个段分配到由 MEMORY 伪指令定义的、具有指定名称(如 ROM)或属性的范围。

　　　　.text:load>ROM

　　③ 对齐——使用 align 关键字指定一个段应从一个地址边界开始。

　　　　.text:align=0x80

　　为了强制包含分配的输出段也被对齐，把“.”(点)和一个对齐表达式一起分配。例如，下面将对齐 bar.obj 并强制外部段对齐于 0x40 字节边界：

```
SECTIONS
{
    outsect:{ bar.obj(.bss)
                .= align(0x40);
            }
}
```

　　④ 分块——利用 block 关键字指定输出段必须处于两个地址边界之间。如果段太大，它将从一个地址边界开始，例如：

　　　　.text: block(0x80)

　　⑤ 页——指定将被使用的存储器页。

　　　　.text: PAGE 0

　　对于装载(一般是唯一的)分配，可以仅用大于号而省略 load 关键字，例如：

　　　　.text:>ROM   .text:{…}>ROM

　　　　.text:>0x1000

　　如果使用多于一个的参数，用户可以把它们串起来，如：

　　　　.text:>ROM align 16 PAGE2

本 章 小 结

　　软件是把实现硬件功能的方法和手段，与硬件相互补充、密不可分。软件的修改工作是长期的、具体的、琐碎的，也是经常性的，所以除了软件的可靠性和效率外，软件的可维护性和可读性也非常重要。

　　在软件开发过程中，初学者经常遇到这些情况：

　　① 自己写的代码，过一段时间自己都看不懂，需要连猜带回忆才能明白或部分明白，有些代码不知道实现什么功能，怎么实现这种功能。

　　② 参考别人写的代码或接着某人的程序继续编码，由于程序的传承性较差，不容易看懂。即使看懂某些程序，可是在做了小小改动之后就引起程序的很多异常，甚至修改这些代码所花费的时间远远超过重新编写这些代码所花费的时间。

　　出现这些问题的原因是编程不讲究规范，程序的可维护性较差。为编写出高效、高重用性的代码，有必要遵守相应的编程规范。

思 考 题

　　1．DSP 软件开发的一般步骤有哪些？基本流程是什么？

　　2．简述 C55x 汇编器的特点。

　　3．COFF 目标文件包含哪三个默认的段？它们分别是初始化段还是未初始化段？

　　4．链接过程中，链接器主要完成哪些工作？

　　5．DSP 链接器命令文件中，MEMORY 和 SECTIONS 指令的作用是什么？

　　6．定义段内容和段如何分配的属性有哪些？

第7章　DSP 硬件系统的典型设计

本章主要介绍基于 TMS320C5509 系列芯片的硬件系统设计，首先讨论最小系统的基本设计，包括复位电路、时钟电路、JTAG 接口电路和电源电路的设计，然后再分别介绍电机控制系统、无线蓝牙系统、自平衡直立车系统等的设计方法。

7.1　TMS320C5509 的最小系统设计

在基于 DSP 的系统设计过程中，最小系统的设计是整个系统设计的第一步，系统设计总是从最小系统开始，逐步向系统应用范围扩展，最终实现以 DSP 为核心的大系统的设计。因此，最小系统设计是 DSP 系统设计的关键。DSP 最小系统的设计包括 DSP 电源和地线的设计、JTAG 仿真口的设计、复位和时钟电路的设计、上拉和下拉引脚的设计等。

7.1.1　复位电路设计

为确保 DSP 系统的稳定可靠工作，复位电路是 DSP 系统必不可少的。在系统上电过程中，如果电源电压还没有稳定，这时 DSP 进入工作状态可能造成不可预知的后果，甚至引起硬件损坏，解决这个问题的方法是，使 DSP 在上电过程中保持复位状态，因此有必要在系统中加入上电复位电路。上电复位电路的作用是保证上电可靠，并在用户需要时实现手工复位。

图 7-1 给出采用 TPS3125 构建的 DSP 复位电路。

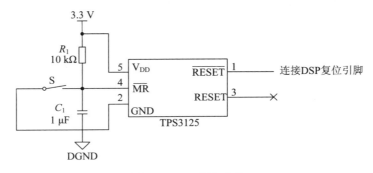

图 7-1　DSP 复位电路

7.1.2　时钟电路设计

C55x 系列 DSP 内部具有锁相环电路，锁相环可以对输入时钟信号进行倍频和分频，并将所产生的信号作为 DSP 的工作时钟。

C55x 的时钟输入信号可以采用两种方式产生：一种是利用 DSP 芯片内部的振荡器产生时钟信号，连接方式如图 7-2 所示。在芯片的 X_1 和 X_2/CLKIN 引脚之间接入一个晶体，用于启动内部振荡器。

X2/CLKIN
X1
Rs
Crystal
C1
C2

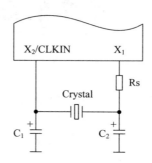

图 7-2　用内部振荡器产生输入时钟图

另一种是采用外部时钟源的时钟信号，连接方式如图 7-3 所示。将外部时钟信号直接加到 DSP 芯片的 X2/CLKIN 引脚，而 X_1 引脚悬空。外部时钟源可以采用频率稳定的有源晶体振荡器，具有使用方便、价格便宜的优点，因而得到广泛应用。

TMS320VC55x
NC
1
2
GND
X1
VCC
4
3
OUT
X2/CLKIN
OSCILLATOR
VCC

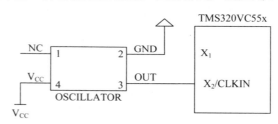

图 7-3　有源晶振作为输入时钟源

7.1.3　JTAG 接口设计

JTAG(Joint Test Action Group)接口电路与 IEEE 1149.1 标准给出的扫描逻辑电路一致，用于仿真和测试，完成 DSP 芯片的操作测试。现在多数的高级器件都支持 JTAG 协议，如 DSP、FPGA、ASIC 器件等。JTAG 接口作为 DSP 的调试接口，用户可以利用其完成程序的下载、调试和调试信息输出，通过该接口可以查看 DSP 的存储器、寄存器等的内容，如果 DSP 连接了非易失存储器，如 Flash 存储器，还可以通过 JTAG 接口完成芯片的烧录。

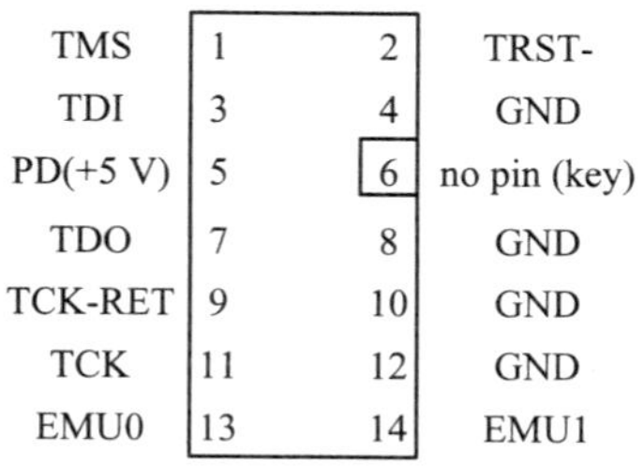

TMS 1 2 TRST-
TDI 3 4 GND
PD(+5 V) 5 6 no pin (key)
TDO 7 8 GND
TCK-RET 9 10 GND
TCK 11 12 GND
EMU0 13 14 EMU1

图 7-4　JTAG 接口芯片引脚图

JTAG 接口芯片引脚分配如图 7-4 所示，定义如下：

① TCK——测试时钟输入。

② TDI——测试数据输入，数据通过 TDI 输入 JTAG 口。

③ TDO——测试数据输出，数据通过 TDO 从 JTAG 口输出。

④ TMS——测试模式选择，TMS 用来设置 JTAG 口处于某种特定的测试模式。

⑤ 可选引脚 TRST——测试复位，输入引脚，低电平有效。

JTAG 接口与 DSP 的电路连接图如图 7-5 所示。

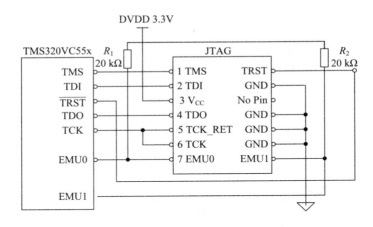

图 7-5　JTAG 接口与 DSP 的电路连接图

7.1.4　电源设计

C55x 系列 DSP 需要双电源供电，电源包括内核电源和外部 I/O 口电源，其外部电源为 3.3 V，内核电源则根据型号不同而采用不同的电压。

TI 公司为用户提供了两路输出的电源芯片。这种电源又分为固定电压输出和可调电压输出两种类型芯片。TPS767D3xx 系列电源芯片是一种低压差稳压器，能够提供 0 mA～1 A 的连续电流输出，其输出电压为 3.3 V/2.5 V，3.3 V/1.8 V 以及 3.3 V 和(1.5 V～5.5 V)可调的内核电压；同时，也可以对内核电压和外部 I/O 口电源单独进行复位，能够较好地满足 C55x 处理器的供电要求。如 TPS767D301 可提供一路 3.3 V 的输出电压和一路(1.5 V～5.5 V)可调的输出电压；TPS767D318 可提供两路固定的输出电压，分别是 3.3 V 和 1.8 V；TPS767D325 可提供两路固定的输出电压，分别是 3.3 V 和 2.5 V。

TPS767D301 实现输出内核电压可调的电路原理图如图 7-6 所示。

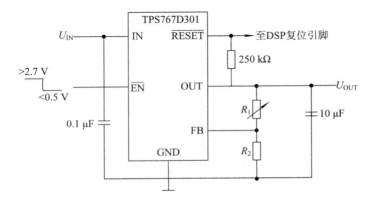

图 7-6　可调电压的电源原理图

输出电压与外接电阻的关系式为

$$U_{\mathrm{OUT}} = U_{\mathrm{REF}} \times \left(1 + \frac{R_1}{R_2}\right) \qquad (7\text{-}1)$$

式中：U_{REF} 为基准电压，典型值为 1.1834；R_1 和 R_2 为外接电阻，通常所选择阻值使分压器驱动电流为 50 μA。推荐的取值为 30.1 kΩ，取值可根据所需要的输出电压来调整。由于 FB 端的漏电流会引起误差，因此应避免使用较大的外接电阻。

外电阻与输出电压和之间的关系为

$$R_1 = \left(\frac{U_{\mathrm{OUT}}}{U_{\mathrm{REF}}} - 1\right) \times R_2 \qquad (7\text{-}2)$$

表 7-1 给出了推荐的电阻值和得到的对应输出电压值的关系表。

表 7-1　阻值和对应输出电压值的关系表

输出电压值/V	电阻/kΩ	电阻/kΩ
1.6	10.6	30.1
1.8	15.7	30.1
2.5	33.2	30.1
3.3	53.6	30.1
3.6	61.9	30.1
4.75	90.8	30.1

如图 7-7 所示为采用 TPS767D301 实现 1.6 V/3.3 V 输出电压的原理图，设计者可以参考使用。

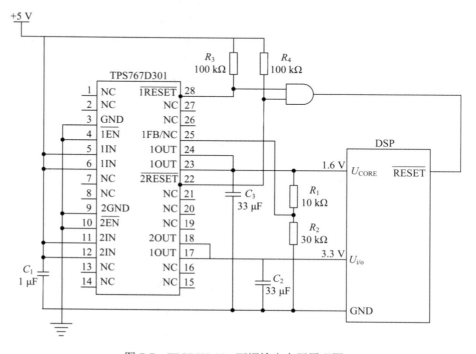

图 7-7　TPS767D301 可调输出电压原理图

7.2　基于 TMS320C5509 的电机控制系统设计

直流电动机是最早出现的电动机，也是最早能实现调速的电动机。近年来，直流电动机的结构和控制方式都发生了很大的变化。随着计算机进入控制领域，以及新型的电力电子功率元器件的不断出现，采用全控型的开关功率元件进行脉宽调制(Puls Width Modulation，PWM)控制方式已成为绝对主流。

7.2.1　PWM 调压调速原理

直流电动机转速 n 的表达式为

$$n = \frac{U - IR}{K\Phi} \tag{7-3}$$

其中，U 为电枢端电压；I 为电枢电流；R 为电枢电路总电阻；Φ 为每极磁通量；K 为电动机结构参数。

基于以上公式可知，直流电动机的转速控制方法可分为两类：对励磁磁通进行控制的励磁控制法和对电枢电压进行控制的电枢控制法。其中励磁控制法在低速时受磁极饱和的限制，在高速时受换向火花和换向器结构强度的限制，并且励磁线圈电感较大，动态响应较差，所以这种控制方法用得很少。现在，大多数应用场合都使用电枢控制法。绝大多数直流电机采用开关驱动方式。开关驱动方式是使半导体功率器件工作在开关状态，通过脉宽调制 PWM 来控制电动机电枢电压，实现调速。

图 7-8 是利用开关管对直流电动机进行 PWM 调速控制的原理图和输入输出电压波形。图中，当开关管 MOSFET 的栅极输入高电平时，开关管导通，直流电动机电枢绕组两端有电压 U_s。t_1 秒后，栅极输入变为低电平，开关管截止，电动机电枢两端电压为 0。t_2 秒后，栅极输入重新变为高电平，开关管的动作重复前面的过程。这样，对应着输入的电平高低，直流电动机电枢绕组两端的电压波形如图中所示。电动机的电枢绕组两端

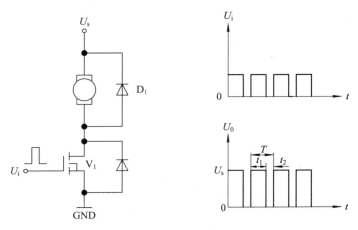

图 7-8　PWM 控制原理图及电压波形图

的电压平均值 U_o 为

$$U_o = \frac{t_1 U_s + 0}{t_1 + t_2} = \frac{t_1}{T} U_s = \alpha U_s \tag{7-4}$$

式中，α 为占空比，$\alpha = t_1/T$。

占空比 α 表示了在一个周期 T 里，开关管导通的时间与周期的比值。α 的变化范围为 $0 \leqslant \alpha \leqslant 1$。由此式可知，在电源电压 U_s 不变的情况下，电枢的端电压的平均值 U_o 取决于占空比 α 的大小，改变 α 值就可以改变端电压的平均值，从而达到调速的目的，这就是 PWM 调速原理。

7.2.2   PWM 调速方法

在 PWM 调速时，占空比 α 是一个重要参数。以下 3 种方法都可以改变占空比的值：

(1) 定宽调频法。这种方法是保持 t_1 不变，只改变 t_2，这样使周期 T(或频率)也随之改变。

(2) 调宽调频法。这种方法是保持 t_2 不变，只改变 t_1，这样使周期 T(或频率)也随之改变。

(3) 定频调宽法。这种方法是使周期 T(或频率)保持不变，而改变 t_1 和 t_2。

前两种方法由于在调速时改变了控制脉冲的周期(或频率)，当控制脉冲的频率与系统的固有频率接近时，将会引起振荡，因此这两种方法用得很少。目前，在直流电动机的控制中，主要使用定频调宽法。

图 7-9 中，PWM 输入对应 DSP 板上的通用 I/O 引脚，DSP 将在此引脚上给出 PWM 信号，用来控制直流电机的转速；图中的 DIR 输入对应 DSP 板上另一通用 I/O 引脚。DSP 将在此引脚上给出高电平或低电平来控制直流电机的方向。从 DSP 输出的 PWM 信号和转向信号先经过 2 个与门和 1 个非门，然后再与各个开关管的栅极相连。

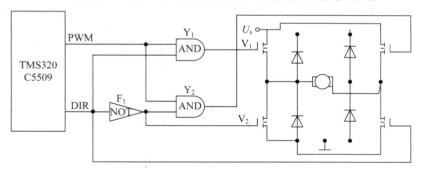

图 7-9   DSP 控制直流电机的原理图

7.2.3   控制原理

当电动机要求正转时，DIR 输入为高电平，该信号分成 3 路：第 1 路接与门 Y_1 的输入端，使与门 Y_1 的输出由 PWM 决定，所以开关管 V_1 栅极受 PWM 控制；第 2 路直接与开关管 V_4 的栅极相连，使 V_4 导通；第 3 路经非门 F_1 连接到与门 Y_2 的输入端，使与门 Y_2 输出为 0，这样使开关管 V_3 截止；从非门 F_1 输出的另一路与开关管 V_2 的栅极相连，其低电

平信号也使 V_2 截止。

同样，当电动机要求反转时，DIR 输入为低电平信号，经过 2 个与门和 1 个非门组成的逻辑电路后，使开关管 V_3 受 PWM 信号控制，V_2 导通，V_1、V_4 全部截止。

7.2.4　程序编制

程序中采用定时器中断产生固定频率的 PWM 波，固定 n 次中断为一个周期，在每个中断中根据当前占空比判断应输出波形的高低电平。主程序可以用中断或轮询方式读入键盘输入，得到转速和方向的控制命令。在改变电机方向时为减少电压和电流的波动，采用先减速再反转的控制顺序。

7.3　基于 TMS320C5509 的无线蓝牙系统设计

蓝牙技术作为一种低成本、低功耗、近距离的无线通信技术，正广泛应用于固定与移动设备通信环境中的个人网络，数据速率可高达 1 Mb/s。它采用跳频/时分复用技术，能进行点对点和点对多点的通信。基于 DSP 的蓝牙无线传输系统设计，利用 DSP 简单算法实现对复杂信号的处理，大大提高了系统的数据处理能力；同时信号传输用无线代替有线电缆，解决了电缆传输存在的弊端，拓宽了系统在较为恶劣的环境或特殊场所的应用。

7.3.1　ROK101 007 蓝牙模块

ROK101 007 是爱立信公司出品的一款适用于短距离通信的无线/基带模块。该蓝牙模块集成度高、功耗小，完全兼容蓝牙协议 v1.1，可嵌入任何需要蓝牙功能的设备中。该模块包含无线收发器(PBA 31301/2)、基带控制器、闪存、电源管理和时钟 5 个功能模块，可提供高至 HCI 层的功能。

图 7-10 为其内部结构框图。

该模块还提供有 USB、UART 和 PCM 接口，同时支持蓝牙语音和数据传输，因而能方便地与主机或其他设备进行互联通信。ROK101 007 的 USB 接口符合 USB1.1 规范，通过双向端口 D+ 和 D− 的数据传输速率可达 12 Mb/s。当使用 USB 接口与主机通信时，ROK101 007 是一个 USB 从设备。与该接口有关的管脚有：

(1) D+(B1)、D−(B2)：用于数据传输，其中括号内的字母和数字表示其管脚号(下同)。

(2) WAKE_UP(B4)、DETACH(C1)：专用于与笔记本电脑的互联，主要用来控制笔记本电脑的状态。

当主机处于掉电模式时，如果蓝牙系统收到建立连接的请求，WAKE_UP 信号就会"唤醒"主机。主机的"挂起(suspend)"可通过 DETACH 信号来实现。UART 接口 ROK101 007 的 UART 接口标准符合工业规范 16C450，支持的波特率有：300、600、900、1200、1800、2400、4800、9600、19200、38400、57600、115200、230400 和 460800(单位：b/s)。使用爱立信自定义的 HCI 命令"HCI Ericsson Set Uart Baud Rate"可改变 UART 接口的波特率。该接口中还有 128 字节的先入先出(FIFO)缓冲器。

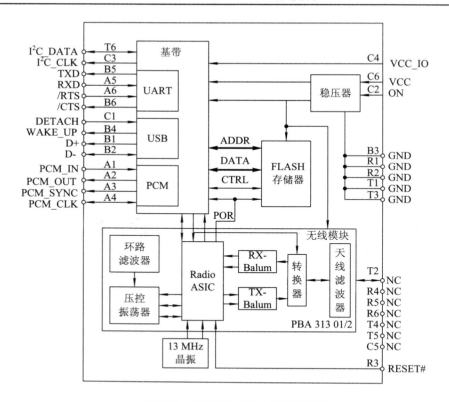

图 7-10　ROK101 007 内部结构框图

以下是与该接口有关的有 4 个管脚：

(1) TXD(B5)、RXD(A5)：用于收发数据。

(2) RTS(A6)、CTS(B6)：用于数据流控制。

7.3.2　DSP 与蓝牙模块 UART 口通信设计

串行通信接口通常采用三线制接法，即地、接收数据(RXD)和发送数据(TXD)。DSP 与蓝牙模块使用 UART 口进行通信时，蓝牙模块作为一个 DCE，异步串口通信参数(如串口通信速率、有无奇偶校验、停止位等)可以通过设置 DSP 的内部寄存器来改变。由于 TMS320C5509 具备异步串行通信端口，而且其外部电源为 3.3 V，蓝牙模块工作电压为 3.3 V，因此，当 DSP 使用异步串口与蓝牙芯片通信时，两者之间可直接连接，无需电平转换。其接口电路设计如图 7-11 所示。

图中，DSP 的 TX 引脚接蓝牙模块的 RXD，RX 引脚接蓝牙模块的 TXD。此外，考虑到系统的通信波特率比较高，数据流量比较大，为了保证传输数据的稳定可靠性，系统设计时采用了硬件流控制方式。也就是说，使蓝牙模块的 RTS 引脚与 DSP 的 I/O 端口相连，系统发送数据时首先判断 DSP 的 I/O 端口状态，从而监视 RTS 是否"忙"。当接收端数据缓冲区满时，接收端将 RTS 置为高电平，通知发送端"忙"，请求暂停发送数据，发送端检测到 RTS "忙"则立即暂停发送；相反，当发送端检测 RTS 空闲时，表明接收端数据缓冲区不满，发送端继续发送数据。

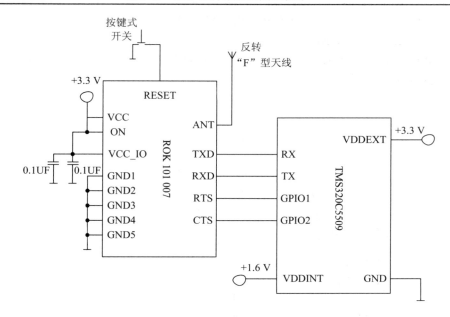

图 7-11 DSP 与蓝牙模块 UART 接口设计

7.3.3 DSP 与蓝牙模块 USB 口通信设计

DSP 与蓝牙模块使用 USB 接口方式进行通信时，要通过 USB 口转换电路，然后再与蓝牙模块的 USB 双向端口 D+ 和 D− 相连。当采用蓝牙模块 USB 口低速连接方式时，速率也可达到 1.5 Mb/s。

DSP 模块 USB 口转换电路采用 FTDI 公司推出的 USB 芯片 FT245BL。该芯片内部固化了实现 USB 通信协议的固件程序，对外向用户提供了相应设备的驱动程序，在与蓝牙模块 ROK101 007 的 USB 接口设计中，只需进行必要的硬件设计和简单的软件编程就可以，这样就大大降低了开发难度，缩短了开发周期。蓝牙模块与实现 USB 接口通信相关的引脚主要是 D+(B1) 和 D−(B2)，在上节中已有所描述。DSP 通过 USB 芯片 FT245BL 实现与蓝牙模块的 USB 接口通信，其详细的电路设计如图 7-12 所示。

由图 7-12 可见，FT245BL 的 8 位数据线 D7～D0 通过终端匹配电阻连接在 DSP 的低 8 位数据总线上；RXF 用于判断接收 FIFO 是否有数据，设计时 RXF 引脚接 DSP 的 PF3 引脚，只要数据大于或等于 1 个，RXF 就为低，通知 DSP 可以读取数据；TXE 用于判断发送 FIFO 是否满，0 为不满，1 为满，当 TXE 为 0 时，外部 DSP 向发送 FIFO 缓冲区写数据，直到发送数据全部写入；读 RD、写 WR、发送使能 TXE 信号原本也可以直接与 DSP 的读、写线直接对连，但由于 FT245BL 芯片没有片选线，所以 RD、WR 以及 TXE 都是经过 CPLD 内部的 USB 逻辑电路处理后才连接的。

FT245BL 时钟由外部 6 MHz 晶体振荡器提供，晶体振荡器两端分别通过 1 个 27 pF 电容接地，组成振荡网络。EEPROM 接口不连接配置芯片。设计时考虑到 FT245BL 芯片始终处于正常工作状态，所以 TEST 引脚直接接地；同时，SI/WU 引脚接 3.3 V 电源，唤醒功能不使用。另外，电源电路增加了旁路和去耦电容，以提高电源的稳定性和抗干扰性能。

FT245BL 与蓝牙模块连接时，FT245BL 的 USBDM 经 33 Ω 电阻接 ROK101 007 的 D+，USBPM 经 33 Ω 电阻后接 ROK101 007 的 D−，采用低速通信连接方式；若采用全速通信，需将 FT245BL 的 USBDP(D+)引脚配置一个 1.5 kΩ 的上拉电阻后连到 RSTOUT 引脚，使得芯片以全速状态进行通信。

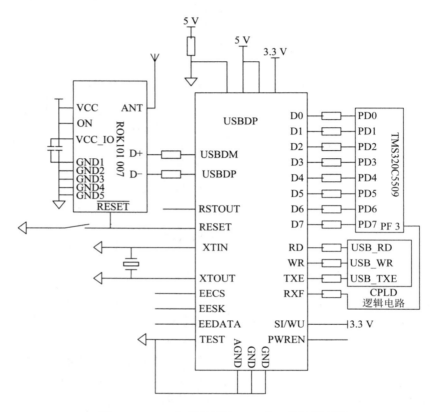

图 7-12　DSP 与蓝牙模块 USB 接口设计原理图

　　与 UART 口进行通信相比，DSP 与蓝牙模块采用 USB 口通信具有数据传输速率高、串口通信软件编程简单等优点。不过 DSP 与蓝牙模块 USB 接口驱动程序的开发比较困难，另外针对不同的 DSP 和蓝牙模块都需要开发相应的高层驱动程序，工作量很大，通用性也比较差，除特殊需要外，一般不采用这种方式进行数据传输。所以 DSP 与蓝牙模块通信常使用 UART 口进行通信，下面就其 UART 口通信软件设计进行阐述。

7.3.4　软件设计

　　DSP 和蓝牙接口的软件结构分为三个层次：
　　(1) 系统的应用程序。
　　(2) 为蓝牙设备开发的设备驱动程序，包括蓝牙的高层协议(RFCOMM 和 L2CAP 等)。
　　(3) 蓝牙基带部分协议，这部分协议已经固化在蓝牙模块中。
　　本系统中，由于采用蓝牙接口模块，其中基带和链路管路协议部分由蓝牙模块实现。用户只需在 DSP 中编写数据收发程序即可。

DSP 编程的主要任务是初始化并管理板上的资源。DSP 中实现下位机蓝牙无线传输软件设计流程图如图 7-13 所示。

系统上电复位后，首先完成系统初始化操作，包括 DSP 的初始化和蓝牙模块的初始化。DSP 自身的初始化包括配置 RAM 块，设置 I/O 模式、定时器模式、中断等；然后等待接受上位机蓝牙模块发送的控制命令，完成与上位机的建立连接、数据传输、断开连接等操作。

与传统的数据采集传输系统相比，基于 DSP 的蓝牙无线传输系统，在核心处理器的选型上采用数字处理能力强大的 DSP 芯片，无线传输技术上采用目前技术比较成熟、应用领域比较广泛的蓝牙技术来实现。通过比较，该系统中 DSP 与蓝牙模块使用 UART 口进行通信。不过，系统要在工业现场，特别是在装备检测领域得到推广应用，还需要根据实际测试需求做大量的工作。

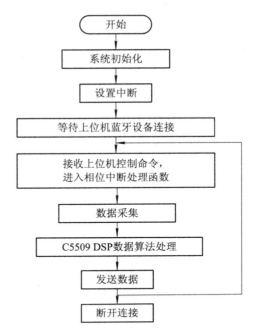

图 7-13　蓝牙无线传输软件设计流程图

7.4　基于 TMS320C5509 的自平衡直立车系统设计

自平衡直立车系统设计是要求仿照两轮自平衡电动车的行进模式，让车模以两个后轮驱动进行直立行走。近年来，两轮自平衡电动车以其行走灵活、便利、节能等特点得到了很大的发展。国内外有很多这方面的研究，也有相应的产品。相对于传统的四轮行走的车模模式，车模直立行走在硬件设计、控制软件开发以及现场调试等方面提出了更高的要求。

自平衡直立车系统设计要求车模在直立的状态下以两个轮子着地沿着车道行进，相比四轮着地状态，车模控制任务更为复杂。维持车模直立有很多方案，本参考方案假设维持车模直立，运行的动力都来自于车模的两个后车轮。后轮转动由两个直流电机驱动。因此从控制角度来看，车模作为一个控制对象，它的控制输入量是两个电极的转动速度。车模运动控制任务可以分解成以下三个基本控制任务：

(1) 控制车模平衡：通过控制两个电机正反向运动保持车模直立平衡状态。

(2) 控制车模速度：通过调节车模的倾角来实现车模速度控制，实际上最后还是演变成通过控制电机的转速来实现车轮速度的控制。

(3) 控制车模方向：通过控制两个电机之间的转动差速实现车模转向控制。

车模直立和方向控制任务都是直接通过控制车模两个后轮驱动电机完成的。车模的速度是通过调节车模倾角来完成的。车模不同的倾角会引起车模的加减速，从而达到对于速度的控制。

1. 车模平衡控制

车模平衡控制也是通过负反馈来实现的，有两个轮子着地，车体只会在轮子滚动的方向上发生倾斜。控制轮子转动，抵消在一个维度上倾斜的趋势便可以保持车体平衡了。下面通过建立车模的运动学和动力学数学模型，来设计反馈控制来保证车模的平衡。

控制车轮加速度的控制算法为

$$a = k_1\theta + k_2\theta' \tag{7-5}$$

其中，θ 为车模倾角；θ' 为角速度；k_1、k_2 均为比例系数；两项相加后作为车轮加速度的控制量。只要保证在 $k_1 > g$、$k_2 > g$ 条件下，就可以使得车模像单摆一样维持在直立状态。其中有两个控制参数 k_1、k_2，k_1 决定了车模是否能够稳定到垂直平衡位置，它必须大于重力加速度；k_2 决定了车模回到垂直位置的阻尼系数，选取合适的阻尼系数可以保证车模尽快稳定在垂直位置。这两个系数的作用如图 7-14 所示。

对倒立车模进行简单数学建模，假设倒立车模简化成高度为 L，质量为 m 的简单倒立摆，它放置在可以左右移动的车轮上。假设外力干扰引起车模产生角加速度 $x(t)$。沿着垂直于车模地盘方向进行受力分析，可以得到车模倾角与车轮运动加速度 $a(t)$ 以及外力干扰加速度 $x(t)$ 之间的运动方程，如图 7-15 所示。

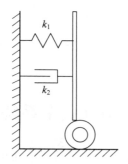

图 7-14　车模控制中的两个系数

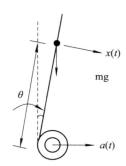

图 7-15　车模运动方程

车模运动方程：

$$L\frac{\mathrm{d}^2\theta(t)}{\mathrm{d}t^2} = g\sin[\theta(t)] - a(t)\cos[\theta(t)] + Lx(t) \tag{7-6}$$

在角度 θ 很小时，运动方程简化为

$$L\frac{\mathrm{d}^2\theta(t)}{\mathrm{d}t^2} = g\theta(t) - a(t) + Lx(t) \tag{7-7}$$

车模静止时，$a(t) = 0$，则

$$L\frac{\mathrm{d}^2\theta(t)}{\mathrm{d}t^2} = g\theta(t) + Lx(t) \tag{7-8}$$

在角度反馈控制中，与角度成比例的控制量称为比例控制；与角速度成比例的控制量称为微分控制(角速度是角度的微分)。其系数分别称为比例和微分控制参数。其中微分控制参数相当于阻尼力，可以有效抑制车模震荡。通过微分抑制控制震荡的思想在后面的速度和方向控制中也同样适用。

控制车模直立稳定的条件如下：

(1) 能够精确测量车模倾角 θ 的大小和角速度 θ' 的大小。

(2) 可以控制车轮的加速度。

车模运行速度和加速度是通过控制车轮速度实现的，车轮通过车模两个后轮电机经由减速齿轮箱驱动，因此通过控制电机转速可以实现对车轮的运动控制。而电机运动控制是通过改变施加在其上的驱动电压大小实现的。

本章中设计的控制系统总框图如图 7-16 所示，分为方向控制模块，角度与速度控制模块和电机驱动模块。

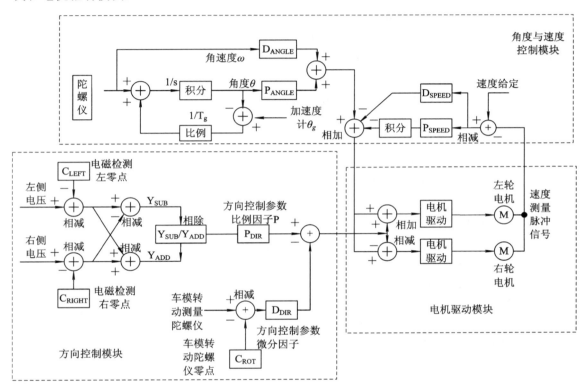

图 7-16　车模运动控制系统总框图

2. 车模角度和角速度测量

要实现车模直立运行，必须精确测出车模倾角以及角速度。而测量车模倾角和倾角速度可以通过安装在车模上的加速度传感器和陀螺仪实现。

1) 加速度传感器

加速度传感器可以测量由地球引力作用或者物体运动所产生的加速度。飞思卡尔公司的 MMA7260 是一款三轴低重力加速度半导体加速度计，可以同时输出三个方向上的加速度模拟信号。通过设置可以使得 MMA7260 各轴信号最大输出灵敏度为 800 mV/g，这个信号无需进行放大，可以直接送到单片机进行 AD 转换。

只需要测量其中一个方向上的加速度值，就可以计算出车模倾角，比如使用 Z 轴方向上的加速度信号。车模直立时，固定加速度器在 Z 轴水平方向，此时输出信号为零偏电压信号。当车模发生倾斜时，重力加速度 g 便会在 Z 轴方向形成加速度分量，从而引起该轴

输出电压变化。变化的规律为

$$\Delta\mu = kg\sin\theta \approx kg\theta \tag{7-9}$$

式中，g 为重力加速度；θ 为车模倾角；k 为加速度传感器灵敏度系数系数。当倾角 θ 比较小的时候，输出电压的变化可以近似与倾角成正比。车模运动产生的加速度使得输出电压在实际倾角电压附近波动。因此为了得到精确的测量值，需要加入陀螺仪。

2）陀螺仪

车载陀螺仪可以测量车模倾斜角速度，将角速度信号进行积分，便可以得到车模的倾角，通过上面的加速度传感器获得的角度信息对此进行校正。通过对比积分所得到的角度与重力加速度所得到的角度，使用它们之间的偏差改变陀螺仪的输出，从而积分的角度逐步跟踪到加速度传感器所得到的角度，如图 7-16 所示。

利用加速计所获得的角度信息 θ_g 与陀螺仪积分后的角度 θ 进行比较，将比较的误差信号经过比例 $1/T_g$ 放大之后与陀螺仪输出的角速度信号叠加之后再进行积分。对于加速度计给定的角度 θ_g，经过比例、积分环节之后产生的角度 θ 必然最终等于 θ_g。

该方案中采用重力加速度计和陀螺仪通过角度互补融合方式获取车模倾角和角速度，通过两个比例常数加权后，控制电机驱动电压，使得车模产生相应的加速度，维持车模的直立。

3. 速度控制模块

假设车模在上面直立控制调节下已经能够保持平衡了，但是由于安装误差，传感器实际测量的角度与车模角度有偏差，因此车模实际不是保持与地面垂直，而是存在一个倾角。在重力的作用下，车模就会朝倾斜的方向加速前进。控制速度只要通过控制车模的倾角就可以实现了。具体实现需要实现下面三个部分：

（1）通过安装在电机输出轴上的光码盘来测量得到车模的车轮速度。利用控制单片机的计数器测量在固定时间间隔内速度脉冲信号的个数可以反映电机的转速。

（2）通过角度控制给定值实现车模倾角的改变，给定车模直立控制的设定值，在角度控制调节下，车模将会自动维持在一个角度。通过前面车模直立控制算法可以知道，车模倾角最终是跟踪重力加速度 Z 轴的角度。因此车模的倾角给定值与重力加速度 Z 轴角度相减，便可以最终决定车模的倾角。

（3）在直立控制下的车模速度与车模倾角之间传递函数具有非最小相位特性，在反馈控制下容易造成系统的不稳定性，可以通过速度误差控制车模倾角。

速度控制模块如图 7-15 所示，车模在控制启动的时候，需要保持车模的垂直状态。此时陀螺仪的积分角度也初始化为 0。速度控制误差经过积分和比例直接叠加在电机控制量上。速度控制是通过调整车模倾角来实现，直接控制电机就可以了。

4. 方向控制模块

实现车模方向控制是保证车模沿着既定道路行走的关键。如图 7-15 所示，方向控制系统生成电机差动控制量，通过左右电机速度差驱动车模转向消除车模距离道路中心的偏差。通过调整车模的方向，再加上车前行运动，可以逐步消除车模距离中心线的距离差别。这个过程是一个积分过程，因此车模差动控制一般只需要进行简单的比例控制就可以完成车模方向控制。但是由于车模本身安装有电池等比较重的物体，具有很大的转动惯量，在调整过程中会出现车模转向过冲现象，如果不加以抑制，会使得车模冲出车道。根据前面角度和速度控制的经验，为了消除车模方向控制中的过冲，需要增加微分控制。微分控制就是根据车模方向的变化率对电机差动控制量进行修正的控制方式，因此需要增加车模的转动速度检测传感器即陀螺仪传感器。

5. 车模控制所涉及的 DSP 有关的部分电路

为了实现车模直立行走，需要采集如下信号：

(1) 车模倾角速度陀螺仪信号，获得车模的倾角和角速度。

(2) 重力加速度信号(Z 轴信号)，补偿陀螺仪的漂移。该信号可以省略，有速度控制替代。

(3) 车模电机转速脉冲信号，获得车模运动速度，进行速度控制。

(4) 车模电磁偏差信号(两路)，获得车模距离中心线的位置偏差，进行方向控制。

(5) 车模转动速度陀螺仪信号，获得车模转向角速度，进行方向控制。

上面采集信号中，可以简化掉重力加速度信号和车模转动速度陀螺仪信号。

在车模控制中的直立、速度和方向控制三个环节中，都使用了比例微分(PD)控制，这三种控制算法的输出量最终通过叠控制电机运动来完成。

(1) 车模直立控制：使用车模倾角的 PD(比例、微分)控制。

(2) 车模速度控制：使用 PD(比例、微分)控制。

(3) 车模方向控制：使用 PD(比例、微分)控制。

可通过 DSP 软件实现上述信号采集和控制算法。本章所述实现方式的硬件电路连接如图 7-17 所示。

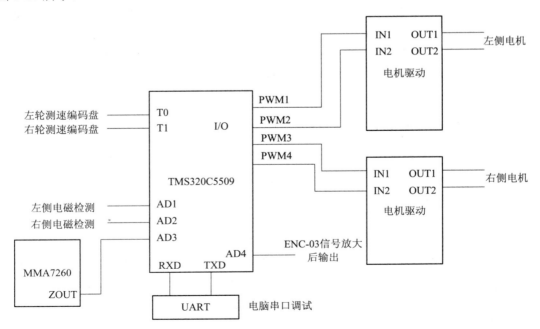

图 7-17　DSP 控制直立小车连接框图

(1) 需要至少 5 路的 AD 转化接口：电磁检测两路(左右两路，用于测量左右两个感应线圈电压)、陀螺仪两路(一路用于检测车模倾斜角速度，一路用于检测车模转动角速度)、加速度计一路(用于测量加速度 Z 轴输出电压)。

(2) 需要至少 4 路的 PWM 接口。控制左右两个电极双方向运行。由于采用单极性 PWM 驱动，需要 4 路 PWM 接口。如果采用双极性 PWM 驱动，则可以使用两路。

(3) 需要两路的定时器接口。测量两个电机转速，需要两个定时器脉冲输入端口。

(4) 必要时还需要一些通信接口或 I/O 接口。

7.5　TMS320C55x 芯片与外设的接口

7.5.1　TMS320C55x 系列 DSP 与 SDRAM 接口设计

目前与 DSP 接口的主流大容量存储器主要分两大类，一类是异步存储器，另一类是同步存储器。异步存储器主要包括 ROM、Flash 以及异步 SRAM，在 MCU 外扩存储器时已使用得很多，另外，许多以并行方式接口的模拟/数字 I/O 器件，如 A/D、D/A、开入/开出等，也采用异步存储器接口实现。

同步存储器主要分为两种，一种是 SRAM(静态随机存取存储器)，另一种是 SDRAM (同步动态随机存取存储器)。SRAM 是靠双稳态触发器来记忆信息的，是一种具有静止存取功能的内存，其优点是访问速度快、不需要刷新电路，缺点是体积大、成本高。由于成本过高，而且体积不小，所以 SRAM 并不适合设计大容量存储器，只适合用于系统高速缓存等关键地方。SDRAM 是靠 MOS 电路中的栅极电容来记忆信息的，需要不断刷新才能保存数据，其优点是成本低、体积小，缺点是每隔一段时间需要刷新才能保存数据，访问速度不及 SRAM。由此可见，对于高速、大容量的场合，只有 SDRAM 才适用于 DSP 这种高速器件。目前 TI 公司的 DSP 只有 TMS320C55x (以下简称 55x)系列和 TMS320C6x 系列提供 SDRAM 接口，其他系列 DSP 如果想要接 SDRAM，则要自己添加一块 GAL 或 FPGA 电路来与 SDRAM 接口。

7.5.2　外部存储器接口 EMIF

TMS320C5509 DSP 的外部存储器接口 EMIF 有 16 位的数据总线 D[15:0]、4 个片选输出 CE[3:0]和其他多种控制信号，能支持多种不同类型的外部存储器件。

1. 与外部存储器接口方法

C5509 DSP 的外部存储器接口 EMIF 可以提供高度灵活的接口方式，每个片选都可以连接不同类型的存储器件，单独设置读写时序参数等。

EMIF 支持的接口有异步 SRAM、ROM、FLASH(闪速存储器)、EPROM 等。EMIF 能够提供可配置的定时参数，提供高度灵活的存储器时序；每个接口都可以支持程序代码访问；32 bit 数据访问、16 bit 数据访问和 8 bit 数据访问。

2. 异步存储器接口方案

异步存储器接口方案如图 7-18 所示。

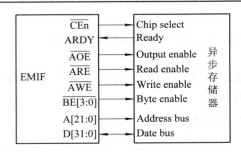

图 7-18　异步存储器接口方案

$\overline{\text{CEn}}$：低电平有效的片选信号，用于指定要访问的外部空间。

ARDY：异步访问就绪指示，使 EMIF 可以延缓异步访问速度。

$\overline{\text{AOE}}$：低电平有效的异步输出使能信号，连接异步存储器的输出使能引脚。

$\overline{\text{ARE}}$：低电平有效的异步读使能信号。

$\overline{\text{AWE}}$：低电平有效的异步写使能信号。

$\overline{\text{BE}}$[3:0]：低电平有效的字节选择信号，用于指定要访问的字节位置。

A[13:0]：14 位地址数据总线。

D[15:0]：16 位数据总线。

3. 与 EMIF 的异步接口有关的寄存器

(1) 全局控制寄存器 EGCR(控制 4 个片选空间的公共参数)。

15～11					10～9	8
Rsvd					MEMFREQ	Rsvd

7	6	5	4	3	2	1	0
WPE	Rsvd	MEMCEN	Rsvd	ARDY	HOLD	HOLDA	NOHOLD

MEMFREQ：同步存储器的时钟频率，00：CLKEM 是 DSP CPU 时钟；01：DSP 时钟的 2 分频。

WPE：后写使能，"0"表示禁止，"1"表示使能。

MEMCEN：同步存储器时钟输出使能，决定 CLKMEM 是否使用。

ARDY：ARDY 管脚上的输入电平，"0"表示外部器件没有准备好，"1"表示准备好。

HOLD_：HOLD_管脚上的输入电平。

HOLDA_：HOLDA_管脚上的输出电平。表示 DSP 对外部总线征用的响应。

(2) 总线错误状态寄存器 EMI_BE(标志总线错误的类型和位置)。

15～13		12	11	10	9	8
Rsvd		TIME	Rsvd	CE3	CE2	CE1

7	6	5	4	3	2	1	0
CE0	DMA	FBUS	EBUS	DBUS	CBUS	Rsvd	PBUS

如果访问出错，则置位寄存器中相应的标志位表示出错的原因。

TIME：超时错误。

CE3/CE2/CE1/CE0：表示访问 CE3/CE2/CE1/CE0 出错。

DMA：DMA 出错。

FBUS/EBUS/DBUS/CBUS：表示 CPU 读或写这些总线出错。

PBUS：程序总线出错。

(3) EMIF 全局复位寄存器 EMI_RST。

15～0
(Any write resets the EMIF state machine)

Write-only register

任何对 EMI_RST 寄存器的写操作都会复位 EMIF 状态机，但是不改变当前的配置，此寄存器不可读。

(4) 片选控制寄存器 CEx_1 (x=0～3)。

15	14～12	11～8	7～2	1～0
Rsvd	MTYPE	READ SETUP	READ STROBE	READ HOLD
	R/W-010	R/W-1111	R/W-11111	R/W-11

MTYPE：存储器的类型。MTYPE=000：异步，8 比特宽；

　　　　　　　　　MTYPE=001：异步，16 比特宽；

　　　　　　　　　MTYPE=010：保留；

　　　　　　　　　MTYPE=011：16 比特宽的 SDRAM

READ SETUP：读建立时间，1～15 个 DSP 时钟周期。

READ STROBE：读选通时间，1～15 个 DSP 时钟周期。

READ HOLD：读保持时间，0～3 个 DSP 时钟周期。

(5) 片选控制寄存器 CEx_2(x=0～3)。

15～14	13～12	11～8	7～2	1～0
READ EXT HOLD	WRITE EXT HOLD	WRITE SETUP	WRITE STROBE	WRITE HOLD
R/W-01	R/W-01	R/W-1111	R/W-111111	R/W-11

READ EXTENDED READ：读延长保持时间，1～3 个 DSP 时钟周期。

WRITE EXTENDED READ：写延长保持时间，1～3 个 DSP 时钟周期。

WRITE SETUP：写建立时间，1～15 个 DSP 时钟周期。

WRITE STROBE：写选通时间，1～15 个 DSP 时钟周期。

WRITE HOLD：写保持时间，0～3 个 DSP 时钟周期。

(6) 片选控制寄存器 CEx_3(x=0～3)。

15～8	7～0
Rsvd	TIMEOUT
	R/W-00000000

TIMEOUT：从选通 STROBE 的第三个周期开始，若在 TIMEOUT 个周期后仍没有响应，则视为访问超时错误。"0"表示不允许超时，仅对异步存储器起作用。

注意：三个片选控制寄存器中除 MTPYE 外，其他仅对异步存储器的时序阶段设置，对同步存储器不影响。

7.5.3　硬件接口设计

TI 公司的 55x 系列 DSP 可以通过 EMIF(外部存储器接口)外接三类存储器：异步存储器(包括 ROM、Flash 以及异步 SRAM)；SBSRAM(同步缓冲 SRAM)；SDRAM。

1. 55x 系列 DSP 的 EMIF

55x 系列 DSP 的 EMIF 如图 7-19 所示。

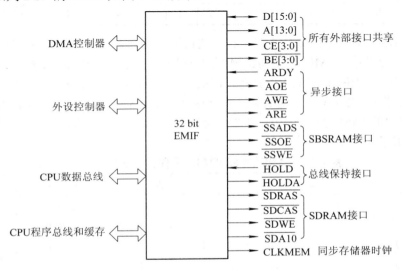

图 7-19　55x 系列 DSP 结构

图 7-33 把 EMIF 的引脚进行了归类，可以看出：

(1) 如果要使用异步存储器，则所要连接的引脚为异步接口 + 所有外部接口共享，共计两个部分。

(2) 如果使用 SBSRAM，则所要连接的引脚为 SBSRAM 接口 + 所有外部接口共享 + CLKMEM 时钟，共计 3 个部分。

(3) 如果使用 SDRAM，则分为两种情况：如果所接的 SDRAM 需要与外部设备共享，即允许外部设备读写与 55x 相连的 SDRAM，则将要使用到所有外部接口共享 + SDRAM 接口 + 总线保接口 + 同步存储器时钟，共计 4 个部分；如果所接的 SDRAM 不与外部设备共享，则将使用到所有外部接口共享 + SDRAM 接口 + 同步存储器时钟，共计 3 个部分。

本节重点介绍存储器不共享的情形。理解了不共享的情形后，共享也是一个道理，利用 HOLDA 和 HOLD 与外部设备握手，分配 SDRAM 的使用情况即可掌握。

2. SDRAM 的操作方法

55x 系列 DSP 的 EMIF 共有 4 个片选端(CE0～CE3)，所以可以接 4 片存储器，EMIF

如果接 SDRAM，只能接两类 SDRAM：一类是 4 M × 16 bit，另一类是 8 M × 16 bit。这里以 4 M × 16 bit 为例。HY57V 641620 是一款 Hynix (海力士)公司的 SDRAM 产品。

在 SDRAM 片内有一个 MRS(模式寄存器设置)，主要是用来存储 SDRAM 运行时的一些参数。对于 55x 系列 DSP，总是对 SDRAM 的这个寄存器写入 0030h。55x 系列 EMIF 对 SDRAM 的 MRS 的写入值以及 MRS 的位含义见表 7-2 所示。

表 7-2　EMIF 送到 SDRAM 的寄存器模式位的值

模式寄存器位	11	10	9	8	7	6	5	4	3	2	1	0
EMIF 引脚	A13	SDA10	A11	A10	A9	A8	A7	A6	A5	A4	A3	A2
区域描述	保留	突发写长度		保留		读取反应时间			练习/插入突发类型	突发长度		
值(0030h)	0	0	0	0	0	0	0	0	0	0	0	0

EMIF 对 SDRAM 的操作命令共有 7 种，通过这 7 种命令的组合完成对 SDRAM 的各种读、写、刷新等操作，EMIF 对 SDRAM 的 7 种操作分别是：DCAB(预充、也叫关闭存储体)、ACTV(激活)、READ(读)、WRT(写)、MRS(设置 SDRAM 的 MRS 寄存器)、REFR(刷新)和 NOP(空操作)。表 7-3 所示是 EMIF 执行这 7 种命令时引脚的状态。可以看出，DSP 是通过引脚来对 SDRAM 进行操作的。共 3 个命令引脚，8 种命令组合，可以看到对 SDRAM 的操作已经使用了 7 种命令。

表 7-3　EMIF 对 SDRAM 操作时引脚状态

指令	取	值			A[14:12]	SDA10	A[10:1]
DCAB	0	0	1	0	X	1	X
ACTV	0	0	1	1	ROW	ROW	ROW
READ	0	1	0	1	ROW	0	COL
WRT	0	1	0	0	ROW	0	COL
MRS	0	0	0	0	X	X	MRS
REFR	0	0	0	1	X	X	X
NOP	0	1	1	1	X	X	X
	1	X	X	X	X	X	X

3. EMIF 与 SDRAM 的硬件状态

上面提到如果所接的 SDRAM 不与外部设备共享，则将使用所有外部接口共享、SDRAM 接口和同步存储器时钟，共计 3 个部分。EMIF 的这 3 个部分引脚与 SDRAM 的引脚硬件连接见图 7-20，图中给出了 EMIF 与 4 M × 16 bit 存储器的接口。

SDRAM 的一个缺点是要定时刷新。对于定时，目前公认的 SDRAM 最长刷新时间是 64 ms，即为了不让 SDRAM 的数据丢失，在 64 ms 内要对 SDRAM 进行一次刷新操作；SDRAM 的刷新分为 AR(自动刷新)与 SR(自刷新)两种。AR 与 SR 的刷新都是 SDRAM 内部自动完成的，两者的区别在于定时时间的来源，AR 的时间间隔受控于外部设备(DSP 或其他外设)，由外部设备决定是否要对 SDRAM 进行刷新，SR 的时间间隔是由 SDRAM 的片内时钟决定的。在应用方面，两者的区别在于，一般说来，如果主设备正常工作，则多会接成 AR 模式，当主设备为了省电，需要进入掉电或者休眠态时，这时为了保证数据不丢失，一般需要切换到 SR 模式。

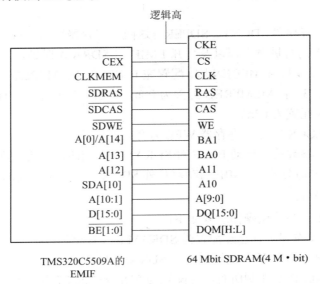

图 7-20　EMIF 与 4M × 16 bit 的 SDRAM 的硬件连接

CKE 引脚用来选择 SDRAM 的刷新模式，如果接高电平，则为 AR 模式，如果接低电平，则为 SR 模式。也可以用 55x 的 XF 引脚或 GPIO4 引脚接 CKE，然后根据程序运行需要选择刷新模式。

BA0、BA1 是 SDRAM 块区域选择引脚，一般 SDRAM 内部分为几个区域，由 BA0、BA1 来决定现在要访问的是那个区域，DQM [H:L]用来读取 BE[1:0]信号，根据其引脚的信号组合来决定被访问数据的大小(8 位、16 位、24 位、32 位)。

4. C55x 系列 DSP 的 EMIF 与 SDRAM 的软件编程

下面介绍 C55x 的 EMIF 如何驱动 SDRAM，完成对 SDRAM 的操作。以下是对 SDRAM 的操作流程。

1) 对 DSP 的 EMIF(CE0～CE4)的功能配置

由于 EMIF 的功能较多，当 EMIF 接 SDRAM 时，要对 EMIF 的功能进行配置。EMIF 有 4 个片选区间段可以用来接存储器或外设，分别为 CE0～CE4，每个区间段可以单独使用。把 C55x 系列 DSP 某一个区间接成外部 SDRAM 时，首先要对 EMIF 进行配置。配置步骤如下：

(1) 在 CE0～CE4 段内，对于要与 SDRAM 接口的区间，都将其寄存器 CEn_1 的 MTYPE 位设为 011b，即表示这个区间段内将连接存储器类型为 SDRAM。

(2) 配置寄存器 SDC1 的 SDSIZE、SDWID 位，配置成 4 M × 16 bit 或 8 M × 16 bit，表示外接 SDRAM 的大小。

(3) 配置寄存器 SDC2 的 SDACC 为 16 bit 模式(只能配置成 16 bit 宽)，然后设置寄存器 SDC1 的 REFN 位，设成 AR 模式。

(4) 把 SDRAM 的一些运行参数配置入 EMIF 的控制寄存器 SDC1、SDC2、SDC3 等，主要是一些与延时相关的参数，如 TRCD、TRP、TRC、TMRD、TRAS、TACTV2ACTV 等，这些 SDRAM 的参数根据使用 SDRAM 的型号、参数不同，在 SDRAM 的数据手册上可以获得。

(5) 配置刷新同期寄存器 SDCNT、SDPER，这两个寄存器用来记录刷新时间。

(6) 配置 SDRAM 的时钟频率，以及打开 EMIF 的 SDRAM 时钟，主要是配置 EGCR 的 MEMFREQ 引脚，以及打开 MECEN 脚。配置完 EGCR 的 MEMFREQ 位后，根据 EGCR 不同的配置，配置 SDC3，若 MEMFREQ 配置为 00b，则 SDC3 配置为 07H，若 MEMFREQ 配置为 01b，则 SDC3 配置为 03h。

(7) 配置寄存器 EGCR 的写后寄存器 WPE 为有效或无效。

(8) 写完上述所有参数后，启动 EMIF 对 SDRAM 的初始化，方法是写 EMIF 的 IN IT 寄存器。写入任意数据均会使得 EMIF 启动对片外 SDRAM 的一个连续的初始化操作。

2) SDRAM 的初始化

EMIF 对 SDRAM 的初始化操作步骤如下：

(1) 发 3 个 NOP 操作到所有已经配置为 SDRAM 的 CE 空间段。

(2) 写 1 个 DCAB 操作到所有已经配置为 SDRAM 的 CE 空间段。

(3) 写 8 个刷新 REFR 操作到所有已经配置为 SDRAM 的 CE 空间段。

(4) 写 1 个 MRS 操作到所有已经配置为 SDRAM 的 CE 空间段，被写入 SDRAM 模式寄存器的数据总为 0030h。

(5) 对 EMIF 的 INIT 执行一个清零的写操作，使得 EMIF 开始对 SDRAM 进行初始化。

3) SDRAM 的读操作

一个正常的读操作步骤如下：

(1) 无论读还是写，在执行前要选中被操作的行，这个选中的操作可以理解为激活，所以读操作的第一个命令为激活，即先执行一个激活命令 ACTV，在执行 ACTV 命令的同时，地址线上出现要被激活的行地址。

(2) 激活要读的行后，延时 TRCD 时间。

(3) 执行读命令，同时给出列地址。

(4) 再延时 3 个周期(CAS 时间也可以设为 2)。

(5) 数据出现在 D 总线上，可以进行读操作。

读数据时也可能发生其他情况，比如读到某个页面的边界，再读就要越界。那么 EMIF 会先执行一个 DCAB 命令，去关闭存储器，然后开始新一个行的激活(ACTV)，再延时 TRCD 时间后再新开始读。

如果此时用来刷新的计时器计数满，则产生自动周期刷新请求(假设 SDRAM 工作在 AR 模式)。这时 EMIF 会判断当前是否有访问 SDRAM 的请求，如果没有，则 EMIF 会发送 REFR 命令，执行刷新操作；如果当前仍有访问 SDRAM 的请求，则 EMIF 会在另外一个计数器(共 2 位长)上把刷新次数加 1，这个计数器加到 11b 时，代表进入紧急刷新状态，EMIF 会强行关闭当前的 SDRAM 页面(执行 DCAB 操作)，然后 SDRAM 执行 3 次刷新 (REFR)，同时这 2 位长的计数器被减为 0，然后 EMIF 再继续完成剩下的存取操作。

4) SDRAM 的写操作

写操作的时序与读操作基本一致，区别在于 EMIF 发出写命令的同时，D 总线上的数据是同步出现的。每次写命令都是如此。

前文主要讨论了 55x 系列的 EMIF 可接的存储器类型，并讨论了 3 种存储器的优缺点，重点介绍了 55x 系列如何与 SDRAM 存储器接口，包括 55x 的 EMIF 的接口特性、当前最常用的 SDRAM 的操作方法、两者的硬件连接以及软件编程方法，并给出了一个初始化的程序。由于 SDRAM 所特有的大容量、高速度、低价格的优势，所以在以后相当长的时间内，SDRAM 的应用还是会相当广泛。

本 章 小 结

本章从最小系统、电机控制系统、无线蓝牙系统、自平衡直立车系统等的设计方法的实际案例出发，由浅入深地讲解 TMS320C5509 系列芯片的硬件系统设计过程，使得读者能够系统地学习 DSP 驱动程序和硬件平台载体的开发。

思 考 题

1. 一个典型的 DSP 系统由哪几部分组成？试画出原理图。
2. DSP 系统硬件设计过程都有哪些步骤？
3. 通过本章的学习，试着自己动手做一个直立小车，设计出相应的软件和硬件。
4. 对于基于 TMS320C5509 的无线蓝牙系统设计，还有什么其他的设计方案？
5. 试用 TMS320C5509 芯片进行音频控制电路的设计与制作。

第 8 章　DSP 系统的典型应用程序设计

　　本章从 FFT、IIR 滤波器和 FIR 滤波器的实际设计出发，由浅入深地讲解从 Matlab 到 DSP 完整的仿真程序设计过程和代码的编写，最后一节中还给出了改进变步长的 LMS 算法的 DSP 算法设计，有助于读者实现自主完成从模仿学习到算法研发的转变尝试。

8.1　FFT 在 DSP 中的实现

8.1.1　FFT 算法原理

　　快速傅里叶变换(Fast Fourier Transform，FFT)是离散傅里叶变换的快速算法，也可用于计算离散傅里叶变换的逆变换，FFT 是根据离散傅里叶变换的奇、偶、虚、实等特性，对离散傅里叶变换的算法进行改进获得的。离散傅里叶变换(Discrete Fourier Transform，DFT)是对离散周期信号进行的傅里叶变换，离散指的是傅里叶变换在时域和频域上都呈离散的形式，将信号的时域采样变换为其离散时间傅里叶变换(Discrete-time Fourier Transform，DTFT)的频域采样。在形式上，DFT 变换两端(时域和频域上)的序列是有限长的，而实际上这两组序列都应当被认为是离散周期信号的主值序列。对有限长的离散信号作 DFT，可以看做是对其周期延拓的变换。

　　DFT 的应用非常广泛，但计算量太大，FFT 算法就是为了实现 DFT 的实时应用而提出的。一般来说，FFT 比 DFT 运算量小得多，N 点的 FFT 需要做 $(N/2)\mathrm{lb}N$ 次乘法运算，而 N 点 DFT 需要做 N^2 次复数乘法运算和 $N(N-1)$ 次复数加法运算，因此，忽略加法运算的话，N 点 DFT 运算量大约是 FFT 的 $N^2/\mathrm{lb}N$ 倍，通过 FFT 算法，DFT 的计算量可大大减少。

　　DFT 变换公式为

$$x(k) = \sum_{n=0}^{N-1} x(n) W_N^{nk}, \qquad k = 0, 1, \cdots, N-1 \tag{8-1}$$

　　DFT 逆变换公式为

$$x(n) = \frac{1}{N} \sum_{k=0}^{N-1} x(k) W_N^{-nk}, \qquad n = 0, 1, \cdots, N-1 \tag{8-2}$$

其中，$W_N = \exp\left(-\mathrm{j}\dfrac{2\pi}{N}\right)$ 为旋转因子。

　　FFT 之所以运算量减少，主要是利用了旋转因子的以下 3 点特性：

　　(1) W_N^{nk} 的对称性：

$$(W_N^{nk})^* = W_N^{-nk} \tag{8-3}$$

(2) W_N^{nk} 的周期性：

$$(W_N^{nk}) = W_N^{(n+N)k} = W_N^{n(k+N)} \tag{8-4}$$

(3) W_N^{nk} 的可约性：

$$W_N^{nk} = W_{mN}^{mnK} = W_{N/m}^{nk/m} \tag{8-5}$$

利用这些特性可以使 DFT 运算中有些项进行合并，将长序列的 DFT 分解为短序列的 DFT。

DFT 从算法上分为按时间抽选(DIT)和按频率抽选(DIF)。如果序列点数 $N = 2^M$(M 为整数)，则称为基 2FFT。如果序列点数不是 2^M，也可以添加若干个 0 值而达到 2^M 长度。除了基数为 2 的 FFT 外，还有其他的基数供选择。基 2 的 DIT 又被称为库利-图基算法。基 2 的 DIF 又称为桑德-图基算法。

8.1.2　库利-图基算法

1. 信号流图

如果将 N 点输入序列 $x(n)$ 按照偶数和奇数分解为偶序列和奇序列，则可以将 N 点 FFT 改写为

$$X(k) = \sum_{n=0}^{N/2-1} x(2n)W_N^{2nk} + \sum_{n=0}^{N/2-1} x(2n+1)W_N^{(2n+1)k} \tag{8-6}$$

因为 $W_N^2 = W_{N/2}$，所以有

$$X(k) = \sum_{n=0}^{N/2-1} x(2n)W_{N/2}^{nk} + W_N^K \sum_{n=0}^{N/2-1} x(2n+1)W_{N/2}^{nk} \tag{8-7}$$

令 $Y(k) = \sum_{n=0}^{N/2-1} x(2n)W_{N/2}^{nk}$，$Z(k) = \sum x(2n+1)W_{N/2}^{nk}$，则有

$$X(k) = Y(k) + W_N^k Z(k) \tag{8-8}$$

利用 $W_N^{k+N/2} = -W_N^k$ 的特性，得到

$$X(k + N/2) = Y(k) - W_N^k Z(k) \tag{8-9}$$

注意到 $Y(k)$ 和 $Z(k)$ 的周期为 $N/2$，k 的范围是 $0\sim N/2-1$。式(8-9)和式(8-9)分别用于计算 $0{\leqslant}k{\leqslant}N/2-1$ 和 $N/2{\leqslant}k{\leqslant}N-1$ 的 $X(k)$。按照这种分解方式，可以继续重复这个抽取过程，

直至不可分解为止。这个过程共有 $M = \text{lb}^N$ 次。图 8-1 是 8 点 FFT 信号流图。

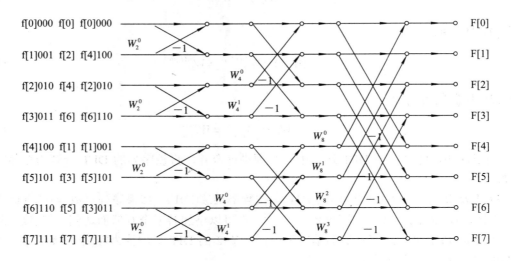

图 8-1　FFT 信号流图

2. 倒位序

在频域抽取的基 2 FFT 算法中，输出数据不是按照序列的先后顺序排列的，这是由于变换过程中，输出按奇、偶抽取的缘故。如果将序列 $x[n]$ 中标号 n 用二进制值 $(n_0 \cdots n_{M-2} n_{M-1})_2$ 表示，那么在 FFT 信号流图输入端，$x[n]$ 位于 $(n_{M-1} n_{M-2} \cdots n_0)_2$ 处，称为倒序。以 8 点 FFT 为例，顺序和倒序的关系如表 8-1 所示。

表 8-1　顺序和倒序对照表

顺　序		倒　序	
十进制数	二进制数	二进制数	十进制数
0	0　0　0	0　0　0	0
1	0　0　1	1　0　0	4
2	0　1　0	0　1　0	2
3	0　1　1	1　1　0	6
4	1　0　0	0　0　1	1
5	1　0　1	1　0　1	5
6	1　1　0	0　1　1	3
7	1　1　1	1　1　1	7

从表 8-1 可以看出，一个自然顺序二进制数是在最低位加 1，逢 2 向左移位；而倒序数的顺序是在最高位加 1，逢 2 向右移位。用 i 表示顺序数，j 表示倒序数，k 表示位权重。对于一个倒序数 j 来说，下一个倒序数可以按下面的方法求得：先对最高位加 1，相当于十进制运算 $j + N/2$。如果 $j < N/2$，说明二进制最高位为 0，则直接由 $j + N/2$ 得到下一个倒

序值；如果 $j \geqslant N/2$，说明二进制最高位为 1，则将 j 的最高位变为 0，通过 $j \Leftarrow j - N/2$ 实现，同时令 $k \Leftarrow k/2$，接着判断次高位是否为 0，直到位为 0 时，令 $j = j + k$。

3. 蝶形运算单元和同址计算

频域抽取的信号流图中，基本的运算结构如图 8-2 所示，该运算结构的形状像蝴蝶，故称为"蝶形运算单元"。

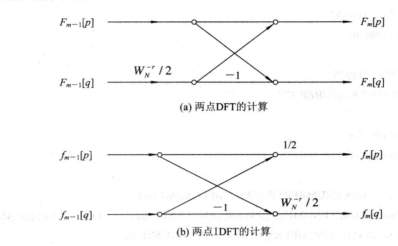

(a) 两点DFT的计算

(b) 两点IDFT的计算

图 8-2　时域抽取 FFT 算法流图中第 m 级碟形单元

在时域抽取的信号流图中，DFT 和 IDFT 运算关系分别为

$$\begin{cases} F_m[p] = F_{m-1}[p] + F_{m-1}[q]W_N^r \\ F_m[p] = F_{m-1}[p] - F_{m-1}[q]W_N^r \end{cases} \quad \begin{cases} f_m[p] = (f_{m-1}[p] + f_{m-1}[q])/2 \\ f_m[p] = (f_{m-1}[p] - f_{m-1}[q])W_N^{-r}/2 \end{cases} \quad (8\text{-}10)$$

其中，p、q 分别表示该蝶形运算单元的上、下节点的序号。可以看出参与运算的输入序号为 p，输出序号仍为 q，并且该运算不涉及到其他的点，因此我们可以将输出的结果仍然放在数组中，称这样的操作为同址计算。也就是说，共同占有同一个存储单元。

4. 寻址和相移因子 W_N^r 的计算

时域抽取基 2 FFT 信号流图中，每一级有个蝶形单元。每一级的一个蝶形单元又可以分为若干组，每一组具有相同的结构和因子的分布。

如图 8-1 所示，第 1 级分为 1 组，第 2 级分为 2 组，…，第 m 级分为 2^{m-1} 组。在第 m 级中，相邻组之间的间距(也即每个分组所含节点数)为 2^{M+1-m}，每个蝶形单元的上下节点之间的距离(也即每个分组所含碟形单元数)为 2^{M-m}。每组的相移因子为

$$W_N^r = \cos\left(\frac{2\pi}{N}r\right) - i\sin\left(\frac{2\pi}{N}r\right), \quad \text{其中 } r = (l-1) \times 2^{m-1}, \quad l = 0, \ 1 \cdots, \ 2^{M-m}-1 \quad (8\text{-}11)$$

综合以上各步骤，得到频域抽取 FFT 程序流程图如图 8-2 所示。采用类似的步骤可得到频域抽取 IFFT 流程图、时域抽取 FFT 与 IFFT 流程图。

在 Matlab 中，傅里叶变换及其逆变换分别用函数 fft()和 ifft()实现，当然直接调用函数，缺少参数设置的灵活性，读者尝试可以自己编写 FFT 的 Matlab 程序。

8.1.3　FFT 算法的 DSP 实现

1. 程序清单

```
#include "myapp.h"
#include "csedu.h"
#include "scancode.h"
#include <math.h>

#define PI 3.1415926
#define SAMPLENUMBER 128

void InitForFFT();
void MakeWave();

int INPUT[SAMPLENUMBER],DATA[SAMPLENUMBER];
float fWaveR[SAMPLENUMBER],fWaveI[SAMPLENUMBER],w[SAMPLENUMBER];
float sin_tab[SAMPLENUMBER],cos_tab[SAMPLENUMBER];

main()
{
    int i;

    InitForFFT();
    MakeWave();
    for ( i=0;i<SAMPLENUMBER;i++ )
    {
        fWaveR[i]=INPUT[i];
        fWaveI[i]=0.0f;
        w[i]=0.0f;
    }
    FFT(fWaveR,fWaveI);
    for ( i=0;i<SAMPLENUMBER;i++ )
    {
        DATA[i]=w[i];
    }
    while ( 1 ); // break point
}
```

```
void FFT(float dataR[SAMPLENUMBER],float dataI[SAMPLENUMBER])
{
    int x0,x1,x2,x3,x4,x5,x6,xx;
    int i,j,k,b,p,L;
    float TR,TI,temp;

    /**********位到序 ***********/
    for ( i=0;i<SAMPLENUMBER;i++ )
    {
        x0=x1=x2=x3=x4=x5=x6=0;
        x0=i&0x01;      x1=(i/2)&0x01;      x2=(i/4)&0x01;      x3=(i/8)&0x01;x4=(i/16)&0x01;
x5=(i/32)&0x01; x6=(i/64)&0x01;
        xx=x0*64+x1*32+x2*16+x3*8+x4*4+x5*2+x6;
        dataI[xx]=dataR[i];
    }
    for ( i=0;i<SAMPLENUMBER;i++ )
    {
        dataR[i]=dataI[i]; dataI[i]=0;
    }

    /************* 蝶形运算 ******************/
    for ( L=1;L<=7;L++ )
    { /* for(1) */
        b=1; i=L-1;
        while ( i>0 )
        {
            b=b*2; i--;
        } /* b= 2^(L-1) */
        for ( j=0;j<=b-1;j++ ) /* for (2) */
        {
            p=1; i=7-L;
            while ( i>0 ) /* p=pow(2,7-L)*j; */
            {
                p=p*2; i--;
            }
            p=p*j;
            for ( k=j;k<128;k=k+2*b ) /* for (3) */
            {
```

```
                    TR=dataR[k]; TI=dataI[k]; temp=dataR[k+b];
                    dataR[k]=dataR[k]+dataR[k+b]*cos_tab[p]+dataI[k+b]*sin_tab[p];
                    dataI[k]=dataI[k]-dataR[k+b]*sin_tab[p]+dataI[k+b]*cos_tab[p];
                    dataR[k+b]=TR-dataR[k+b]*cos_tab[p]-dataI[k+b]*sin_tab[p];
                    dataI[k+b]=TI+temp*sin_tab[p]-dataI[k+b]*cos_tab[p];
                } /* END for (3) */
            } /* END for (2) */
        } /* END for (1) */
        for ( i=0;i<SAMPLENUMBER/2;i++ )
        {
            w[i]=sqrt(dataR[i]*dataR[i]+dataI[i]*dataI[i]);
        }
    } /* END FFT */


    void InitForFFT()
    {
        int i;

        for ( i=0;i<SAMPLENUMBER;i++ )
        {
            sin_tab[i]=sin(PI*2*i/SAMPLENUMBER);
            cos_tab[i]=cos(PI*2*i/SAMPLENUMBER);
        }
    }


    void MakeWave()
    {
        int i;

        for ( i=0;i<SAMPLENUMBER;i++ )
        {
            INPUT[i]=sin(PI*2*i/SAMPLENUMBER*3)*1024;
        }
    }
```

2. 调试过程

(1) 选择 CCSv4.2 设置中 Tools→Graph→Dual Time，如图 8-3 所示。

(2) 实验显示设置如图 8-4 所示。

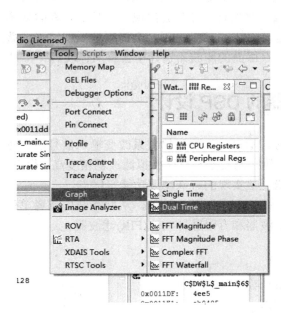

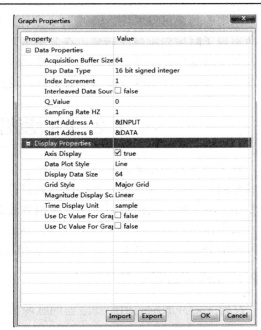

图 8-3 CCS 设置　　　　　　　　　　　图 8-4 实验显示配置

部分设置说明如下：

① Start Address 中填写输入地址，可以填写输入地址名，通常会用 INPUT 来命名输入信号。使用名字时要在前面加上"&"，如&INPUT，使用地址则可以不必，如 0x00004615。要看到一个数组的起始地址则可以通过 View→Watch，输入数组名就可以看到。

② Dsp Data Type 中是填写数据类型。这里的 INPUT 数组是有符号整形，所以这里选择 16 bit signed integer。

③ Acquisition Buffer Size 中选择缓冲区数据个数，一般设置为数组个数。也可以比数组个数少，但是一定不能比数组的个数多，否则图形显示会出问题。

④ Display Data Size 设置的图像横坐标。一般我们设置为 Acquisition Buffer Size 的整倍数。

3. 实验结果

设置断点，并单击 按钮两次，可以获得如图 8-5 和图 8-6 所示的结果。

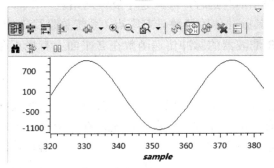

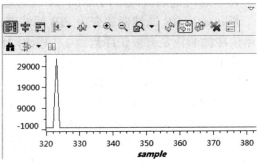

图 8-5 CCS 产生的正弦波形　　　　　　图 8-6 CCS 产生的频谱

由实验结果可以看到，经过 FFT 变化之后，可以在信号所对应频段产生一个尖脉冲，从而实现了时域向频域的转化。在分析多种波形叠加时，经常会出现这种情况，在时域图中，多个信号易产生波形叠加，区分度比较差，而经过 FFT 之后，会清晰地发现波形的叠加过程，频域波形的区分度可能会更好。这一点后面的滤波器设计中会有所体现。

8.2　IIR 滤波器的 DSP 设计

数字滤波器是指输入和输出都是数字信号，通过一定的运算关系改变输入信号所含频率成分的相对比例或者滤除某些成分的器件。数字滤波器具有比模拟滤波器精度高、稳定、体积小、重量轻、灵活及可以实现模拟滤波器无法实现的特殊滤波功能等优点。

数字滤波器从功能上可分为低通、高通、带通和带阻等滤波器。从网络结构或者单位脉冲相应分类，可以分为无限脉冲响应(IIR)滤波器和有限脉冲响应(FIR)滤波器。

8.2.1　IIR 滤波器的基本概念

N 阶无限冲激响应(IIR)滤波器的脉冲传输函数可以表示为

$$H(z) = \frac{\displaystyle\sum_{i=0}^{M} b_i z^{-1}}{1 + \displaystyle\sum_{i=1}^{N} a_i z^{-1}} \tag{8-12}$$

其差分方程表达式可写为

$$y(n) = \sum_{i=0}^{M} b_i x(n-i) - \sum_{i=1}^{N} a_i y(n-i) \tag{8-13}$$

由式(8-13)可见，$y(n)$ 由两部分构成：第一部分 $\sum_{i=0}^{M} b_i x(n-i)$ 是一个对 $x(n)$ 的 M 节延时链结构，每节延时抽头后加权相加，是一个横向结构网络；第二部分 $\sum_{i=1}^{N} a_i y(n-i)$ 也是一个 N 节延时链的横向结构网络，不过它是对 $y(n)$ 的延时，因此是个反馈网络。

若 $a_i = 0$，IIR 滤波器就变为 FIR 滤波器，其脉冲传输函数只有零点，系统总是稳定的，其单位冲激响应是有限长序列。与之相比，IIR 滤波器的脉冲传递函数在 Z 平面上有极点存在，其单位冲激响应是无限长序列。

IIR 滤波器与 FIR 滤波器的区别如下：

(1) IIR 滤波器具有递归结构和相位非线性的特点，可以用较少的阶数获得很高的选择特性，所用的存储单元少，运算次数少，具有经济、高效的特点。但是，在有限精度的运算中，可能出现不稳定现象，而且，选择性越好，相位的非线性越严重。IIR 滤波器是输出对输入的反馈，因而可用比 FIR 滤波器较少的阶数来满足指标的要求，这样一来所用的存储单元少，运算次数少，较为经济。在相位要求不敏感的场合，如语言通信等，选用 IIR 滤波器较为合适。

(2) FIR 滤波器具有非递归结构和严格的线性相位(即不同频率分量的信号经过 FIR 滤波器后他们的时间差不变)，对于图像信号处理、数据传输等以波形携带信息的系统，对线性相位要求较高，在条件许可的情况下，采用系数对称 FIR 滤波器较好。图像处理以及数据传输，都要求信道具有线性相位特性。FIR 滤波器的单位抽样响应是有限长的，因而滤波器性能稳定。但是同样幅度指标，阶数比 IIR 的高 5～10 倍，成本高。

8.2.2　直接形式三阶 IIR 滤波器

三阶 IIR 滤波器可以化成直接形式，其优点是在迭代运算过程中先衰减后增益，系统的动态范围和鲁棒性都要好一点。图 8-7 是直接形式三阶 IIR 滤波器的结构图。其脉冲传递函数 $H(z)$ 为

$$H(z) = \frac{B_0 + B_1 Z^{-1} + B_2 Z^{-2} + B_3 Z^{-3}}{1 + A_1 Z^{-1} + A_2 Z^{-2} + A_3 Z^{-3}} \tag{8-14}$$

可以证明上述脉冲传递函数与图 8-7 所示三阶 IIR 滤波器的脉冲传递函数是相同的。直接形式三阶 IIR 滤波器的差分方程为

$$\begin{aligned} y(n) = {} & B_0 * x(n) + B_1 * x(n-1) + B_2 * x(n-2) + B_3 * x(n-3) - A_1 * y(n-1) \\ & - A_2 * y(n-2) - A_3 * y(n-3) \end{aligned} \tag{8-15}$$

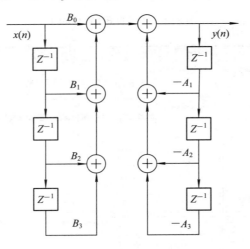

图 8-7　直接形式三阶 IIR 滤波器

8.2.3　IIR 滤波器的 Matlab 设计

1. IIR 滤波器的参数生成

在 Matlab 中使用滤波器设计工具箱(FDA)设计滤波器，打开的滤波器设计的主界面如图 8-8 所示。该工具可以设计各种满足用户要求的滤波器，包括滤波器的类型(IIR 或 FIR)、滤波器的阶数、滤波器的种类、滤波器的截至频率、带宽、纹波系数、采样频率等各种和

设计滤波器有关的所有参数。本实验设计 IIR 型的三阶切比雪夫 I 型的采样频率为 800 Hz，频率为 300 Hz 的高通滤波器。单击 Design Filter，在工具栏中找到 Edit→Convert to Single Section，如图 8-9 所示。

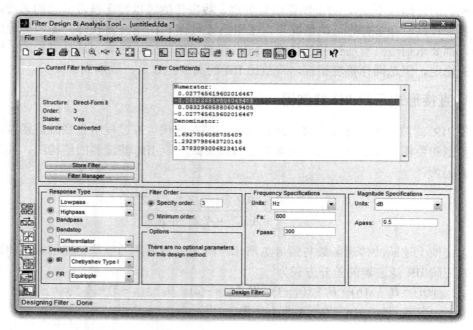

图 8-8　打开的 FDA 主界面

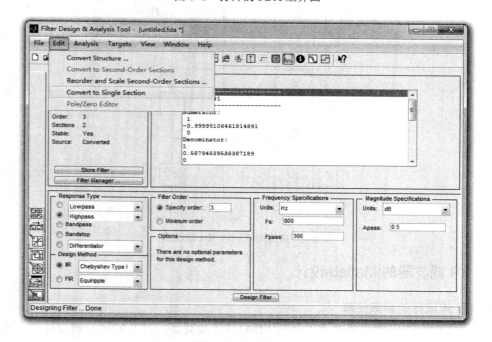

图 8-9　主界面设置

对应频率特性图，如图 8-10 所示。对应的冲激响应特性图，如图 8-11 所示。

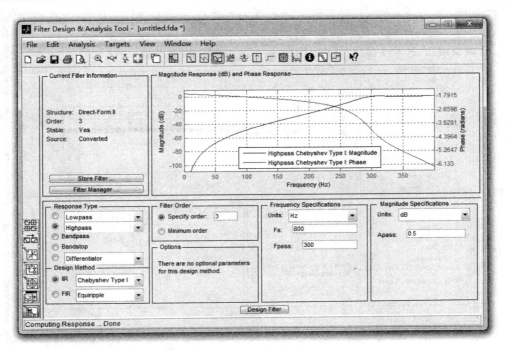

图 8-10　频率特性图

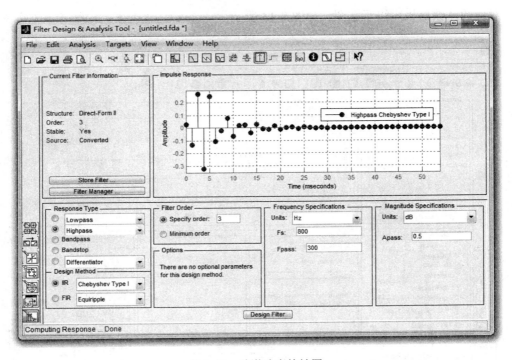

图 8-11　冲激响应特性图

对应的滤波器阶跃特性，如图 8-12 所示。

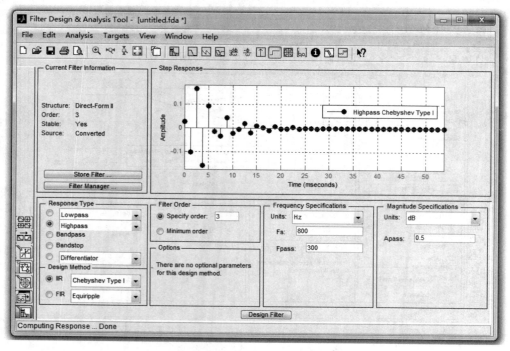

图 8-12　滤波器阶跃特性图

对应的滤波器极零点示意图，如图 8-13 所示。

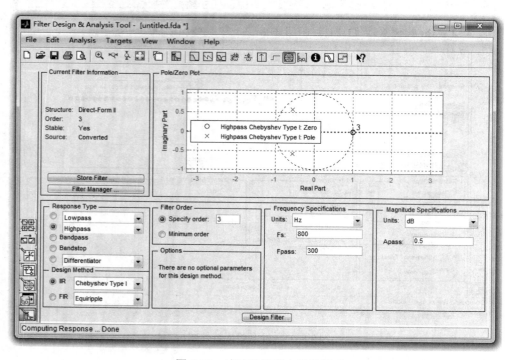

图 8-13　滤波器极零点示意图

滤波器的参数显示，如图 8-14 所示。

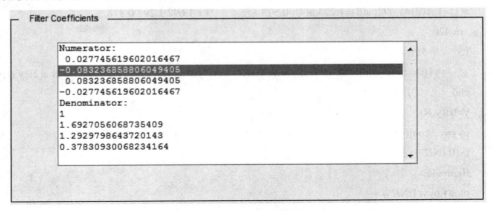

图 8-14　滤波器的参数显示

2. 程序清单

结合 FDA 计算出的滤波器参数，编写滤波器程序。程序由四部分组成：

(1) 用 for 循环产生需要待滤波信号代码段。

(2) 生成 Cheby1 滤波器代码段，其中产生极点和零点。

(3) 滤波代码段。

(4) 画出信号功率谱代码段。

程序清单如下：

```
clear all;
clc;
N=800;
fs=800;
dt=1/fs;
for k=1:N;
    f1=300;
    f2=100;
    y(k)=sin(2*pi*f1*k*dt)+sin(2*pi*f2*k*dt)+sin(2*pi*(f1+20)*k*dt);
end
lp=200;
wn1=2*lp/fs;
[z1,p1,k1] = cheby1(3,0.5,wn1,'high');
[B,A] = cheby1(3,0.5,wn1,'high');
yy1(1)=0;
yy1(2)=0;
yy1(3)=0;
yy1(4)=0;
```

```
b(1)=0.0277; b(2)=-0.0832; b(3)=0.0832;b(4)=-0.0277;
a(1)=1; a(2)=1.692; a(3)=1.293;a(4)=0.378          %1 1.692 1.293 0.378
 n=420;
for     i=5:n
      yy1(i)= b(4)*y(i-3)+b(3)*y(i-2)+b(2)*y(i-1)+ b(1)*y(i)-a(4)*yy1(i-3)-a(3)*yy1(i-2)-a(2)*yy1(i-1);
end
y=fft(y,N);
pyy=y.*conj(y);
f=(0:(N/2-1));
figure(1);
plot(f,pyy(1:N/2))
y=fft(yy1,N);
pyy=y.*conj(y);
f=(0:(N/2-1));
figure(2);
plot(f,pyy(1:N/2))
```

3. 实验结果

滤波前和滤波后的信号功率谱，分别如图 8-15 和图 8-16 所示。

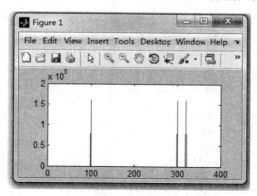

图 8-15　滤波前的信号功率谱图

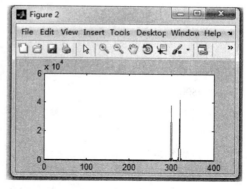

图 8-16　滤波后的信号功率谱图

滤波前有三个尖峰，代表在三种频率处波形的叠加，实验中采用的是高通滤波器，滤波后波形变为两个尖峰，滤掉了频率较低的信号。

8.2.4　IIR 滤波器的 DSP 实现

在编写 DSP 程序之前，首先从 Matlab 的 FDA 中获得滤波器的参数，如图 8-14 所示。显然，上述的滤波器的参数不能直接拿到 DSP 程序设计中去，因为参数中有大于 1 的数据，例如分母中的第二个参数。这样的大于 1 的数据直接放入 DSP 中，需要进行数据格式的浮点运算，会提升编程的复杂程度，也会导致 DSP 运行程序计算速度的降低。一般情况下我们不这样设计，而是首先将实验参数做一定比例的压缩后计算。

将数据做 10 倍的压缩，得到新的实验参数为

分子：0.00277　　−0.00832　　0.00832　　−0.00277

分母：1　　　　−0.016927　　−0.12930　　−0.03783

1．程序清单

可以注意到只有一个参数没有压缩，就是分母的第一个参数。这一点请读者思考。

针对以上滤波参数，编写 C 语言程序清单如下：

```
#include"math.h"
#define IIRNUMBER 4

float fBn[IIRNUMBER]={ 0.00277,-0.00832,0.00832,-0.00277};   //到 b 数组参数
float fAn[IIRNUMBER]={ 1,0.016927,0.12930,0.03783 };       //得到 a 数组的参数
float fIn[256],fOut[256];
main()
{
    int N=256,k,f1=300,f2=100;
    long double PI=3.1415,fs=800;
    double dt;
    dt=1.0/fs;
    for(k=0;k<N;k++)
    {
fIn[k]=sin((double)(2*PI*f1*k*dt))+sin((double)(2*PI*f2*k*dt))+sin((double)(2*PI*(f1+20) *k*dt));
    }
    while ( 1 )
    {
        fOut[0]=0;fOut[1]=0;fOut[2]=0;//设置断点
        for(k=3;k<256;k++)
        {
fOut[k]=fBn[3]*fIn[k-3]+fBn[2]*fIn[k-2]+fBn[1]*fIn[k-1]+fBn[0]*fIn[k]-fAn[3]*fOut[k-3]-fAn[2]*fOut[k-2]-fAn[1]*fOut[k-1];
        }
    }
}
```

2．调试过程

(1) 选择 CCS 设置中"Tools→Graph→Dual Time"，设置如图 8-17 所示。

(2) 设置断点，并单击 ▶ 按钮两次，选择"Tools→Graph→FFT Magnitude"来观察实验结果，如图 8-18 所示，其设置如图 8-19 所示。

FFT Order 代表着 FFT 变化的阶数，一般我们需要设置 10 阶以上才会看到比较明显的尖峰变化。

图 8-17　CCS 设置

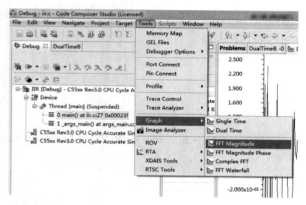

图 8-18　查看实验结果设置

图 8-19　查看实验结果设置

3. 实验结果

最终的实验结果如图 8-20、图 8-21、图 8-22 和图 8-23 所示。

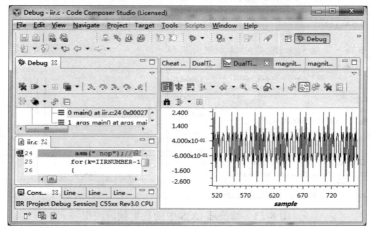

图 8-20　滤波前 CCS 中的数据时域波形

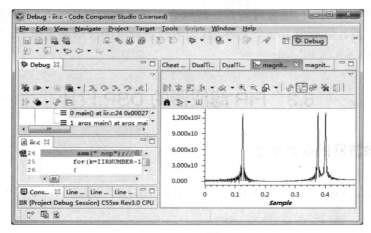

图 8-21　滤波前 CCS 中的数据频域波形

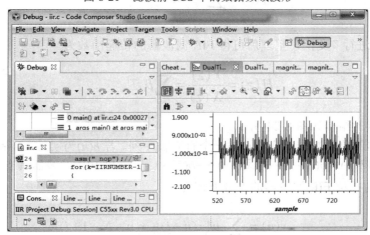

图 8-22　滤波后 CCS 中的数据时域波

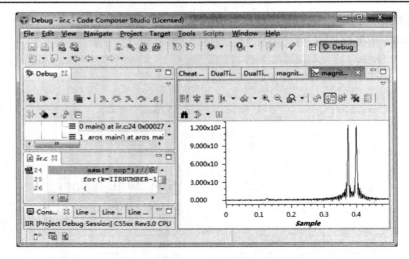

图 8-23　滤波后 CCS 中的数据频域波形

分析图形能够看出，在时域滤波后波形比较整齐平滑，如图 8-22 所示，但是还是难以看到比较直观的滤波过程，区分度较差。频域分析可以比较直观的看到(如图 8-23 所示)，通过高通滤波之后，信号少了一个尖峰，代表着较低频率的波形被滤掉了，至此完成了 IIR 高通滤波的过程。

8.3　FIR 滤波器的 DSP 设计

8.3.1　FIR 滤波器的基本概念

一个 FIR 滤波器的输出序列 $y(n)$ 和输入序列 $x(n)$ 之间的关系，满足差分方程：

$$y(n) = \sum_{i=0}^{N-1} b_i x(n-i) \qquad (8\text{-}16)$$

对式(8-16)进行 z 变换，整理后可得 FIR 滤波器的传递函数为

$$H(z) = \frac{Y(z)}{X(z)} = \sum_{i=0}^{N-1} b_i z^{-i} \qquad (8\text{-}17)$$

FIR 滤波器的结构如图 8-24 所示。

FIR 滤波器的单位冲击响应 $b(n)$ 是一个有限长序列。若 $b(n)$ 为实数，且满足偶对称或奇对称的条件，即 $b(n) = b(N-1-n)$ 或 $b(n) = -b(N-1-n)$，则 FIR 滤波器具有线性相位特性。

偶对称线性相位 FIR 滤波器的差分方程为

$$y(n) = \sum_{i=0}^{N/2-1} b_i [x(n-i) + x(n-N+1+i)] \qquad (8\text{-}18)$$

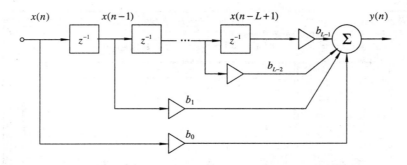

图 8-24 FIR 滤波器结构

8.3.2 滤波器的 Matlab 语言设计

在 Matlab 中使用滤波器设计工具箱(FDA)设计滤波器，如图 8-25 所示。

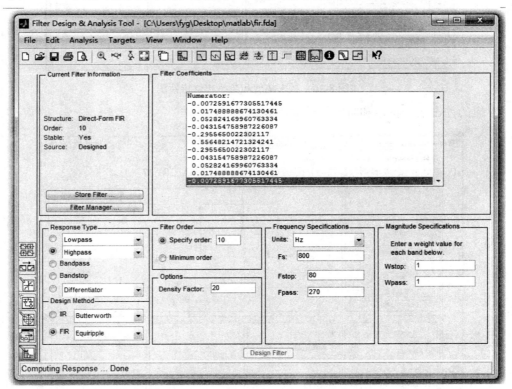

图 8-25 FIR 的 FDA 参数设置

选择 Designed Methed→FIR Equiripple Hignpass 模式，Response Type 选择 Highpass，Filter Order 中选择 Specify order 输入 10，Options 中 Density Factor 输入 20，Frequency Specifications 中 Units 选择 Hz，Fs 中输入 800，Fstop 输入 80，Fpass 输入 270，Magnitude Specifications 中 Wstop 输入 1，Wpass 输入 1。对应的频率幅度和频率相位特性如图 8-26 所示。

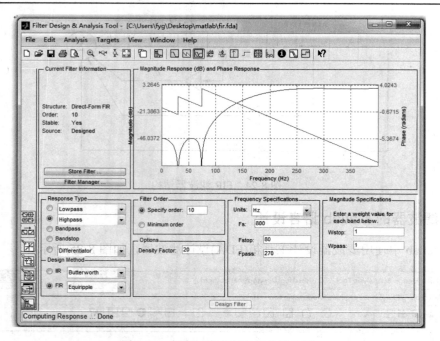

图 8-26　频率幅度和频率相位特性图

对应的冲击响应特性和阶跃特性如图 8-27 所示。

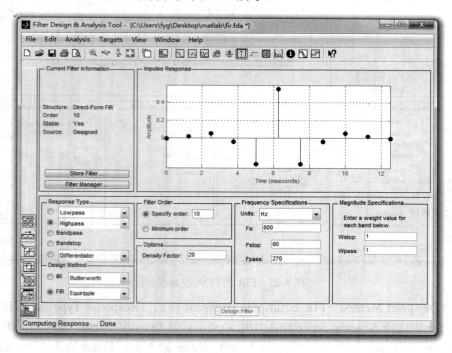

图 8-27　冲击响应特性和阶跃特性图

对应的滤波器极零点分布如图 8-28 所示。

滤波器的参数显示如图 8-29 所示。

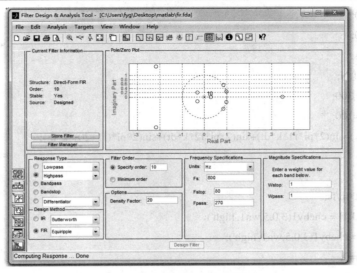

图 8-28　滤波器极零点示意图

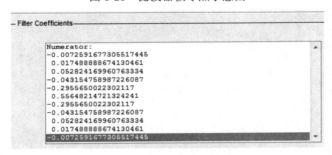

图 8-29　滤波器的参数显示

8.3.3　从 Matlab 语言转换成通用语言

1. FIR 滤波器的参数

从图 8-25 打开的 FDA 主界面图可以看到滤波器的参数分别为：−0.00726，0.01749，0.05282，−0.04315，−0.29557，0.55648，−0.29557，−0.04315，0.05282，0.01749 和-0.00726，代入下面的 Matlab 的 b[]组中。

2. 程序清单

结合 FDA 计算出的滤波器参数，编写滤波器程序。程序由四部分组成：

(1) 用 for 循环产生需要待滤波信号代码段。

(2) 生成滤波器代码段，其中产生极点和零点。

(3) 滤波代码段。

(4) 画出信号功率谱代码段。

Matlab 仿真程序代码如下：

```
clear all;
clc;
```

```
N=800;
fs=800;
dt=1/fs;
for k=1:N;
    f1=300;
    f2=100;
    y(k)=sin(2*pi*f1*k*dt)+sin(2*pi*f2*k*dt)+sin(2*pi*(f1+20)*k*dt);
end
lp=200;
wn1=2*lp/fs;
[z1,p1,k1] = cheby1(3,0.5,wn1,'high');
[B,A] = cheby1(3,0.5,wn1,'high');
yy1(1)=0;
yy1(2)=0;
yy1(3)=0;
yy1(4)=0;
yy1(5)=0;
yy1(6)=0;
yy1(7)=0;
yy1(8)=0;
yy1(9)=0;
yy1(10)=0;
b(1)=-0.00726; b(2)=0.01749;b(3)=0.05282;b(4)=-0.04315;b(5)=-0.29557;
b(6)=0.55648; b(7)=-0.29557;b(8)=-0.04315;b(9)=0.05282;b(10)=0.01749;b(11)=-0.00726;
%0.05282
a(1)=1; a(2)=1.692; a(3)=1.293;a(4)=0.378 %1 1.692 1.293 0.378
n=420;
for   i=11:n
%yy1(i)= b(4)*y(i-3)+b(3)*y(i-2)+b(2)*y(i-1)+ b(1)*y(i)-a(4)*yy1(i-3) -a(3)*yy1(i-2)-a(2)*yy1(i-1);
    yy1(i)=b(11)*y(i-10)+b(10)*y(i-9)+b(9)*y(i-8)+b(8)*y(i-7)+b(7)*y(i-6)+b(6)*y(i-5)+b(5)*y(i-4)+b
(4)*y(i-3)+b(3)*y(i-2)+b(2)*y(i-1)+ b(1)*y(i);
end
y=fft(y,N);
pyy=y.*conj(y);
f=(0:(N/2-1));
figure(1);
plot(f,pyy(1:N/2))
y=fft(yy1,N);
pyy=y.*conj(y);
```

```
       f=(0:(N/2-1));
       figure(2);
       plot(f,pyy(1:N/2))
```

3. 仿真实验结果

图 8-30 和图 8-31 分别是滤波前和滤波后的信号功率谱图。

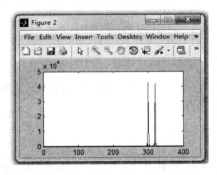
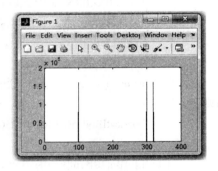

图 8-30　滤波前的信号功率谱图　　　　　图 8-31　滤波后的信号功率谱图

滤波前有三个尖峰，代表着有三种频率的波形的叠加。采用高通滤波器，从滤波后波形会发现变为两个尖峰，滤掉了频率较低的波形。通过实验分析可以看出：要实现与三阶 IIR 滤波器接近的滤波效果，这里采取了 10 阶 FIR 滤波才能实现。主要原因是由于 IIR 加入了反馈，FIR 没有采取反馈。这说明要实现与 IIR 相同的滤波效果，采用的 FIR 滤波器运算量要比 IIR 滤波器大很多。

8.3.4　FIR 滤波器的 DSP 实现

1. DSP 程序清单

```c
#include"math.h"
#define IIRNUMBER 11
float
fBn[IIRNUMBER]={-0.00726,0.01749,0.05282,-0.04315,-0.29557,0.55648,-0.29557,-0.04315,0.05282,0.01749,-0.00726};
float fIn[256],fOut[256];

main()
{
    int N=256,k,f1=300,f2=100;
    long double PI=3.1415,fs=800;
    double dt;
     dt=1.0/fs;
    for(k=0;k<N;k++)
    {
```

fIn[k]=sin((**double**)(2*PI*f1*k*dt))+sin((**double**)(2*PI*f2*k*dt))+sin((**double**)(2*PI*(f1+20)*k*dt));

  }

  while（1）

  {

    for(k=0;k<IIRNUMBER;k++)

    {

    fOut[k]=0;

    }//初始化输出数据为 0

    asm(" nop");//设置断点，这里是在 C 语言程序中插入汇编语句，nop 前面要加入空格，否则会出现错误

    for(k=IIRNUMBER-1;k<256;k++)

    {

    fOut[k]=fBn[10]*fIn[k-10]+fBn[9]*fIn[k-9]+fBn[8]*fIn[k-8]+fBn[7]*fIn[k-7]+fBn[6]*fIn[k-6]
+fBn[5]*fIn[k-5]+fBn[4]*fIn[k-4]+fBn[3]*fIn[k-3]+fBn[2]*fIn[k-2]+fBn[1]*fIn[k-1]+fBn[0]*fIn[k];

    }

  }

}

2. 调试过程

（1）选择 CCS 设置中"Tools→Graph→Dual Time"，设置如图 8-32 所示。

图 8-32　CCS 设置

（2）设置断点，并单击 ▶ 按钮两次，选择"Tools→Graph→FFT Magnitude"来观察实验结果，如图 8-33 所示，其设置如图 8-34 所示。

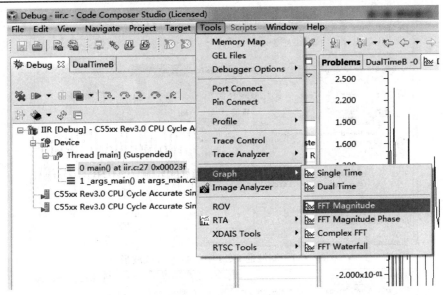

图 8-33　查看实验结果设置

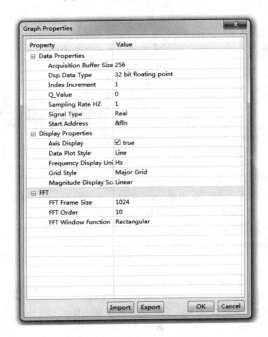

图 8-34　查看实验结果设置

3. 实验结果

实验结果如图 8-35～图 8-38 所示。

分析图形能够看出在时域滤波后波形比较整齐平滑，如图 8-35 所示，但是还是难以看到比较直观的滤波过程，区分度较差。频域分析可以比较直观的看到(如图 8-36 所示)，通过高通滤波之后，信号少了一个尖峰，代表着较低频率的波形被滤掉了，至此完成了 FIR 高通滤波的过程。

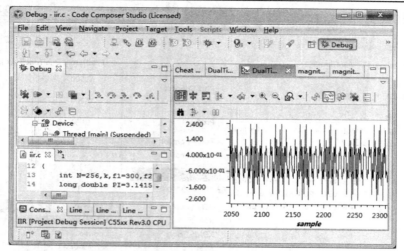

图 8-35　滤波前 CCS 中的数据时域波形

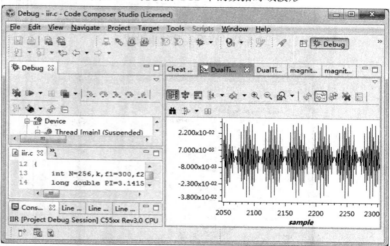

图 8-36　滤波前 CCS 中的数据频域波形

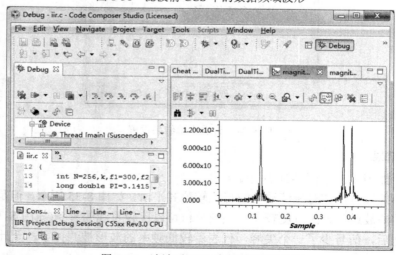

图 8-37　滤波后 CCS 中的数据时域波

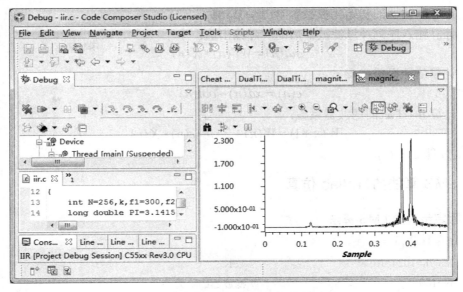

图 8-38　滤波后 CCS 中的数据频域波形

8.4　变步长 LMS 自适应滤波器算法

本节主要分析变步长 LMS 自适应滤波器算法的基本原理，并使用 Matlab 对其算法进行编程设计，给出了具体的程序实现，具有比较强的借鉴作用。固定步长 LMS(Least Mean Square)算法自适应滤波器在收敛速度、时变跟踪能力与稳态误差上对步长因子的要求存在矛盾。变步长 LMS 算法的步长因子是变化的，能够有效地避免此矛盾。在分析了两种变步长 LMS 算法的基础上，提出了全新的变步长算法，并在 MATLAB 环境中进行仿真，之后应用 DSP5509 评估板对其进行了 DSP 实现。仿真结果与 DSP 实现都表明：变步长 LMS 算法在一定程度上改善了收敛速度与稳态误差间矛盾，具有更快收敛速度与更小稳态误差。

8.4.1　LMS 自适应滤波器简介

自适应滤波的研究始于 20 世纪 50 年代末，Widrow 和 Hoff 等人最早提出了最小均方(LMS)算法。LMS 算法由于其结构简单，计算量小，易于实现实时处理，因此在噪声对消、谱线增强、系统识别等方面得到广泛应用。众所周知，超量均方误差直接与步长成比例，然而步长减小，收敛时间增大。变步长 LMS 算法的提出为解决超量均方误差和收敛速度之间的矛盾开辟了一条有效的途径。LMS 算法是在一个初始化值的基础上进行逐步调整得到的。因此，在系统进入稳定之前有一个调整的时间，这个时间受到算法步长因子 u 的控制，在一定值范围内，增大 u 会减小调整时间，但超过这个值范围时系统不再收敛，u 的最大取值为 R 的迹。权系数更新公式为

$$W(i+1) = W(i) + 2*u*e(i)*X(i) \tag{8-19}$$

依据上述算式，制定 LMS 滤波器设计实现方法为

(1) 设计滤波器的初始化权系数 $W(0)=0$，收敛因子 u。

(2) 计算输入序列经过滤波器后的实际输出值：

$$out(n)=WT(n)*X(n) \tag{8-20}$$

(3) 计算估计误差：

$$e(n)=xd(n)-out(n) \tag{8-21}$$

(4) 计算 $n+1$ 阶的滤波器系数：

$$W(n+1)=W(n)+2*u*e(n)*X(n) \tag{8-22}$$

重复过程(2)～(4)。

8.4.2　LMS 算法的 Matlab 仿真

1. 固定步长的 LMS 算法

1) 仿真程序清单

```
length=1024*16;                %数长
N=100;                         %滤波器的阶数
u=0.00001;                     %步长常数
t=0:2*pi/ (length-1):2*pi;
xd=[sin(2*pi*t)+sin(10*pi*t)]/2;    %期望信号
for i=1:100                    %假设信号输入以前，系统存储器中的值全为 0
xd(i)=0;
end
xnoise=sqrt(0.04)*randn(1, length);
x=xd+xnoise;                   %叠加噪声的实际输入信号
w=zeros(N,1);                  %初始化滤波器的权系数,创建一个 100 行，1 列的列向量
for i=1: 16284
out(i)=x(i:i+N-1)*w;           %输出序列在循环体内部实现，表明其自适应特性
e(i)=xd(i)-out(i);
w=w+2*u(i)*e(i)*x(i:i+N-1)';   %权系数更新
end
subplot(4,1,1)
plot(out)
title('滤波器输出')
hold on
subplot(4,1,2)
plot(xd)
title('期望信号')
subplot(4,1,3)
plot(x,'r')
title('输入信号')
```

```
        subplot(4,1,4)
        plot(e,'g')
        title('误差变化')
```

2) 程序分析

(1) 由于滤波器的权系数必须是依据输入序列来更新的，当输入序列未达到 $X(N)$ 时，由于部分存储器中没有数值或者造成滤波器输出误差只有 *length-N* 个，系数更新达不到要求，因此要对输入前的存储器进行赋零初始化。

(2) 由于自适应滤波器有一个调整时间，因此序列的长度 *length* 必须足够长，至少要大于滤波器的激励时间，否则滤波器输出都是无效数据，滤波器的设计也没有意义。

(3) 同等阶数条件下，**LMS** 自适应滤波器与维纳滤波器的效果相比，理论上应该自适应滤波器的效果较好，因为它是自适应的，在程序上表现为 *out* 的输出在 **LMS** 算法中是在循环程序内实现的，而维纳滤波器则是经过输入矩阵与系数相卷积实现的，系数是静态的。

3) 仿真结果及结果分析

(1) 输入信号是 $[\sin(2\pi t) + \sin(10\pi t)]/2$，信号长度为 1024×16，滤波器的阶数 $N = 100$，收敛因子 $u = 0.00001$ 的自适应滤波器仿真结果如图 8-39 所示。在本次仿真中，u 取值相对较小，因此误差信号收敛速度很慢，同时滤波器输出信号的调整时间也很长。

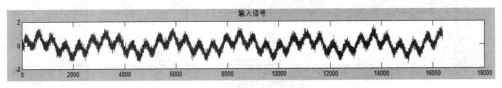

(a) 输入信号

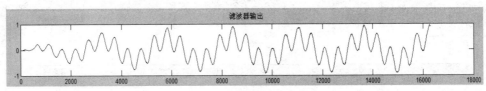

(b) 滤波器输出信号

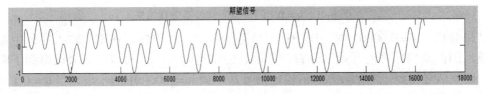

(c) 期望信号

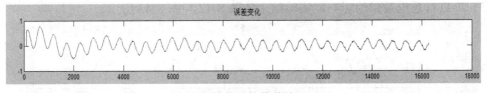

(d) 误差信号的收敛情况

图 8-39　$u = 0.00001$ 的自适应滤波器仿真结果

(2) 收敛因子变化对滤波器性能的影响依次取 $u = 0.001$ 和 $u = 0.1$ 时，自适应滤波器仿真结果如图 8-40 和图 8-41 所示。

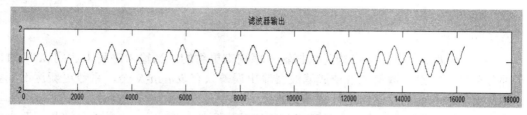

(a) 滤波器输出信号

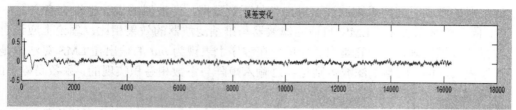

(b) 误差信号的收敛情况

图 8-40 $u = 0.001$ 的自适应滤波器仿真结果

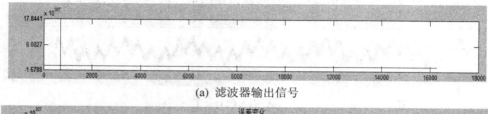

(a) 滤波器输出信号

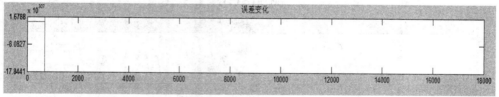

(b) 误差信号的收敛情况

图 8-41 $u = 0.1$ 的自适应滤波器仿真结果

结果分析：$u = 0.00001$ 时，图中误差信号的收敛速度很慢，在整个输入序列中都未完成调整，因此输出序列的开始部分有一个很长的调整时间。$u = 0.001$ 时效果得到了明显的改进，误差信号得到迅速的收敛，但输出信号却不如 $u = 0.00001$ 的平滑。当 $u = 0.1$ 时，系统无法实现收敛，u 的最大取值不能超过矩阵 R 的迹。

(3) 阶数对系统效果的影响，实验结果如图 8-42 和图 8-43 所示。

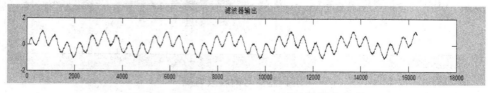

图 8-42 $N = 20$、$u = 0.001$ 时滤波器输出信号

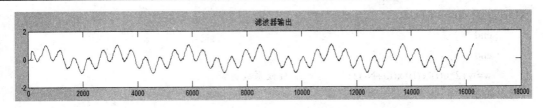

图 8-43　$N = 100$、$u = 0.001$ 时滤波器输出信号

$N = 20$ 时相对 $N = 100$ 的滤波效果要差，其信号中所含杂波成分较大，与维纳滤波器一样，随着滤波器阶数的提高，滤波器效果会得到改善。

综上所述，改善滤波器性能的方法：在满足收敛速度要求的条件下，适当地降低收敛因子，提高滤波器的阶数可以改善滤波器输出波的平滑型，但减小收敛因子可能会在很长一段时间产生一个较大的均方误差，所以收敛速度和滤波效果有一个矛盾，二者必须折衷选择。提高滤波器的阶数也可以改善滤波效果，但需要提高存储空间。

2. 改进变步长的 LMS 算法

1) 仿真程序清单

```
length=1024*16;                        %数长
N=100;                                 %滤波器的阶数
b=0.02;
a=30;
t=0:2*pi/ (length-1):2*pi;
xd=[sin(2*pi*t)+sin(10*pi*t)]/2;       %期望信号
for i=1:100                            %假设信号输入以前，系统存储器中的值全为 0
xd(i)=0;
end
xnoise=sqrt(0.04)*randn(1, length);
x=xd+xnoise;                           %叠加噪声的实际输入信号
rho_max = max(eig(x*x.'));             %输入信号相关矩阵的最大特征值
w=zeros(N,1);                          %初始化滤波器的权系数，创建一个 100 行，1 列的零向量
for i=1: 16284
out(i)=x(i:i+N-1)*w;                   %输出序列在循环体内部实现，表明其自适应特性
e(i)=xd(i)-out(i);
if(i==1)
u(i)=b*(1-exp(-1*a*e(i)*e(i)));
if(u(i)>rho_max)
    u(i)=rho_max;
end
else
u(i)=b*(1-exp(-1*a*abs(e(i))*abs(e(i-1))));
if(u(i)>rho_max)
```

```
        u(i)=u(i-1);
    end
    end
    w=w+2*u(i)*e(i)*x(i:i+N-1)';          %权系数更新
    end
    subplot(4,1,1)
    plot(out)
    title('滤波器输出')
    hold on
    subplot(4,1,2)
    plot(xd)
    title('期望信号')
    subplot(4,1,3)
    plot(x,'r')
    title('输入信号')
    subplot(4,1,4)
    plot(e,'g')
    title('误差变化')
```

2) 程序分析

书中采用改进自适应滤波算法的公式为

$$L(n) = B(1-\exp(-A|e(n)|2)) \tag{8-23}$$
$$L(n) = B(1-\exp(-A|e(n)|*|e(n-1)|)) \tag{8-24}$$

当采用式(8-23)对步长因子 $L(n)$ 进行调整时，由于 $e(n)$ 项的存在，$L(n)$ 不再是算法自适应状态的准确反应，在噪声和干扰比较严重的应用环境下，$N(n)$ 将影响 LMS 算法的性能，使自适应算法很难达到最优解，在最优解周围波动。为减小 $N(n)$ 对步长因子 $L(n)$ 的影响，式(8-24)对 VS-LMS 进行了改进，即用 $e(n)e(n-1)$ 来调节步长因子 $L(n)$，而不是 VSLMS 算法中的 $e^2(n)$。在自适应滤波的开始阶段，$e(n)$ 比较大，$L(n)$ 也比较大。由于噪声 $N(n)$ 不相关，$N(n)N(n-1)$ 对 $L(n)$ 的贡献很小，所以 $N(n)$ 对 $L(n)$ 的影响，可以忽略不计。当 $e(n)$ 较小时，$L(n)$ 也较小。由于改进算法的步长只与输入信号有关，而不受噪声影响。因此具有收敛速度快，稳态误差小的优点，而且在低信噪比的环境中仍保持较好的性能，具有更为广泛的用途。

3. 仿真结果及分析

改进变步长 LMS 算法的仿真结果如图 8-44 所示，收敛速度、稳态误差和计算复杂度是衡量一个自适应滤波算法性能优劣的 3 个主要参数。从统计的角度，分析了 VS-LMS 算法在低信噪比环境下，易受输入噪声影响的缺点，建立了步长因子 $u(n)$ 与误差信号 $e(n)$ 之间的另一种非线性函数关系，在低信噪比环境下，该算法具有比传统 LMS 算法更快的收敛速度，比 VS-LMS 算法有更小的稳态误差，抗噪声性能有明显地改善。特别是在低信噪比环境下，收敛性能明显好于 VS-LMS 算法。

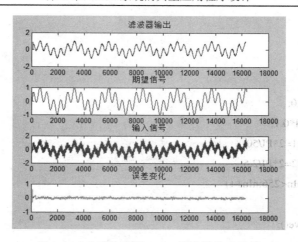

图 8-44　改进变步长 LMS 算法的仿真结果

8.4.3　LMS 算法的 DSP 实现

1. 固定步长的 LMS 算法

1) DSP 程序清单

```
#include"math.h"
#define IIRNUMBER 2
#define SIGNAL1F 1000
#define SIGNAL2F 4500
#define SAMPLEF   10000
#define PI 3.1415926
#define N 50
int nIn=0;
float u=0.001;
float fXn[IIRNUMBER]={ 0.0 };
float fYn[IIRNUMBER]={ 0.0 };
float fSignal1,fSignal2;
float fStepSignal1,fStepSignal2;
float f2PI;
int i;
float w[50]={0};
float xd[256],xnoise[256],x[256],x1[256];
float fIn[256],fOut[256],e[256];
float out[50],out1[200],out2[200];
void InputWave();
float shuchu(int d);
void jisuan(int d);
```

```
main()
{
    int t=0;
    f2PI=2*PI;
    fSignal1=0.0;
    fSignal2=PI*0.1;
    fStepSignal1=2*PI/50;
    fStepSignal2=2*PI/2.5;
    for(nIn=0;nIn<256;nIn++)
    {
        InputWave();
    }
    for(t=0;t<200;t++)                      //自适应
    {
        out2[t]=shuchu(t);
        e[t]=xd[t]-out2[t];
        jisuan(t);
    }
}
void InputWave()                            //产生期望信号和噪声
{
    for ( i=IIRNUMBER-1;i>0;i-- )
    {
        fXn[i]=fXn[i-1];
        fYn[i]=fYn[i-1];
    }
    fXn[0]=sin((double)fSignal1);
    fYn[0]=cos((double)fSignal2)/6.0;
    fSignal1+=fStepSignal1;
    if ( fSignal1>=f2PI )       fSignal1-=f2PI;
    fSignal2+=fStepSignal2;
    if ( fSignal2>=f2PI )       fSignal2-=f2PI;

    xd[nIn]=fXn[0];
    xnoise[nIn]=fYn[0];
    x[nIn]=xd[nIn]+xnoise[nIn];
}
float shuchu(int d)                         //计算滤波器输出
{
```

```
    for(i=0;i<50;i++)
    {
        out[i]=x[d+i]*w[i];
    }
    for(i=0;i<50;i++)
    out1[d]+=out[i];
    return out1[d];
}
void jisuan(int d)                //权系数更新
{
    for(i=0;i<50;i++)
      x1[d+i]=2*u*e[d]*x[d+i];
    for(i=0;i<50;i++)
    w[i]=w[i]+x1[d+i];
}
```

Cmd 文件：
```
-w
-stack 500
-sysstack 500
-l rts55x.lib

MEMORY
{
    DARAM:   o=0x100,   l=0x7f00
    VECT :   o=0x8000,  l=0x100
    DARAM2: o=0x8100,    l=0x200
    DARAM3: o=0x8300,   l=0x7d00
    SARAM:   o=0x10000, l=0x30000
    SDRAM:   o=0x40000,     l=0x3e0000
}
SECTIONS
{
    .text:      {} > DARAM
    .vectors:   {} > VECT
    .trcinit:   {} > DARAM
    .gblinit:   {} > DARAM
     frt:       {} > DARAM
    .cinit:     {} > DARAM
    .pinit:     {} > DARAM
```

```
    .sysinit:   { } > DARAM
    .bss:       { } > DARAM3
    .far:       { } > DARAM3
    .const:     { } > DARAM3
    .switch:    { } > DARAM3
    .sysmem:    { } > DARAM3
    .cio:       { } > DARAM3
    .MEM$obj:   { } > DARAM3
    .sysheap:   { } > DARAM3
    .sysstack   { } > DARAM3
    .stack:     { } > DARAM3
}
```

2) 实验结果

LMS 算法的 DSP 实验结果如图 8-45 所示。

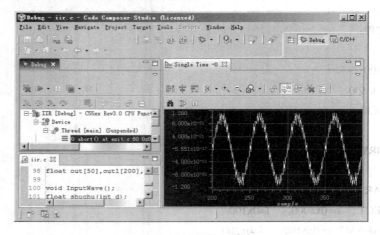

(a) 滤波器输入

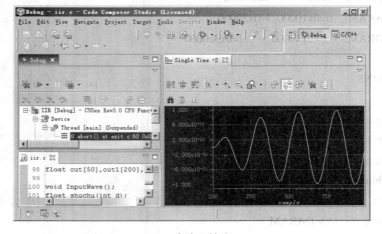

(b) 滤波器输出

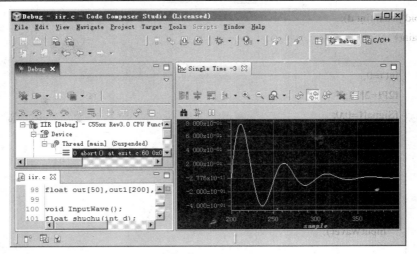

(c) 误差曲线

图 8-45　LMS 算法的 DSP 实验结果

2. 改进变步长的 LMS 算法

1) 仿真程序

```
#include"math.h"
#define IIRNUMBER 2
#define SIGNAL1F 1000
#define SIGNAL2F 4500
#define SAMPLEF    10000
#define PI 3.1415926
#define N 50
int nIn=0;
float b=0.005;
float a=20.0;
float fXn[IIRNUMBER]={ 0.0 };
float fYn[IIRNUMBER]={ 0.0 };
float fSignal1,fSignal2;
float fStepSignal1,fStepSignal2;
float f2PI;
int i;
float w[50]={0};
double u[200]={0};
float xd[256],xnoise[256],x[256],x1[256];
float fIn[256],fOut[256],e[256];
float out[50],out1[200],out2[200];
void InputWave();
float shuchu(int d);
```

```
void jisuan(int d);
main()
{
    int t=0;
    f2PI=2*PI;
    fSignal1=0.0;
    fSignal2=PI*0.1;
    fStepSignal1=2*PI/50;
    fStepSignal2=2*PI/2.5;
    for(nIn=0;nIn<256;nIn++)
    {
        InputWave();
    }
    for(t=0;t<200;t++)
    {
        out2[t]=shuchu(t);
        e[t]=xd[t]-out2[t];
        if(t==0)
        u[t]=10000*b*(1-exp(-1*a*e[t]*e[t]));
        else
        u[t]=b*(1-exp(-1*a*fabs(e[t])*fabs(e[t-1])));
        jisuan(t);
    }
}
void InputWave()
{
    for ( i=IIRNUMBER-1;i>0;i-- )
    {
        fXn[i]=fXn[i-1];
        fYn[i]=fYn[i-1];
    }

    fXn[0]=sin((double)fSignal1);
    fYn[0]=cos((double)fSignal2)/6.0;
    fSignal1+=fStepSignal1;
    if ( fSignal1>=f2PI )   fSignal1-=f2PI;
    fSignal2+=fStepSignal2;
    if ( fSignal2>=f2PI )   fSignal2-=f2PI;
    xd[nIn]=fXn[0];
    xnoise[nIn]=fYn[0];
```

```
    x[nIn]=xd[nIn]+xnoise[nIn];
}
float shuchu(int d)
{
    for(i=0;i<50;i++)
    {
       out[i]=x[d+i]*w[i];
    }
    for(i=0;i<50;i++)
    out1[d]+=out[i];
    return out1[d];
}
void jisuan(int d)
{
    for(i=0;i<50;i++)
     x1[d+i]=2*u[d]*e[d]*x[d+i];
    for(i=0;i<50;i++)
    w[i]=w[i]+x1[d+i];
}
```

Cmd 文件:

```
-w
-stack 500
-sysstack 500
-l rts55x.lib
MEMORY
{
    DARAM:   o=0x100,  l=0x7f00
    VECT :   o=0x8000,  l=0x100
    DARAM2: o=0x8100,    l=0x200
    DARAM3: o=0x8300,  l=0x7d00
    SARAM:   o=0x10000,l=0x30000
    SDRAM:   o=0x40000,  l=0x3e0000
}
SECTIONS
{
    .text:    {} > DARAM
    .vectors: {} > VECT
    .trcinit: {} > DARAM
    .gblinit: {} > DARAM
     frt:     {} > DARAM
```

```
    .cinit:    {} > DARAM
    .pinit:    {} > DARAM
    .sysinit: {} > DARAM
    .bss:      {} > DARAM3
    .far:      {} > DARAM3
    .const:    {} > DARAM3
    .switch:   {} > DARAM3
    .sysmem:   {} > DARAM3
    .cio:      {} > DARAM3
    .MEM$obj: {} > DARAM3
    .sysheap: {} > DARAM3
    .sysstack {} > DARAM3
    .stack:    {} > DARAM3
}
```

2) 实验结果

改进变步长的 LMS 算法的 DSP 实验结果如图 8-46 所示。

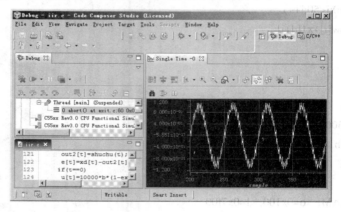

(a) 滤波器输入

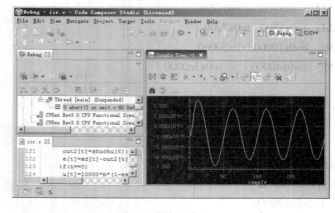

(b) 滤波器输出

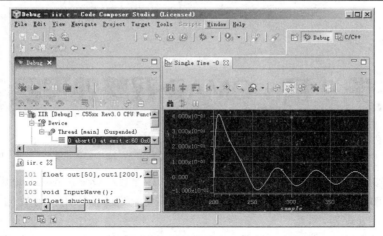

(c) 误差曲线

图 8-46　改进变步长的 LMS 算法的 DSP 实验结果

　　通过固定步长与变步长的 DSP 软件仿真结果对比可看出，在低信噪比环境下，改进算法具有比传统 LMS 算法更快的收敛速度，比 VS-LMS 算法有更小的稳态误差，抗噪声性能有明显地改善，特别是在低信噪比环境下，收敛性能明显好于 VS-LMS 算法。有效地克服了固定步长 LMS 算法在收敛速度与稳态误差对步长因子需求的矛盾，优化了自适应滤波器的性能，滤波效果明显。

本 章 小 结

　　本章详细介绍了 FFT、IIR 滤波器，FIR 滤波器和改进变步长的 LMS 算法从 Matlab 到 DSP 完整的仿真程序设计过程和代码的编写的问题，有助于读者更加容易的学习 DSP 应用程序的开发，希望这些设计过程能给读者以启发。

思 考 题

1．FFT 算法处理速度快的决定性因素是什么？
2．频率抽取基 2 算法与时频抽取基 2 算法的区别是什么？
3．在编程过程中，滤波器的特性(带通、低通、高通等)由什么决定？
4．FIR 滤波器与 IIR 滤波器的区别是什么？
5．LMS 算法存在哪些不足，有哪些改进思路？
6．LMS 算法可以处理哪些噪声？

第 9 章　OMAP 双核处理器

德州仪器 (TI) 公司的开放式多媒体应用平台 (Open Multimedia Application Platform,OMAP)是一种为满足移动多媒体信息处理及无线通信应用而开发出来的高性能、高集成度嵌入式处理器。

本章介绍了 OMAP 双核处理器的软硬件结构及其发展过程中的 5 代处理器,并具体介绍 OMAP4470、OMAP5430、OMAP5912、OMAP-DM5x 协处理器及 OMAP-Vox 家族芯片的特点及性能。

9.1　OMAP 的体系结构

9.1.1　OMAP 体系及发展趋势

TI 公司于 1999 年 5 月推出 OMAP 架构。OMAP310 与 OMAP710 处理器是两种单核产品,仅集成了 TI-enhanced ARM925。对于不要求 DSP 性能的低处理密度的无线设备,这两种产品可提供一种可选的替代方案。OMAP1510 为 OMAP 平台的主力处理器,该器件将适合于加速应用的超低功耗数字信号处理器(DSP)与适于控制的 TI-enhanced ARM925 及高级操作系统(OS)功能相集成。

1. OMAP 1 代处理器

真正的第一代移动智能终端处理器 OMAP 1 是德州仪器公司于 2003 年推出的,具体产品只有 OMAP1710 这一款。OMAP1710 是当时业界第一款采用 90 nm 工艺制程技术的处理器产品,它包括一个基于 ARM926TEJ V5 架构的处理器,一个 TMS320C55x DSP 引擎(使得运行程序和通话互不影响)以及一系列用于处理视频编解码、静态图像压缩、JAVA 和安全性的软件和硬件加速器。

OMAP1710 所集成的 ARM926 架构处理器主频最高为 220 MHz,拥有 32 kB 的指令缓存以及 16 kB 的数据缓存,支持 JAVA 硬件加速功能,其内置的内存控制器最大可支持 128 MB DDR 内存,综合性能方面相比前代产品提升了 40%。而得益于其采用的低压 90 nm 制程技术,处理器已经可以在 1.05 V～1.3 V 之间动态调整,待机状态下的耗电量仅为 10 mA·h,并且还为应用处理、数字基带和实时时钟提供独立电源,以便于对功耗进行精确控制。图 9-1 所示为 OMAP1710 芯片方框图。

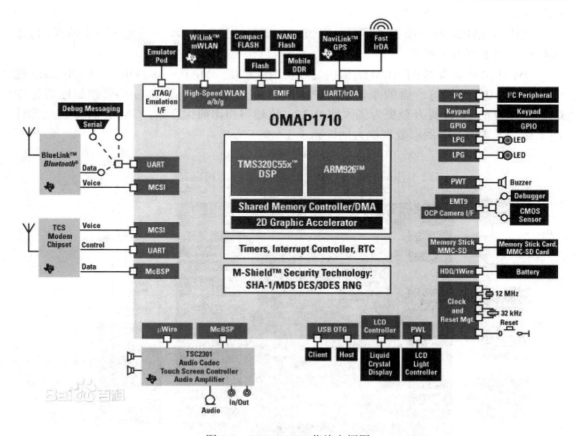

图 9-1　OMAP1710 芯片方框图

2. OMAP 2 代处理器

在 OMAP 1 代处理器推出两年之后，TI 公司就在前代产品的基础上推出了更为强大的 OMAP 2 代处理器，该系列产品型号包括 OMAP2420、OMAP2430 以及 OMAP2431。

相比前代产品，OMAP 2 代虽然继续沿用低压 90 nm CMOS 工艺制程技术，但集成了更为先进的 ARM11 架构处理器内核，支持当时所有的移动电话标准，并兼容任何调制解调器芯片组，具有并行处理的优点。

OMAP2420 除了集成有最高主频为 330 MHz 的 ARM11 处理器内核之外，还拥有 TI 的 220 MHz TMS320C55x 型 DSP 引擎、2D/3D 图形加速器、高级 IVA1 成像视频和音频加速器等。系统硬件可支持蓝牙、红外和高速 USB 传输，兼容 A-GPS 定位功能，还可利用 WLAN 功能无线上网，并支持第三方 SD、MMC 存储卡扩展。图 9-2 所示为 OMAP2420 芯片方框图。

而在图形处理方面，OMAP2420 嵌入了 Imagination Technologies 公司研发的 POWERVR MBX 型 GPU，首次支持 OpenGL ES 1.1 以及 OpenVG 标准。其内置的专用 2D/3D 图形加速器每秒可生成两百万个多边形，能处理 400 万像素甚至更高的静态图片。而其集成的高级 IVA1 加速器还可协助 OMAP2420 最多支持 400 万像素摄像头，实现 30 帧/秒的 VGA(480 × 640 像素)视频记录，并能提供接近 Hi-Fi 级的 3D 环绕音效，而且还支持 TV-OUT

输出功能。

虽然 OMAP2430 依旧集成了专用的 2D/3D 图形硬件加速器，但性能却有所缩水，降低为每秒处理 1 百万个多边形。

OMAP2431 所集成的 ARM11 架构处理器主频已由 OMAP2420/2430 上的 330 MHz 提升至 434 MHz。值得一提的是，OMAP2430/2431 上的 IVA 影像与音视频加速器也由 OMAP2420 的 IVA1 提升至更为强大的 IVA2，这使得相比前代产品，OMAP2420 在视频性能上提高了 4 倍，而图形处理能力则提高了 1.5 倍。

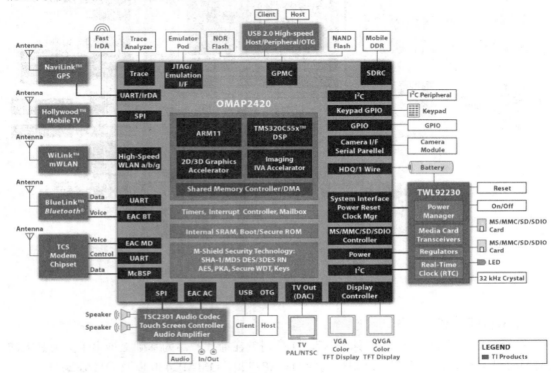

图 9-2　OMAP2420 芯片方框图

3. OMAP 3 代处理器

TI 的 OMAP3 平台包括早期推出的 OMAP34XX(3410/3420/3430)系列以及后续的 OMAP36XX(3610/3620/3630/3640)系列处理器，其中 OMAP3430 最为引人关注。

OMAP3430 率先集成了 ARM 公司基于 ARMv7 指令集研发的最新 Cortex-A8 架构处理器，主频最高为 600 MHz，最高支持 256 MB DDR 内存。由于 TI 完全采用 ARM 公司提供的内核架构，并没有修改，因此 OMAP3430 也成为业界第一款集成 Cortex-A8 架构内核的量产处理器芯片，相比此前的 ARM11 架构处理器在整体性能方面提升了三倍。

同时，OMAP3430 也是业界第一款采用 65 nm 工艺制程的处理器，更先进的制程技术使得 OMAP3430 在降低内核电压进而降低功耗的同时带来更为高效的性能。而在多媒体方面，OMAP3430 集合了更先进的 IVA2+加速器，使得在多媒体处理方面可比前代提升 4 倍之多，可支持 MPEG4、H.264 等 DVD 视频的编解码，分辨率最高可达到 720P。此外，OMAP3430 也嵌入了 Imagination POWERVR SGX530 GPU 芯片，并支持 OpenGL ES 2.0

和 OpenVG 标准 API 接口规范，而其内置的 2D/3D 图形硬件加速器可以提供更加逼真的用户界面和游戏画面效果。另外，OMAP3430 还内置有 ISP 图形信号处理器,既可以提供图像质量又可减少外部组件，从而降低系统成本和整体功耗，OMAP3430 最高可支持 1200 万像素的摄像头以及 XGA 级(1024 × 768 像素)系统显示。

在功耗方面，OMAP3430 搭载了 TI 独有的电源管理技术，通过 SmartReflex 技术可以根据设备活动、操作模式和温度来动态控制内核电压、频率和功率，进而降低处理器整体功耗。

需要注意的是，由于 65 nm 制程技术对于 Cortex-A8 架构处理器来说在功耗控制上仍有不可控的问题,因此 TI 将 OMAP3430 所集成的 SGX530 GPU 运行频率由默认的 200 MHz 降至 110 MHz。

后续推出的 OMAP36xx 系列处理器虽然也集成了 ARM Cortex-A8 架构处理器，但芯片本身采用了更为先进的 45 nm 工艺制程技术。先进的工艺制程技术不仅让芯片本身拥有更小的发热和耗电，在性能方面也得到了充分发挥。这其中 OMAP3610/3620/3630 处理器的默认主频已提升至 720 MHz，而 OMAP3640 更是提升至 1 GHz，最大限度地发挥了 Cortex-A8 架构的性能。

图 9-3 所示为 OMAP3410 芯片方框图。

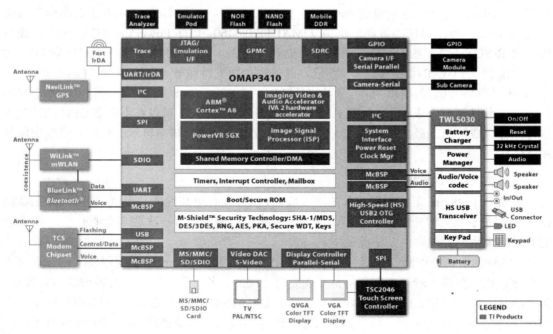

图 9-3　OMAP3410 芯片方框图

4．OMAP 4 代处理器

TI 公司也发布的OMAP4系列双核处理器平台,具体产品包括OMAP4430/4440/4460/4470。OMAP4 系列集成有双核心 ARM Cortex-A9MP 架构处理器，默认主频从 1 GHz～1.8 GHz 不等。相比之前的 Cortex-A8 架构在整体性能上提升了 1.5 倍，在工艺制程技术方面则依旧沿用了 45 nm 工艺。这其中 OMAP4430 的默认设计主频为 1 GHz，拥有 1 MB 二级缓存,内存方面支持双通道 LPDDR2 1066。而在 GPU 方面更是搭载了超频版的 PowerVR SGX540，运行频率由默认的 200 MHz 提升至 300 MHz，拥有支持包括 OpenGL ES v2.0、OpenGL ES v1.1、OpenVG v1.1 和 EGL v1.3 等主要 API，相比先前的 SGX530，在整体性能方面提升了 2 倍之多。另外，OMAP4430 还集成了包括 ISP 图像信号处理器以及 IVA 3 多媒体加速器，可实现 1080P 多标准视频的编解码功能。

在 2010 年末，TI 公司发布了最新的 OMAP4440 处理器，虽然同样采用双核心 Cortex-A9MP 架构处理器，但处理器主频已由 OMAP4430 的 1 GHz 提升至 1.5 GHz，同时还集成了两个 Cortex-M3 核心，用于在更高的能效下处理高时效性应用以及任务管理工作，其中也包括 PowerVR SGX540 图形显示核心。在升级配置后，其图形性能有了 25% 的提升，网页载入时间可减少 30%，1080P 视频播放性能提升一倍。

2011 年上市的 OMAP4460 处理器则进一步在 OMAP4430 的基础上提升了 CPU 和 GPU 运行频率，其他方面则基本与 OMAP4430 保持一致。而 TI 处理器长久以来稳定的效能表现和良好的兼容性也在 OMAP4460 上得到继承。

2012 年在 CES 大会上最新发布的 OMAP4470 处理器采用智能型多内核架构，在保持低功耗的同时最大限度提升产品性能。处理器不仅同样集成双核心 Cortex-A9MP 处理器，同时也集成了两个 266 MHz 的实时电源效率 Cortex-M3 核心，这其中 CPU 主频更是提升到了 1.8 GHz，并且支持双通道 466 MHz LPDD2 内存，相较 OMAP4430 在页面浏览效果上提升 80%。而图形核心方面，也由 OMAP4430/4460 上的 PowerVR SGX 540 升级为 PowerVR SGX 544，基于渲染管线的成倍提升以及 384 MHz 的 GPU 频率，OMAP4470 的图形性能相比 OMAP4430 已提升 2.5 倍，此外也全面支持微软 Direct X 9、OpenGL ES、OpenVG 与 Open CL 等 API 标准，开始支持 ARM 版 Windows 8 系统平台。另外，OMAP4470 还加入了硬件图形合成引擎，内置了独立的 2D 图形显示核心，可以在不需要 GPU 的情况下进行图像合成输出，最大可提供 QXGA(1536×2048 像素)分辨率显示、3 屏高清输出以及 HDMI 3D 立体支持。

5. OMAP 5 代处理器

随着基于 28 nm 工艺制程技术的逐步成熟，以及拥有更高性能和更低功耗设计的 ARM Cortex-A15 多核架构处理器的发布，移动处理器芯片领域将再一次迎来全面升级，TI 最新的 OMAP5 系列处理器也就由此诞生。

OMAP5 系列处理器均采用目前业界最先进的低功耗 28 nm 工艺制程技术，包含有各种内核，其中包括 ARM Cortex-A15 多核架构处理器、多个图形内核以及各种专用处理器。为了满足不同的需求，OMAP5 系列主要包括 OMAP5430 以及 OMAP5432 两款产品，它们在大体架构上并无区别，只是封装尺寸、内存通道控制以及外部 I/O 等方面稍有不同。其中，OMAP5430 主要针对智能手机、平板电脑等设备，而 OMAP5432 则针对尺寸偏大的诸如笔记本电脑等设备。

OMAP5430 拥有两个最高主频可达 2 GHz 的 ARM Cortex-A15 内核处理器，以及两个可实现低功耗负载和实时相应的 ARM Cortex-M4 处理器，支持双通道 LPDDR2 内存 (OMAP5432 支持双通道 DDR3/DDR3L 内存)。由于 28 nm 工艺的 Cortex-A15 相比于 40 nm 工艺的 Cortex-A9，不仅单线程运算效能提升 1.5 倍，而且浮点运算性能也提升 1.6 倍，这使得该芯片在整体性能上相比上一代提升了近 3 倍。

在视频方面,OMAP5430 内置有 IVA3 HD 多媒体加速器,保证其能够轻松应付 1080P60 帧全高清视频的编解码以及 1080P30 帧 3D 立体电影的编解码。其内置的多核成像和视觉处理单元,能够让 OMAP5430 最大支持 2400 万像素的静态图片拍摄以及 1080P 全高清视频拍摄功能。在图形处理方面,OMAP5430 集成了 PowerVR SGX544-MP2 多核心 GPU。在功耗控制方面,OMAP5 平台上全新多核心管理架构可以让多核心分配处理更加智能有效,而 TI 的 SmartReflex 3 能源管理技术则更进一步保证 OMAP5 芯片能够在低功耗下实现高性能。

此外,OMAP5 平台组件还可提供包括 WiLink 无线链接、电池管理以及音频管理等功能。

9.1.2　OMAP 平台的开放式软硬件架构

1. OMAP 的双核结构

OMAP 在一块硅片上无缝地集成了一个以 ARM 精简指令处理器(RISC)为核的软件子结构,以及一个高性能、超低功耗的 T1TMS320C55x 系列数字信号处理器(DSP),且为二者开辟了共享的存储结构,以方便数据交换。OMAP 的硬件结构如图 9-4 所示。其能高效地处理多媒体信号,实时解码数据流,例如,处理 MP3 格式的音频流和 MPEG4 格式的视频流,而消耗的功率比最好性能的 RISC 处理器还要小很多。在 OMAP 结构中,RISC 处理器主要用来实现对整个系统的控制,包括运行操作系统、界面控制、网络控制和 DSP 数据处理的控制

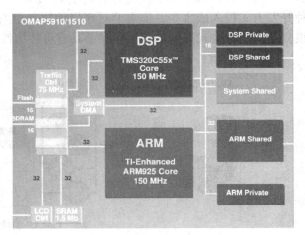

图 9-4　OMAP 的硬件结构

等;DSP 子系统则主要用来实现各种媒体数据的高效处理,包括文本、音频、视频等。

OMAP5910 硬件平台采用双核技术来提高操作系统的效率和优化多媒体代码的执行。实时性任务,如实时视频通信等由 DSP 完成,非实时性任务和系统控制工作,如界面交互等则由 ARM 核完成。例如,使用者在进行视频通信时可以同时使用操作系统上的 Word、Excel 等应用软件。OMAP 通过对实时密集型任务及控制功能进行优化,将 ARM RISC 处理器(适用于协调与控制)与 DSP(计算密集型信号处理任务的理想选择)集成在一起,既可发挥各自的优势独立工作,又可通过处理器之间特殊的通信机制协调处理,从而发挥整体的最大效能,达到完美的统一。这种芯片级的混合设计,增大了运行的可靠性,降低了系统的体积和功耗,使它成为便携式仪器设计的首选核心处理器。

2. OMAP 的软件结构

OMAP 支持多种实时多任务操作系统(Linux、Windows CE 等)在微处理器(ARM)上工作,操作系统可以对系统下的任务提供调度机制,使用实时调度算法完成调度任务;操作

系统还提供内存管理界面，用以简化任务中需要的操作。在使用操作系统之后，可以方便地定制任务，并与操作系统一起发布到系统中，成为完整的嵌入式系统。操作系统能够提供统一的应用程序开发接口，便于系统升级和二次开发，免去了以前嵌入式系统开发过程中的底层工作，使得开发速度变快。另外在使用操作系统时，可以根据需要定制网络协议栈，适应各种网络环境的需求，也便于同步跟上网络协议更新的步伐。操作系统构建了系统应用程序和硬件平台之间的桥梁，但它需要 BSP 底层软件的支持，类似于 PC 机的 BIOS。通常，嵌入式系统中的系统程序(包括操作系统)和应用程序是浑然一体的，这些程序被编译链接成一个可执行的二进制映像文件(image)，这个二进制文件被固化在系统中，在系统复位后自动执行。嵌入式系统的开发系统和实际运行的系统并不相同，需要交叉编译环境和适当的调试工具。

　　我们也可以对 OMAP 平台直接编程使用，所有软件都要求用户自己编写，不需要专用的嵌入式操作系统的支持。实际上工程师在编写软件时，已经把应用程序和操作系统结合到了一起，任何程序都是先进行各种初始化(相当于操作系统)，然后在执行应用程序。这种开发方式投入成本少，但需要对底层硬件有相当的了解，并且系统所针对的任务也不是很复杂。这种方式开发的应用程序不具有可移植性。

　　OMAP 的软件系统如图 9-5 所示。

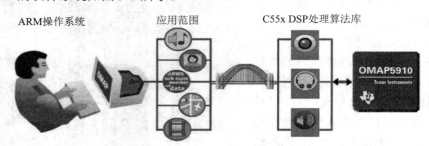

图 9-5　OMAP 的软件系统

　　OMAP 也支持多种实时多任务操作系统(DSP/BIOS、OSE)在 DSP C55x 上工作，实现复杂的信号处理。DSP/BIOS 桥包含 DSP 管理器，DSP 管理服务器，RAM、DSP 和外围接口链接驱动器。这种 DSP/BIOS 桥提供通信管理服务：应用软件在 ARM 上运行、算法软件在 DSP C55x 上运行， DSP/BIOS 桥提供它们之间的通信。开发者能够利用 DSP/BIOS 桥中的应用编程接口(API)，控制在 DSP 中实时任务的执行，并同 DSP 交换任务运行结果和状态消息。因此，高水平开发者不必精通 DSP 或 DSP/BIOS 桥，就能开发新的应用软件。一旦使用标准 API 开发出应用软件，它将与基于 OMAP 平台的手持设备兼容。

9.2　OMAP4470 处理器

　　OMAP 4470 处理器专为智能手机、平板电脑和其他具有丰富多媒体功能的移动设备而设计，使用 IVA 3 硬件加速器，能够实现全高清 1080p、多标准视频编码/解码，更快、更高品质的图像和视频捕捉功能，具有高达 2000 万像素的仿单反(SLR-like)成像能力。具有对称多处理(SMP)功能的双核 ARM&reg；Cortex™-A9 MPCore™。集成的 POWERVR™

SGX540 图形加速器可驱动 3D 游戏和 3D 用户界面。

2012 年上市的 OMAP4470 采用双核心 ARM Cortex-A9 MP 处理器,同时还集成了两颗 266 MHz 的 ARM Cortex-M3 核心,主频高达 1.8 GHz。图形核心也从 OMAP4430/4460 的 PowerVR SGX 540 更换为更强大的 PowerVR SGX544。

OMAP4470 应用处理器具有以下特性:

(1) 主频可达 1.8 GHz 的两颗 ARM Cortex A9 MPCores。

(2) 两颗 ARM Cortex-M3 内核。

(3) SGX544 图形处理内核。

(4) 含专用 2D 图形内核的硬件构成引擎。

(5) 显示子系统。

(6) 双通道 466 MHz LPDDR2 内存。

(7) 完整的引脚对引脚软硬件兼容性。

OMAP4470 应用处理器具有以下优势:

(1) 网页浏览性能提升 80%。

(2) 低功耗与实时响应的智能型多内核处理。

(3) 图形性能提升 2.5 倍,支持 DirectX、OpenGL ES 2.0、OpenVG 1.1 及 OpenCL 1.1。

(4) GPU 无须管理大量图形的作业,达到最大的节能效果。

(5) 支持三个高画质屏幕,达到 QXGA (2048x1536)分辨率,HDMI 支持立体 3D。

基于渲染管线的成倍提升,再加上 GPU 频率设定为与 OMAP4460 相同的 384 MHz, OMAP4470 的理论图形性能可达到 OMAP4430 的 2.5 倍。

OMAP4470 的另一项革新在于加入了硬件图像合成引擎,内置了独立的 2D 图形核心, 可以在不需要 PowerSGX 544 参与的情况下进行图像合成输出,驱动大屏幕显示并同时保 持低功耗,支持如 2048x1536 分辨率的高分辨率屏幕,HDMI 1.4a 3D 输出。

由于 OMAP4470 具备高级图形架构,因此客户能够运用最高支持 QXGA (2048x1536) 的未来尖端显示技术。此款全新应用处理器可呈现绝佳的高清用户界面,同时支持三个高 画质屏幕,而且多层图像及视频组合能力是其他同类型解决方案的两倍,新一代操作系统 的多样化用户界面正需要如此的效果。如此的功能得力于硬件组合引擎,其中包含专用 2D 图形内核、高精密显示子系统以及双通道 LPDDR2 内存,该内存能以 7.5 GB/s 的处理能 力来实现图形以及/或视频数据输出。因此当执行绘图程序时,将动作交给更具电源效率的 硬件子系统,使 GPU 不再受限于执行如游戏或 widget 制作等大量图形的运作。

9.3　OMAP5430 处理器

OMAP5430 的主要优势有:

(1) 专为驱动智能电话、书写板和其他具有丰富多媒体功能的移动设备而设计。

(2) 多核 ARM® Cortex™处理器。

(3) 两个 ARM Cortex-A15 MP 内核处理器均具有高达 2 GHz 的速度。

(4) 两个 ARM Cortex-M4 处理器可实现低功耗负载和实时响应。

(5) 多核 POWERVR™ SGX544-MPx 图形加速器可驱动 3D 游戏和 3D 用户界面。

(6) 专用 TI 2D BitBlt 图形加速器。

(7) IVA-HD 硬件加速器可实现全高清 1080p60、多标准视频编码/解码和 1080p30 立体电影 3D(S3D)。

(8) 更快、更高品质的图像和视频捕捉功能,具有高达 2400 万像素(或 1200 万像素 S3D)成像和 1080p60(或 1080p30S3D)视频功能。

(9) 支持四个摄像机和四个显示屏同时工作。

(10) 封装和内存:14 mm × 14 mm、0.4 mm 间距 PoP 双通道 LPDDR2 内存。

表 9-1　OMAP5430 处理器的特性

特　性	可实现的功能
28 纳米 CMOS 低功耗处理	最高级别的处理器性能和最低功耗
具有对称多处理(SMP)功能的多核 ARM 架构,包含 2 个 ARM Cortex-A15 MP 内核处理器和 2 个 ARM Cortex-M4 处理器	① 更高移动计算性能 ② 性能在上一代基础上提高了 2~3 倍 ③ 更快的用户界面和更低功耗 ④ SMP 的可扩展性能只会激活特殊工艺所需的内核 ⑤ 管理程序中的硬件虚拟功能可实现低功耗和高性能,支持多种访客操作系统(OS)
IVA 3 HD 多媒体加速器	① 全高清 1080p60 多标准视频编码/解码 ② 硬连线解码器可在低功耗级别下提供高性能 ③ 可编程 DSP 为未来编解码器提供了灵活性 ④ 支持高清立体电影 3D 编码/解码(1080p30)
Multi-Imagination Technologies 的 POWERVR™ SGX544-MPx 图形内核	① 性能在上一代基础上提高了 5 倍 ② 引人注目的 3D 图形界面 ③ 支持更高每秒帧速度下的超大屏幕,并且功耗比以前的内核更低 ④ 支持所有主要 API,其中包括:OpenGL® ES v2.0、OpenGL® ES v1.1、OpenCL v1.1、OpenVG v1.1 和 EGL v1.3
多核成像和视觉处理单元	① 增强图像质量,高达 2400 万像素 2D 或 1200 万像素 S3D ② 更快的系统性能 ③ 更少的外部组件 ④ 更低的系统成本 ⑤ 更低的系统功耗
M-Shield™移动安全技术借助 ARM TrustZone®支持得到了增强,并且基于开放的 API	① 内容保护 ② 事务安全 ③ 安全网络访问 ④ 安全闪存和引导 ⑤ 终端身份保护 ⑥ 网络锁定保护
SmartReflex™ 3 技术	① 进一步降低功耗 ② 根据设备活动、操作模式和温度来动态控制电压、频率和功率 ③ 超低电压保持支持

续表

特　性	可　实　现
TI 电源管理/音频编解码器配套设备支持	① 最大限度地延长了电池寿命 ② 提高了系统性能 ③ 显著减小了电路板面积和系统成本 ④ 高效管理能耗和音频功能
低功耗音频	提供超过 140 小时的 CD 质量音频播放
完整软件套件	① 加快上市时间 ② 更低的研发成本 ③ 确保在客户手持终端中实现最高性能

OMAP5430 支持以下功能：

- 多达 4 种同步、高分辨率、色彩丰富的 LCD 显示支持。
- HDMI 1.4a 输出可驱动 HD 显示屏，包括 S3D。
- MIPI 串行摄像机和串行显示接口。
- MIPI SLIMbus。
- MMC/SD。
- USB 3.0 OTG 超高速，具有集成 PHY 接口。
- 完整软件套件支持所有主要移动操作系统，它经过完全集成和现实使用情况测试，旨在减少开发时间和成本。
- OMAP 开发者网络提供程序和媒体组件，供制造商开发能够快速推向市场的独特产品。

表 9-2 为 OMAP5430 与 OMAP5432 的特性比较。

表 9-2　OMAP5430 与 OMAP5432 特性比较

	OMAP5430	OMAP5432
目标市场	区域敏感型应用(智能电话、书写板)	低成本应用(移动计算、消费产品)
处理节点	28 纳米低功耗处理	
ARM® Cortex™-A15 时钟速度(两个)	2 GHz	
2D 和 3D 图形	多核、硬件加速	
视频性能(2D)	1080p60 多标准	
视频性能(3D)	1080p30 多标准	
成像性能	高达 24MP (MIPI CSI-3+ 3 个 MIPI® CSI-2+ CPI 接口)	高达 20MP (3 个 CSI-2+ CPI 接口)
内存支持	2 个 LPDDR2	2 个 DDR3/DDR3L
外设支持	UART(6 个)、HSIC(3 个)、SPI(4 个)、MIPI UniPort^SM-M、MIPI® LLI、HSI(2 个)	UART(5 个)、HSIC(2 个)、SPI(3 个)、MIPI® UniPortSM-M、MIPI® LLI、HSI
封装	14 mm × 14 mm PoP 980 焊球 0.4 mm 间距(240 焊球、0.5 mm PoP)I/F	17 mm × 17 mm BGA 754 焊球 0.5 mm 间距(具有 depop)

9.4　OMAP5912 处理器

　　OMAP5912 处理器是由 TI 应用最为广泛的 TMS32C055x DSP 内核与低功耗、高性能的 ARM926EJ-S 微处理器组成的双核处理器。基于双核结构，OMAP5912 具有极强的运算能力和极低的功耗，其中 ARM926 可满足控制和接口方面的处理需要，C55x 系列可提供对低功耗应用的实时多媒体处理的支持。因此，一方面，OMAP5912 产品性能高、省电，另一方面，同其他 OMAP 处理器一样，采用开放式、易于开发的软件设施，支持广泛的操作系统，如 Linix、Windows、WinCE、PalmOS、Vxworks、Java 等。其高性能的特性能够完全满足下一代嵌入式设备应用的需要，能广泛应用于手机通信(Bluetooth、GSM、GPRS、EDGE、CDMA)、视频和图像处理(H.264、MPEG-4、JPEG 等)、高级语音应用(tts、语音识别等)、音频处理(MP3、WMA、AAC、GSM 语音解码等)和图像视频加速等。总之，OMAP5912 处理器有如下特点：

　　(1) 高性能。OMAP5912 处理器采用低功耗、高性能的 32 位 ARM926EJ-S 内核和 TMS320C55x DSP 内核，多电源管理模式，双内核电压供给为 1.6 V，工作频率最高达 192 MHz；采用 5 级的整数流水线结构；支持多媒体处理技术，增强了对视频和音频的解码能力。

　　(2) ARM926EJ-S 内核具有 16 KB 指令和 8 KB 数据 Cache，集成 MMU，两个 64 位输入翻译后备缓冲器；MPU 端外围设备包括 3 个 32 位计数器，USB1.1 主从控制器，3 个 USB 接口，针对 CMOS 传感器的照相机接口，实时时钟，键盘接口(6×5 或 8×8)，MMC 和 SD 卡接口，16/18 位 LCD 控制器，支持专用的 LCD DMA 方式，并支持 SNTP(passive monochrome，俗称单彩)、TFT(active color，俗称真彩)和 STN(passive color，俗称伪彩)显示。

　　(3) TMS320C55xDSP 内核具有 24 KB 的指令 Cache；双乘法器；5 条内部总线；64 KB 的 DARAM；96 KB 的 SARAM；针对 DCT、DiCT、像素插值和动态补偿的视频硬件加速器；DSP 端外围设备包括 3 个 32 位计数器、6 路 DMA 控制器、2 个 MeBSP 和 2 个 MCSIs。

　　(4) 250 KB 的共享内部静态存储器。

　　(5) 16 位的 EMIFS 支持最大到 256 MB 的外部存储(异步 ROM/RAM，NOR/NAND FLASH)；16 位的 EMIFF 支持最大到 64 MB 的 SDRAM、Mobile SDRAM 或者 Mobile DDR)。

　　(6) 时钟控制。时钟源：32.768 kHz 的振荡器；12 MHz、13 MHz 的振荡器；可编程的内核锁相环。

　　(7) 电源管理。针对 DSP 和 MPU 独立的省电模式。

　　(8) 封装形式。289 脚 ZZG BGA 封装或 ZDY BGA 封装。

　　OMAP5912 采用独特的双核结构。ARM 处理器可用来实现各种通信协议、控制和人机接口；DSP 具有多条数据地址总线，非常适合数据密集的多媒体处理(如视频编解码)，并具有极低的功耗。为结合这两个处理器的优势，使其发挥最大效率，双核通信机制起了至关重要的作用。在 OMAP5912 中实现 ARM 和 DSP 双核通信方式有共享邮箱寄存器、共享存储空间两种，在实际应用中需要配合使用这些双核通信方式。如双核通信中的握手联络，其数据量小，可用传递消息及时可靠的共享邮箱来实现；当需要传输大量数据(如图像数据)时，通常要使用高效率的共享存储空间这种通信方式。

另一种方式是 ARM 通过对 DSP 存储管理单元(Memoy Management Unit，MMU)的设置将 DSP 的外部存储空间映射到 OMAP5912 系统存储资源中，由 DSP 完成双核间的数据传输。OMAP5912 通过通信控制器(Traffic Controller，TC)实现共享存储器，这样 ARM 和 DSP 可访问共享的静态随机存储器(Static RAM，SRAM)、高速外部存储器接口(External Memory Interface Fast，EMIFF)以及低速外部存储器接口(External Memory Interface Slow，EMIFS)的存储空间。

为降低上层应用开发者的实现难度和节省设计时间，采用双核间通信的基础应用程序——DSP/BIOS LINK，保障双核通信方式的实现。开发人员在进行上层应用程序开发时，只需使用 DSP/BIOS LINK 提供的接口函数。DSP/BIOS LINK 允许开发人员在 ARM 端利用一套标准 API 进入和控制 DSP 的运行环境，用于非对称的、由一个通用处理器(如 ARM)和一个或多个 DSP 组成的处理器环境。图 9-6 为 DSP/BIOS LINK 的软件体系结构图。

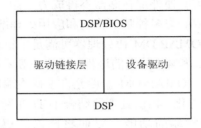

图 9-6　DSP/BIOS LINK 的软件体系结构图

DSP/BIOS LINK 为开发人员提供的服务有：基本的处理器控制(启动、执行、停止)、基于逻辑通道(Channel)的数据传输、消息(基于 MSGQ 模块)，由 PROC、CHNL、MSGQ 3 个组件组成。PROC 是 Process，Control 的缩写，负责 DSP 处理器在应用程序用户空间的操作，主要功能有：DSP 初始化，DSP 端程序的加载、执行和停止；CHNL 是 Channel 的缩写，表示 ARM 和 DSP 间数据流的逻辑通道，负责 ARM 和 DSP 间的数据传输，CHNL 是 ARM 和 DSP 之间的逻辑实体，实现二者的物理连接；MSGQ 是 Message Queue 的缩写，负责 ARM 和 DSP 间长短不一的消息的交互和通信。消息的接收和发送是通过消息队列实现的。

9.5　OMAP-DM5x 协处理器系列芯片

德州仪器(TI)推出的可针对各种移动市场实现高达 2000 万像素(20MP)拍照功能以及 720p 高清(HD)摄像功能的 OMAP-DM515 与 OMAP-DM525 协处理器，进一步壮大了 OMAP-DM5x 协处理器产品阵营，从而可进一步满足消费者对具备可堪比单机产品性能的手机的需求。OMAP-DM515 与 OMAP-DM525 协处理器大幅提高了成像与视频性能，使手机制造商轻松实现当前手机设计的升级，缩短上市时间，提供最先进的多媒体功能。

OMAP-DM5x 协处理器系列芯片具有以下主要特性与优势：

(1) 堪比数码 SLR 相机的成像功能：业界最高像素水平，可实现高达 2000 万像素的性能以及高质量的 720p HD 视频捕获功能；高质量模式下 8 MP 连续拍摄性能，每秒 1.4 帧，在触发模式下可达每秒 2 帧。

(2) 支持堪比单机消费电子产品成像和视频质量的集成软件：

① 完美时刻技术(Perfect moment technology)：系列连拍，使用户从中选出最佳图片；

② 智能闪光：补偿背光和光线较暗的环境；

③ 面部跟踪：识别面部并进行对焦；

④ 自动场景检测器：根据环境确定适当的设置；

⑤ 视频噪声过滤器：提高视频质量；

⑥ 高级运动触发型影像稳定性。

(3) TV 输出功能可在大型屏幕上进行内容共享。

(4) 所有器件的引脚兼容性可轻松实现设计升级，以满足不断变化的消费者需求。

(5) 使外部存储器不再成为必需。

(6) 与多种基于移动和应用处理解决方案，以及高级实时处理系统协同工作。

OMAP-DM 协处理器可满足手机市场对提高多媒体性能的需要。随着无线服务推动高级 3G 和 4G 技术的进步，手机正朝着更高像素影像传感器发展，显示屏也相应具有更高分辨率。OMAP-DM 器件允许手持终端制造商快速改动其当前架构以满足市场要求并使其产品差异化。该协处理器结合了 TI 在影像方面的专业技术和无线技术，有助于扩展媒体中心手持终端的功能，以便将比以往更高的摄像头和显示分辨率等更多功能包括在内。OMAP-DM 协处理器的目标是低成本的消费性产品。

表 9-3 列出了 OMAP-DM5x 协处理器系列芯片的性能比较。

表 9-3   OMAP-DM5x 协处理器系列芯片的性能比较

	OMAP-DM510	OMAP-DM515	OMAP-DM525
静止图像性能	最高 800 万像素	最多 1200 万像素	最多 2000 万像素
H.264 录像性能(编码/解码)	720p @ 24 fps		
通用 MPEG-4 解码	WVGA @ 25 fps		
通用 H.264 解码	WVGA @ 25 fps		
H.264 编码	WVGA @ 25 fps		
JPEG 功能	最高 90 MP/s		
主机接口	SPI，HPI，I2C，并口		
摄像头接口	串口，并口		
内存	Includes 128-Mb stacked mDDR	Includes 256-Mb stacked mDDR	Includes 256-Mb stacked mDDR
显示屏/电视输出	复合/ S-视频		
封装	$8 \times 8 \ mm^2$ BGA，0.5 mm 球栅间距		

9.6　OMAP-Vox 平台

OMAP-Vox 平台是德州仪器(TI)推出的整合式无线手机平台，能有效满足市场从 GSM/GPRS/EDGE 升级到 WCDMA 的需求。OMAP-Vox 解决方案的基本理念是手机制造商需要一条从 2.5 G～3 G 平稳的升级路径以及尽可能重复使用硬件和软件，这样才能缩短新产品上市时间和降低成本。

OMAP-Vox 平台是以 TI 的无线手机架构 OMAP 技术为基础，能提供具扩充性的解决方案，同时确保所有应用领域和数据机技术都能重复使用既有设计。

TI OMAP-Vox 系列元件把整合式 OMAP 应用处理器的效能与数据机功能结合。该平台提供系统解决方案，包括整合式数据机与应用处理器、射频、模拟和电源管理功能、协定堆叠软件、应用软件套件、机型预先通过认证的手机参考设计和应用开发套件。其数据机技术能在共用硬件上执行动态组合的各种应用和基频通信功能，扩充性良好的硬件架构则能提供充分效能让数据机和应用在 ARM 和 DSP 组成的单一处理核心上运行并共享资源。TI 的 OMAP-Vox 平台还为所有数据机和应用元件提供弹性的开放界面，这使其得以透过升级支持更多功能，厂商也能进一步实现手机创新。

TI OMAP-Vox 技术可以让 3G 技术继续使用 2.5G 数据机和应用软件，让既有研发成果发挥最大效益。标准架构的相似性有助于现有软件的重复使用，将替制造商节省软件研发时间和降低研发成本。厂商只要采用 OMAP-Vox 架构就能在 3G 平台继续使用已通过考验的 2.5G 软件。这套新技术平台还会获得 TI OMAP 平台社区的全面支援，这个由应用软件开发商、系统整合和开发工具供应商组成的全球网络会帮助客户进一步加快上市时间，让制造商迅速推出各种新手机以满足 2.5G 大众市场的需求，然后再于适当时机升级至 3G 技术。

OMAP-Vox 平台的设计可从经济高效的手持设备扩展至高端的移动娱乐电话，具有与 TI 早期软件的兼容性和可重复使用性，从而节省了数年的软件设计时间。此类软件作为应用、多媒体及通信开发的基础，可适用于所有的 OMAP-Vox 解决方案，为厂商节约了时间和成本。

OMAP-Vox 平台提供了完备的系统解决方案，包含了集成调制解调器及应用处理器、射频、模拟及电源管理功能、完全现场测试(field-tested)的协议栈软件、高性能的多媒体编解码器(codec)功能、通过协作系统的合作伙伴提供的应用软件套件、具有竞争力的手持设备参考设计以及完备的开发工具箱。

这种高整合度的新方法不仅能量身订制手机以满足不同市场的需求，还能帮助设计人员解决许多其他困难问题，包括前面提到的研发资源需求。另外 OMAP-Vox 还有以下优点。

(1) 更低的系统成本：OMAP-Vox 平台把数据机和应用技术整合至同一颗元件，不但零件数目少于采用独立式应用处理器的设计，系统成本也变得更低。另外由于数据机和应用功能使用同样的存储器子系统，系统还能节省存储器零件以进一步降低成本。

(2) 外型更精巧的手机：TI 的 OMAP-Vox 技术能减少电路板零件数目，使得手机外型变得更精巧。

（3）弹性更高的数据机：OMAP-Vox 系列的弹性架构能支持 GSM、GPRS、EDGE 和 WCDMA 等标准。元件产品蓝图还将 HSDPA 等技术纳入考量，这种技术的无线资料速率最高达 14.4 Mb/s，大约是现有缆线数据机的十倍。

OMAP-Vox 家族包括了 OMAPV1030(GSM/GPRS/EDGE)、OMAPV1035"eCosto"(GSM/GPRS/EDGE)以及 OMAPV2230(WCDMA)集成解决方案。OMAPV1030 针对中档的多媒体设备做了优化，可支持诸如高品质视频捕捉及回放、视频流及下载、百万像素等级的数码相机以及互动 2D/3D 游戏的应用。

9.6.1　OMAPV1030 处理器

OMAPV1030 处理器基于 OMAP™架构，其架构图如图 9-7 所示，可在其单个 OMAP 内核上同时进行 GSM/GPRS/EDGE 调制解调以及应用程序处理，给予了高品质的多媒体移动体验。ARM926EJ-S™以及 TIDSP 的结合不仅改善了性能，同时还降低了成本和功耗，为消费者延长了电池寿命和使用时间。由于所有的 OMAP-Vox™解决方案共享同一软件平台，该解决方案也因此最大化了软件的可重复使用性，降低了总体开发成本，为 GSM/GPRS/EDGE 至 WCDMA 的过渡提供了最自然的且成本低廉的发展蓝图。

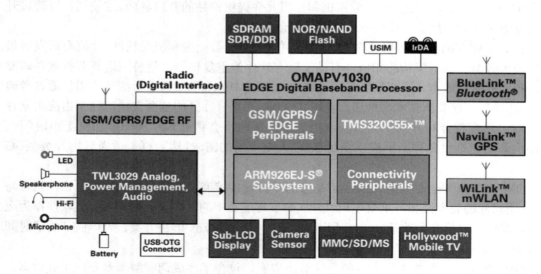

图 9-7　OMAPV1030 架构图

OMAPV1030 解决方案特别设计用于为大量的市面移动电话提供多媒体功能，并为中档的手持无线设备提供了高级的功能。OMAPV1030 解决方案所包含的最高等级的高端多媒体性能包括：

- 全面的音频/视频编解码器(codec)以及成像算法；
- 手机铃声：64 和弦 MIDI；
- 音频：MP3、立体声、AAC、AAC+、增强型 AAC+、WMA；
- 静态图像：可支持高达 200 万像素的相机，1.3 秒连拍间隔；
- 成像：JPEG、GIF、EXIF、PNG、BMP；
- 支持双 LCD(主 LCD 可支持最高 QVGA 256k 色)；

● 视频：以 30 fps (QVGA 显示)的速度对 MPEG-4/H.263 (QCIF)视频流进行捕捉、回放及传输；以 20 fps (QVGA 显示)的速度对 H.264 (QCIF)回放；2D 及 3D 游戏，以 60k polygons 每秒进行渲染，2 百万像素，15 fps。

OMAPV1030 解决方案支持所有外形因素的需求，包括 PDA、翻盖、直板以及其他机械设计。TI 的开放式平台架构为厂商提供了所需的灵活性及可选择性，可令其产品别具一格以供给新兴的全球市场。TI 的 OMAPV1030 特性化电话解决方案已于 2006 年首季度开始批量生产。

OMAPV1030 主要具有以下优势：

● 为在单芯片内集成了调制解调器及应用处理。
● 支持 EDGE Class 10、Class 12、UMA。
● 高性能 Java™(包括 Java 加速)。
● 可支持高级移动操作系统以及 Nucleus™应用套件。
● 支持外部存储卡，包括 MMC/SD。
● 连通性包括：Wi-Fi、Bluetooth 2.0/EDR、IrDA 以及 USB OTG。
● 通过硬件加速器实现嵌入式的安全特性，以支持终端安全、事务安全以及内容安全。
● 通过可重复使用的 API 接口最大化 OMAP-Vox 系列的可重复应用能力，加速了产品面市。
● 提供了完全的 TI 系统解决方案。

9.6.2　OMAPV1035 处理器

OMAPV1035 解决方案是首次在同一硅芯片内集成了 GSM/GPRS/EDGE 调制解调器、数字射频及应用处理器，其架构图如图 9-8 所示。根据"eCosto"的分类命名可知，该器件基于"LoCosto"单芯片蜂窝电话解决方案以及 OMAP-Vox™平台的多媒体能力而构建。

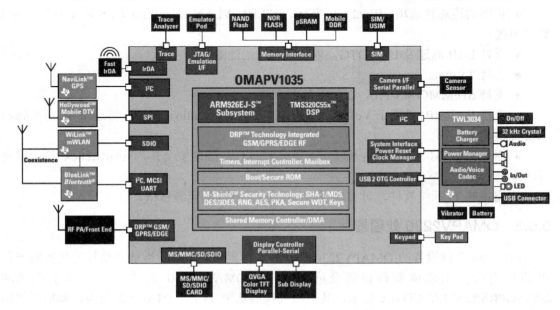

图 9-8　OMAPV1035 架构图

　　该解决方案与 OMAP-Vox 系列共享同一平台，确保了软件的可重复使用，以支持更快、更具成本效益的电话开发。TI 的 DRP 技术所具有的创新射频性能与 OMAP-Vox 架构的强大处理能力的集成极大的降低了成本。因此，移动设备厂商可为全球范围内低端至中档的无线设备引入更受人瞩目的多媒体应用。

　　OMAPV1035 是首例支持 EDGE，并在其单片内提供了集成了调制解调器、应用处理器以及射频的 65 nm 单芯片解决方案。作为强大的多媒体平台，OMAPV1035 依仗先进的 ARM 及 DSP 技术的性能支持下列特性：

- 30 fps 视频回放及录制，支持 QVGA 显示。
- 支持完全的 256k 色。
- 可支持 300 万像素分辨率的相机，具有亚秒级(sub-second)的延迟。
- 为用户提供了快至 0.3 秒连续拍摄响应性能。
- 15fps 实时显示("See What I See")、2D/3D 游戏、音频/视频编解码及成像算法(MP3、AAC+、eAAC+、WMA/WMV、Real)。
- 3D 图形处理能力可高达 100k polygons 渲染每秒。

　　OMAPV1035 更具可升级性及适应性，可满足客户对宽范围的配置及连通能力的需求。横向应用于多个 TI 的解决方案的通用的软件基础允许最大化软件的可重复使用性，从而加快了产品面市并简化了装载应用套件的流程。TI 的开放式平台架构为厂商提供了所需的灵活性及可选择性，可令其产品别具一格以供给新兴的全球市场。

　　OMAPV1035 主要优势如下：

- 单芯片集成了射频、数字基带及应用处理器，以供给廉价的 EDGE 多媒体设备。
- 兼容 EDGE Class 12 版本 4/5，支持 DTM Class 11、UMA。
- 65 nm 处理工艺，实现了最小的引脚占位及最低的电路板载成本。
- 采用了 TI 创新的 DRP™技术。
- 扩展的连通性选项：BlueLink 蓝牙、WiLink WLAN、NaviLink GPS 以及 Hollywood 数字电视。
- 支持 USB 高速及 USB OTG，以实现高速的连通性。
- 支持 TV-out。
- 支持 SD/MMC/MS-Pro，以用于外部存储。
- 支持 IMS/SIP，以用于 VoIP、音频一键通(Push-to-Audio)、视频一键通(Push-to-Video)以及视频共享。
- 内嵌的 TI M-Shield™技术以实现更强健的 HW 辅助安全性，SmartReflex™技术以更好的降低功耗。
- 完备的 TI 系统软件，可实现源自 OMAPV1030 的无缝移植。

9.6.3　OMAPV2230 处理器

　　面向 3G 手持设备的 OMAPV2230 解决方案所提供的尺寸、性能及功耗的优势源于其单芯片内同时集成调制解调器及应用处理。OMAPV2230 的数字基带基于成熟的 GSM/GPRS/EDGE/WCDMA 技术，其应用处理器基于 TI 的 OMAP™ 2 架构，架构图如图 9-9 所示。

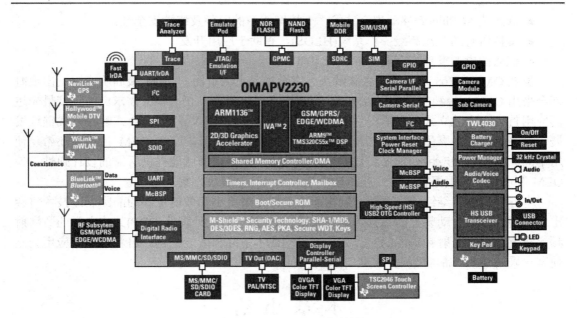

图 9-9　OMAPV2230 架构图

OMAPV2230 基于 TI 先进的 90 nm 工艺技术制造,可支持全球漫游以及消费类电子产品等级的各类多媒体应用。OMAP-Vox™的架构使其更易于移植现存的 OMAP 软件,开放的平台及灵活的连通性选项也使得产品因具有更多的增值特性而与众不同。

集成的应用处理器可支持多种移动娱乐应用,其数据流速度可高达 384 Kb/s。该平台还可支持视频编解码器,诸如 H.263、MPEG-4、H.264、WMV 以及 RealVideo®,并支持高品质的音频编解码器,例如 MP3、WMA、RealAudio®以及 AAC/AAC+。其先进的 IVA™ 2 加速器及 3D 图形加速器内核支持以下功能:

● 具有高品质音频的视频流及回放,速度可高达 30 fps (VGA)。

● 具有高品质音频的摄像,速度可高达 30 fps (VGA)。

● 双向视频电话会议(VTC),速度可高达 30 fps(CIF)。

● 像素高于 500 万的数码相机,连拍延迟小于 1 秒。

● 交互式的 3D 游戏,渲染速度可高达 1 百万个多边形每秒。

● 更快的音频及视频下载速度。

● 数字移动电视解码及显示。

OMAPV2230 主要优势:

● 将高级的应用处理及调制解调器功能集成在单个器件中以支持低功耗、高性能的系统解决方案。

● 支持 WCDMA/GSM/GPRS/EDGE 调制解调器标准在全球范围的实施。

● 高级的成像、视频和音频加速器(IVA™ 2)将移动电话中的视频性能提升至 4 倍,成像性能提升至 1.5 倍。

● 为手持设备提供了消费类电子产品级别的多媒体体验。

● 多引擎并行处理架构,以支持更为复杂的使用方案。

- 嵌入式 M-Shield™移动安全技术，支持增值型的服务及终端安全性。
- 支持所有的主流高级操作系统(HLOS)，有助于应用开发。
- 优化的电源管理配套芯片：TWL4030。

虽然 OMAP-Vox 之类的整合式解决方案会进入主流市场，但由于最高阶应用刚出现时都会采用 OMAP 等独立式应用处理器，所以市场对这类产品仍有很大需求。TI 预期最先进的应用首先会由独立式处理器提供支援，然后再由 OMAP-Vox 等整合式解决方案继续发展。这表示高阶多媒体手机未来几年仍将使用独立式处理器，许多 OEM 制造商还希望使用不同厂商提供的应用处理器和数据机，独立式应用处理器就能提供所需的设计弹性，使 OEM 制造商能够根据自己的业务和技术需求量身订制解决方案。

半导体技术将继续朝向更精密制程前进，耗电量更小和效能更高的晶圆制造技术将会出现，并且获得行动装置的基频数据机采用。TI 数位射频处理器(DRP)架构之类的数字射频解决方案会改变射频功能的实作方式，带动成本下降和效能强化。日新月异的应用会驱使客户采用 3G 产品，最终并将迎向 4G 时代。

本 章 小 结

由于 OMAP 先进独特的结构，加之芯片运算处理能力强、功耗低，在移动通信和多媒体信号处理方面具有明显优势。如视频处理上，视频软件以 15f/s 的速度同时编解码 QCIF 图像时，才使用了 DSP 运算能力的 15%。而剩余的 85%仍可用于其他任务，如图形增强、音频播放和语音识别等。而随着技术的进步，OMAP 必将在移动通信与多媒体信号处理方面获得更加广泛的应用。

思 考 题

1．OMAP 处理器的发展历经了几代？列举每代处理器的典型产品。

2．简述 OMAP 的双核结构。

3．简述 OMAP4470 应用处理器的特性及其图形能力。

4．简述 OMAP5430 处理器的特性。

5．比较 OMAP5430 与 OMAP5432 的特性异同。

6．简述 OMAP5912 处理器的特点。

7．在 0MAP5912 中实现 ARM 和 DSP 双核通信的方式有哪几种？并对每种方式进行简要介绍。

8．简述 OMAP-DM5x 协处理器系列芯片的主要特性与优势。

9．列举 OMAP-Vox 家族的典型芯片并简述其性能及优势。

参 考 文 献

[1] TMS320C5504 Fixed-Point Digital Signal Processor. Texas Instruments，2013.

[2] TMS320VC5509A Digital Signal Processor Silicon Revision 1. 0 and 1. 1. Texas Instruments，2010.

[3] TMS320C5505 Fixed-Point Digital Signal Processor. Texas Instruments，2013.

[4] TMS320C5514 Fixed-Point Digital Signal Processor. Texas Instruments，2013.

[5] TMS320VC5501 Fixed-Point Digital Signal Processor. Texas Instruments，2008.

[6] TMS320VC5502 Fixed-Point Digital Signal Processor. Texas Instruments，2008.

[7] TMS320VC5503 Fixed-Point Digital Signal Processor. Texas Instruments，2008.

[8] TMS320VC5506 Fixed-Point Digital Signal Processor. Texas Instruments，2008.

[9] TMS320VC5507 Fixed-Point Digital Signal Processor. Texas Instruments，2008.

[10] TMS320VC5509A Fixed-Point Digital Signal Processor. Texas Instruments，2008.

[11] TMS320VC5510/10A Fixed-Point Digital Signal Processor. Texas Instruments，2008.

[12] TMS320C54x，TMS320LC54x，TMS320VC54x FIXED-POINT DIGITAL SIGNAL PROCESSORS. Texas Instruments，1999.

[13] 董胜，刘柏先. DSP 技术及应用[M]. 北京：北京大学出版社，2013.

[14] 俞一彪. DSP 技术与应用基础[M]. 北京：北京大学出版社，2009.

[15] 苏涛，蔡建隆，何学. DSP 接口电路设计与编程[M]. 西安：西安电子科技大学出版社，2003.

[16] 韩安太，刘峙飞，黄海. DSP 控制器原理及其在控制系统中的应用[M]. 北京：清华大学出版社，2003.

[17] 宁改娣，曾翔君，骆一萍. DSP 控制器原理及应用[M]. 北京：科学出版社，2009.

[18] 扈弘杰. DSP 控制原理的设计与实现[M]. 北京：机械工业出版社，2004.

[19] 戴庆，肖红，王辉，等. DSP 嵌入式系统[M]. 哈尔滨：哈尔滨地图出版社，2008.

[20] 季昱，林俊超，余本喜. DSP 嵌入式应用系统开发实例[M]. 北京：中国电力出版社，2005.

[21] 苏涛. DSP 实用技术[M]. 西安：西安电子科技大学出版社，2002.

[22] 纪宗南. DSP 使用技术和应用历程[M]. 北京：航空工业出版社，2006.

[23] 肖继学. DSP 数据通路基于累加器的测试[M]. 成都：电子科技大学出版社，2009.

[24] Bateman，A.，等. DSP 算法、应用与设计[M]. 陈健，等，译. 北京：机械工业出版社，2003.

[25] 邓琛. DSP 芯片技术及工程实例[M]. 北京：清华大学出版社，2010.

[26] 周霖. DSP 信号处理技术应用[M]. 北京：国防工业出版社，2004.

[27] 颜友钧，朱宇光. DSP 应用技术教程[M]. 北京：中国电力出版社，2013.

[28] 王建元. DSP 原理与应用入门学习及实践指导[M]. 北京：中国电力出版社，2008.

[29] 张家田. DSP 综合应用技术[M]. 北京：机械工业出版社，2007.

[30]　周浩敏. Motorola 24 位 DSP 原理与应用基础[M]. 北京：北京航空航天大学出版社，2004.

[31]　邵贝贝. Motorola DSP 型 16 位单片机原理与实践[M]. 北京：北京航空航天大学出版社，2003.

[32]　李朝青. PC 机与单片机&DSP 数据通信选编[M]. 北京：北京航空航天大学出版社，2004.

[33]　党瑞荣. TMS320C3x 系列 DSP 原理与开发技术[M]. 西安：西安电子科技大学出版社，2011.

[34]　党瑞荣. TMS320C3x 系列 DSP 原理与应用[M]. 西安：陕西科技出版社，2006.

[35]　Texas Instruments Incorporated. TMS320C28x 系列 DSP 的 CPU 与外设(下)[M]. 张卫宁，译. 北京：清华大学出版社，2006.

[36]　乔瑞萍，崔涛，胡宇平. TMS320C54x DSP 原理及应用[M]. 西安：西安电子科技大学出版社，2012.

[37]　汪安民，陈明欣，朱明. TMS320C54xx DSP 实用技术[M]. 北京：清华大学出版社，2007.

[38]　刘和平，王维俊，江渝，等. TMS320LF240x DSP C 语言开发应用[M]. 北京：北京航空航天大学出版社，2003.

[39]　杨风开. TMS320LF240x 系列 DSP 原理及应用[M]. 武汉：华中科技大学出版社，2012.

[40]　党瑞荣. TMS320 系列 DSP 原理、结构及应用[M]. 北京：机械工业出版社，2012.

[41]　谢宝昌. 电机的 DSP 控制技术及其应用[M]. 北京：北京航空航天大学出版社，2005.

[42]　徐科军，黄云志. 定点 DSP 的原理、开发与应用[M]. 北京：清华大学出版社，2002.

[43]　支长义. 浮点 DSP 原理及应用[M]. 成都：电子科技大学出版社，2011.

[44]　付家才. DSP 控制工程实践技术[M]. 北京：化学工业出版社，2005.

[45]　刘艳萍，李志军. DSP 技术原理及应用教程[M]. 北京：北京航空航天大学出版社，2012.

[46]　李利. DSP 原理及应用[M]. 北京：中国水利水电出版社，2004.

[47]　张勇. C/C++语言硬件程序设计——基于 TMS320C5000 系列 DSP[M]. 西安：西安电子科技大学出版社，2012

[48]　王潞钢. DSP C2000 程序员高手进阶[M]. 北京：机械工业出版社，2005.

[49]　钟文政，柯鸿禧. DSP TMS320C50 原理与应用[M]. 北京：中国水利水电出版社，2003.

[50]　周霖. DSP 通信工程技术应用[M]. 北京：国防工业出版社，2004.

[51]　马永军，刘霞. DSP 原理与应用[M]. 北京：北京邮电大学出版社，2008.

[52]　向明尚，刘延军，张振宇，等. DSP 单片机原理及嵌入式系统应用[M]. 哈尔滨：哈尔滨地图出版社，2006.

[53]　刘显德，唐世伟，戴庆. DSP 单片机原理及应用[M]. 北京：石油工业出版社，2009.

[54]　李哲英. DSP 基本理论与应用技术[M]. 北京：北京航空航天大学出版社，2002.

[55]　尹勇. DSP 集成开发环境 CCS 应用指南[M]. 北京：北京航空航天大学出版社，2003.

[56] 彭启琮. DSP 技术的发展与应用[M]. 北京：高等教育出版社，2011.

[57] 陈金鹰. DSP 技术及应用[M]. 北京：机械工业出版社，2004.

[58] 梁俊，王玲. TMS320C55x 的指令流水线及其效率的提高[J]. 单片机与嵌入式系统应用，2003.5，11-13

[59] 赵洪亮，卜凡亮，黄鹤松，等. TMS320C55x DSP 应用系统设计[M]. 2 版. 北京：北京航空航天大学出版社，2011.

[60] 汪春梅，孙洪波. TMS320C55x DSP 原理及应用[M]. 3 版. 北京：电子工业出版社，2013.

[61] 胡庆钟，李小刚，吴钰淳. TMS320C55x DSP 原理、应用和设计[M]. 北京：机械工业出版社，2006.

[62] 李海森，等，译. TI DSP 系列中文手册：TMS320C55x 系列 DSP 指令系统、开发工具与编程指南[M]. 北京：清华大学出版社，2007.

[63] 梁俊，王玲. TMS320C55x 的指令流水线及其效率的提高[J]. 单片机与嵌入式系统应用，2003.5，11-13